Modularisierung der Produktion in der Automobilindustrie

Hubert Waltl
Horst Wildemann

Hubert Waltl, Horst Wildemann

Modularisierung der Produktion in der Automobilindustrie

Copyright by TCW Transfer-Centrum GmbH & Co. KG, 2014

1. Auflage 2014

Bibliografische Information der Deutschen Bibliothek

Die Deutsche Bibliothek verzeichnet diese Publikation in der Deutschen Nationalbibliografie:
Detaillierte bibliografische Daten sind im Internet über http://dnb.ddb.de abrufbar.

Waltl, Hubert; Wildemann, Horst:
Modularisierung der Produktion
in der Automobilindustrie

1. Auflage
München: TCW Transfer-Centrum, 2014
ISBN: 978-3-941967-48-9

Verlag:
TCW Transfer-Centrum GmbH & Co. KG, München

GELEITWORT

In der Automobilindustrie herrscht ein globaler, beinharter Wettbewerb. Wer in diesem Umfeld bestehen will, der muss beständig an seiner Wettbewerbsfähigkeit arbeiten – einerseits mit immer neuen, attraktiven Fahrzeugen und Technologien, andererseits aber auch mit immer höherer Produktivität, Flexibilität und Qualität.

Der Schlüssel zum Erfolg ist die konsequente Modularisierung von Fahrzeugen und Fabriken. Sie ermöglicht nicht nur die flexible, wirtschaftliche Entwicklung und Produktion einer wachsenden Modellpalette, sondern ist auch das richtige Instrument, um die Komplexität im Griff zu behalten.

Der Volkswagen Konzern gehört zu den Vorreitern der Modularisierung. Mit dem Audi A3 und dem Golf VII haben wir 2012 die ersten Modelle auf Basis des Modularen Querbaukastens vorgestellt. In den kommenden Jahren wird die MQB-Flotte auf bis zu 40 Modelle anwachsen.

Parallel dazu treiben wir die Modularisierung unserer Produktion voran. Mit dem Modularen Produktions-Baukasten – den Hubert Waltl und Horst Wildemann entscheidend geprägt haben – werden wir Wirtschaftlichkeit, Flexibilität und Qualität unserer Fabriken weiter erhöhen. Die Einzelheiten sind in diesem Buch detailliert beschrieben.

Für den Volkswagen Konzern ist die Baukastenstrategie ein entscheidender Schritt auf dem Weg zum faszinierendsten, profitabelsten und nachhaltigsten Automobilunternehmen der Welt.

Martin Winterkorn

Prof. Dr. Dr. h. c. mult.
Vorsitzender des
Vorstands
Volkswagen AG

Wolfsburg, 1. Februar 2014

Martin Winterkorn
Prof. Dr. Dr. h. c. mult.
Vorsitzender des Vorstands der Volkswagen AG

VORWORT

Kostendruck, Zeitwettbewerb und hohe Qualitätsanforderungen zwingen Automobilhersteller zur Implementierung von exzellenten Entwicklungs- und Produktionsprozessen. Diese sind darauf ausgerichtet, die Wirtschaftlichkeit nachhaltig zu erhöhen. Modularisierung und Standardisierung sind dabei wichtige Handlungsfelder, an denen kein Automobilkonzern vorbei kommt. Umso drängender stellt sich die Frage, welche Konzepte sich für eine erfolgreiche Umsetzung einer modularen Produktion anbieten. Der Volkswagen Konzern hat mit seiner Produktmodularisierung in der Entwicklung eine Vorreiterrolle in der internationalen Automobilindustrie eingenommen. Zur Ausschöpfung von Synergien und zur Erhöhung der Wirtschaftlichkeit wird dieser Grundgedanke auch in der Produktion des Volkswagen Konzerns umgesetzt. Mit dem Konzept des Modularen Produktions-Baukastens zielt Volkswagen auf eine Flexibilisierung und Effizienzsteigerung von Fabriken, Prozessen und Organisationsstrukturen. Der von Volkswagen entwickelte Ansatz besteht aus einer systematischen Ordnungslogik zur Modularisierung und Standardisierung der Produktion sowie der Integration in die Geschäftsprozesse. Diese Studie beinhaltet zudem eine wissenschaftliche Fundierung und Positionierung des Modularen Produktions-Baukastens durch dessen Einordnung in bestehende Modularisierungsansätze der Produktion. Behandelt werden Fragestellungen nach Organisationsformen innerhalb der Produktion, der Ausgestaltung von Fertigungsmodulen sowie einheitlichen Produktionsstandards. Ein Blick auf die Wettbewerber stellt sicher, dass vorhandenes Know-how bei der Bewertung des Modularen Produktions-Baukastens gewürdigt werden kann.

Unser herzlicher Dank geht an die Herren Dr. Matthias Hegenscheidt, Dr. Bernhard Huck und Robert Pahlow von Volkswagen sowie die Herren Benedikt Grebner, Florian Hojak, Maximilian Offizier und Karl Schwarzenbilder vom TCW, die bei der Erstellung dieser Studie mitgewirkt haben.

München, 1. Februar 2014

Hubert Waltl   Horst Wildemann

Dr. Ing. Hubert Waltl

**Mitglied des
Markenvorstands
Volkswagen Pkw
Geschäftsbereich
Produktion und Logistik**

Horst Wildemann

**Univ.-Prof. Dr. Dr. h. c. mult.
Technische Universität
München**

INHALTSVERZEICHNIS

1 Einleitung

Das dynamische Umfeld, in dem sich global agierende Unternehmen der Automobilindustrie bewegen, wird auch zukünftig an Volatilität gewinnen. Während in den Triade-Märkten, also NAFTA, EU und das industrialisierte Ostasien, die Nachfrage nach Automobilen nach wie vor auf einem konstanten Niveau verbleibt und teils sogar rückläufig ist, lassen sich in den BRIC- und ASEAN-Märkten weiterhin große Zuwächse erzielen. In allen Märkten ist eine Zunahme der Individualisierungsbedürfnisse der Kunden zu verzeichnen. Als Folge dieser Entwicklungslinien reagieren Automobilunternehmen mit steigender Modellvielfalt und immer kürzeren Innovationszyklen. Für die Produktion besteht die Herausforderung in der effizienten und flexiblen Reaktion auf diese variierenden Marktanforderungen. Die Individualisierungsbedürfnisse der Kunden und die zunehmenden Innovationen bei Fahrzeugdesign und -technologien hat die Anzahl der Fahrzeugmodelle und -derivate in den letzten zehn Jahren weltweit deutlich erhöht. Bei der Betrachtung des steigenden Ausstattungsniveaus sowie der zahllosen Konfigurationsmöglichkeiten von Fahrzeugen wird deutlich, dass die Automobilindustrie keine Massenprodukte sondern jedem Kunden sein „individuelles" Fahrzeug verkauft. Der globale Automobilmarkt hat sich von einem Verkäufermarkt zum Käufermarkt gewandelt. Automobilhersteller reagierten auf sinkende Verkaufszahlen bei Volumenmodellen mit kleineren Produktionsmengen. Die Verkaufszahlen des Automobilherstellers GM von 1990 bis heute bestätigen diesen Entwicklungstrend. Verfügte GM Anfang der 90er über eine Vormachtstellung in der Produktion von Volumenmodellen, verlor das Unternehmen seit der Jahrtausendwende sukzessive an Marktanteilen. Gleichzeitig konnten Automobilhersteller mit hoher Varianten- und Modellvielfalt deutlich aufholen (vgl. J.D. Power 2012). Neben der Modellvielfalt stellt die Verkürzung von Innovationszyklen einen weiteren Auslöser für eine Veränderung von Strukturen im Automobilmarkt dar. So ist seit Beginn der letzten Dekade der durchschnittliche Lebenszyklus eines Fahrzeugmodells um beinahe die Hälfte gesunken. Betrug der Lebenszyklus von Fahrzeugmodellen um die Jahrtausendwende noch acht Jahre, so bringen Automobilhersteller heute im Durchschnitt alle vier Jahre ein neues Fahrzeugmodell und alle zwei Jahre ein Facelift auf den Markt. Hinzukommen Modellpflegen mit kleineren Anpassungen, die bei Volkswagen zweimal im Jahr durchgeführt werden. Gleichzeitig verringerte sich die Entwicklungszeit für diese Modelle um ein Drittel. Treiber dieser Entwicklungen sind vor allem zahllose Innovationen in der Fahrzeugelektronik und Mechatronik. So lassen sich durch den Einsatz dieser Technologien nicht nur die Fahrzeugsicherheit und die Emissionswerte deutlich verbessern, sondern auch der Fahrzeugkomfort und das -entertainment. Dieser Zuwachs an Individualität wird vom Kunden durch Mehrpreisbereitschaft honoriert. Folglich ist im Bereich der Fahrzeugelektronik mit einer Verdoppelung des Kostenanstiegs zu rechnen. Die konsequente Ausrichtung auf die Bedürfnisse der Kunden und die ideale Reaktion auf das dynamische und volatile Marktumfeld wird auch weiterhin ein wichtiger Erfolgsfaktor bleiben. Die dadurch erzeugte massive Ausweitung der Teilevielfalt führt zu immer größeren Ansprüchen hinsichtlich der Beherrschung der entstehenden Komplexität. Es sind deshalb geeignete Ansätze und Methoden zu wählen, um Individualisierung nach außen - zum Kunden hin - mit Standardisierung nach innen zu erzielen. Es entstehen Flexibilitäts- und Effizienzvorteile und Kosten können reduziert sowie Ineffizienzen vermieden werden. Beispielsweise ist die Produktvielfalt bei gleichzeitiger Verringerung von Kosten durch Skalen- und Verbundeffekte zu bewältigen. Dabei kommt

es darauf an, die marktkonforme Modellvielfalt des Produktprogramms festzulegen und Produkte modular und standardisiert zu
gestalten. Die Produktmodularisierung bietet einen Ansatz, der auf
der einen Seite die Individualisierungsanforderungen der Kunden
erfüllt und auf der anderen Seite die steigende Komplexität und vor
allen Dingen die Produktentwicklungskosten beherrschbar macht.
Volkswagen stand beispielsweise im Zuge der Entwicklung der Fahrzeugmodelle Audi A3 und Volkswagen Golf der PQ35-Plattform vor
der Herausforderung einer zunehmenden Modellvielfalt. So waren für
die beiden Modelle jeweils bis zu 144 Varianten an Fahrzeuginnen-
raummatten oder auch mehr als 45 Varianten an Belüftungsschläu-
chen vorgesehen. Die damit verbundenen Komplexitätskosten belie-
fen sich auf mehrere Mio. Euro pro Jahr. Zudem wurden in der Produktion zusätzliche Lagerplatzbedarfe erforderlich. Die Grundlage
zur Beherrschung der Komplexität wird in der frühen Konzeptphase
des Produktentstehungsprozesses gelegt, wenn die Produktstruktur
festgelegt und die damit verbundene Produkt- und Fertigungskom-
plexität beeinflusst wird. Es gilt der Grundsatz, dass die Fahrzeug-
komplexität exponentiell in Relation zur steigenden Anzahl an Komponenten und installierten Funktionen steht. Zunehmende Modellvielfalt bei gleichzeitiger Verkürzung der Innovationszyklen führt zu
geringeren Stückzahlen eines einzelnen Modells während seines Lebenszyklus. Daraus folgt, dass auch die Entwicklungskosten und die
Investitionskosten eines einzelnen Modells gesenkt werden müssen,
um den Preis am Markt halten zu können. Die Reduzierung der Entwicklungskosten ist nur möglich durch eine Modularisierungsstrategie in der Produktpallette. Hier sind in der Vergangenheit bei den
Automobilherstellern unterschiedliche Ansätze verfolgt worden. So
haben General Motors und Ford ausgehend von einer Plattformstrategie Modulstandards entwickelt, die für alle Produkte weltweit gelten

sollen. Hyundai-Kia gründete 2005 eine Allianz im Bereich der Motorenentwicklung mit Daimler und Mitsubishi, um eine Motorenplattform bei 4-Zylinder-Benzin-Motoren zu generieren. Die Component Plus Product-Strategie sieht vor, hochinnovative Elektronikkomponenten in der eigenen Konzerntochter Hyundai-Kia Electronics zu entwickeln und dann weltweit zu vermarkten. Daimler hat mit MoCar einen Modulbaukasten erstellt, der aus vier Grundmodulen besteht: Fahrzeugvorderwagen, Fahrgastzelle, Heckmodul und Dach. BMW hat im Rahmen der Modularisierungsstrategie ein Produktdatenmanagement auf Basis einer durchgängigen Produktstruktur entwickelt und umgesetzt. Dieses System ermöglicht einen transparenten und integrierten Produktentstehungsprozess bei BMW auf Basis eines durchgängigen Produktdatenmanagements, um damit ein „gemeinsames Backbone" für die Entwicklungsdaten zu schaffen. Die einheitliche Vorgabe des Systems ermöglicht den Konstrukteuren, bereits bestehende Module in das neue Fahrzeug zu integrieren und den Entwicklungsaufwand gering zu halten. Toyota hat frühzeitig die Motorenentwicklung fahrzeugunabhängig organisiert und somit sichergestellt, dass während einer Fahrzeugentwicklung die Aggregateinheit als Black-Box angesehen werden kann. In ähnlicher Form wurden Antriebsstrang, Sitzanlagen und Infotainment modularisiert. Volkswagen hat als Weiterentwicklung der Plattformstrategie der 90er Jahre den Modularen Querbaukasten, den Modularen Längsbaukasten und den Modularen Standardbaukasten für die verschiedenen Fahrzeugklassen entwickelt, aus denen dann die unterschiedlichen Modelle der verschiedenen Marken mit geringem Modifikationsaufwand zusammengesetzt werden können. Alle Strategien der Produktmodularisierung haben gemeinsam das Ziel, die Produktveränderungen, sowohl von Derivat zu Derivat als auch von einer Modellgeneration zur nächsten, auf kundenrelevante Details zu reduzieren und

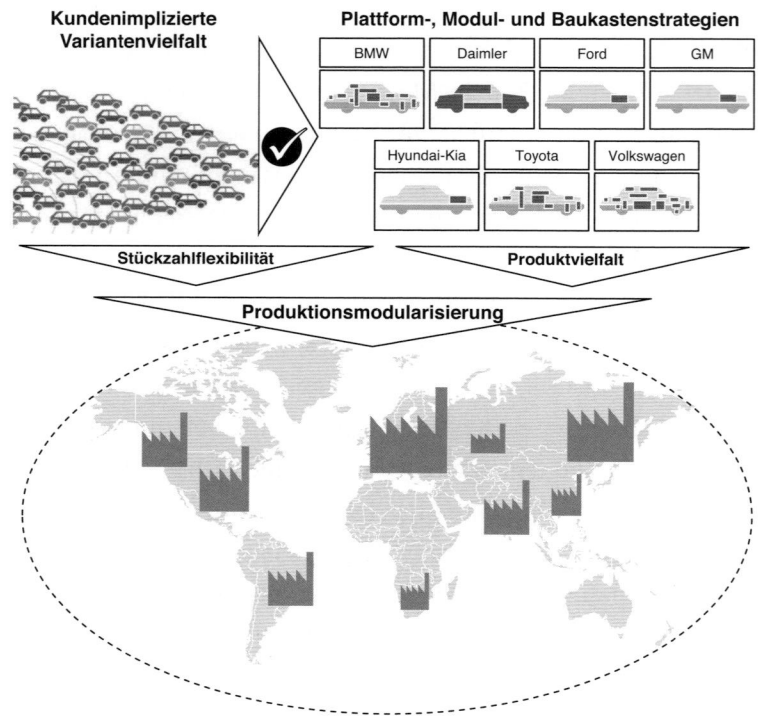

Abbildung 1-1:   Modularisierungsansatz in der Automobilproduktion

damit die Entwicklungskosten zu senken. Die Volatilität der Märkte in Verbindung mit der Variantenvielfalt erfordert eine Flexibilität in der Produktion (vgl. Abbildung 1-1). Wie bei der Standardisierung von Produkten bietet sich für die Produktion die Modularisierung als Lösungsstrategie an. Im Gegensatz zur Produktmodularisierung, die der Status Quo bei allen Automobilherstellern ist, arbeiten die Automobilhersteller heute an dieser Herausforderung weltweit mit Hochdruck. Im Zuge der Modularisierung im Produktionsumfeld kommt es nun darauf an, die gesamte Produktion neu zu definieren und Produktionsumfänge und Wertschöpfungsteile zu Modulen zusammenzufassen. Gleichzeitig sind Schnittstellen zu standardisieren, so dass

diese für eine hohe Anzahl an Produktkombinationen und schwan-
kende Volumina gültig sind. Die Realisierung von Effizienzvorteilen
durch die Modularisierung von Produktionsstrukturen erfordert die
Festlegung von Standards. Die Standards der Produktionsprozesse
dienen dabei als Vorgabe für die Entwicklung, die im Bedarfsfall die
Ausprägungen des Produktes verändern muss, um die Anforderung
der Produktionsprozesse zu erfüllen. Auf diese Weise kann zum einen eine hohe Wiederverwendbarkeit von Fertigungsmodulen und
zum anderen eine flexible, modell- und markenübergreifende Nutzung der Anlagen gewährleistet werden. Beim Produkt ist ein hohes
Maß an Gleich- und Systembauteilen anzustreben, um eine ebenfalls
hohe Produktionskonzentration beim Lieferanten zu erzielen und
gleichzeitig den Logistikaufwand an den Montagelinien beherrschbar
zu halten. Die Modularisierung strebt die Realisierung von Synergie-
potenzialen in der Produktion und das Erzielen von Einsparungen in
der Produktentwicklung an. Produktionsseitig ist die Modularisierung
von Bedeutung, um die Wirtschaftlichkeit über den heutigen Stand
hinaus weiter zu steigern. Die Modularisierung bezeichnet die Aufteilung von ganzen Teilen, die aus einzelnen Elementen bestehen und
über Schnittstellen interagieren. Dieses Prinzip lässt sich auf das
Produktionsumfeld übertragen. Die Idee ist es, die Fabrik in einzelne
Module zu segmentieren und in diesen die notwendige Flexibilität zu
realisieren. Die Modularisierung der Produktion beschreibt die standortübergreifende Standardisierung von Organisationselementen, Produktionsprozessen und Ressourcen. Dabei wird die Modularisierung
der Produktion von der Modulstruktur des zu fertigenden Produktes
abhängig. Auf diese Weise können Produktionsprozesse und -anlagen
für die Fertigung anderer Produkte wiederverwendet und einheitliche
Best-Practice-Lösungen werksübergreifend implementiert werden.
Modul- und Produktionsstruktur sind hierbei eng miteinander zu

verknüpfen, da erst durch eine integrierte Betrachtung die vollständige Erschließung der Standardisierungspotenziale ermöglicht wird. Die etablierten Produktionssysteme bilden dabei eine zusätzliche Herausforderung. Erst wenn das Produktionssystem und die Modularisierung der Produktion integriert werden, können die Potenziale der Modularisierung voll ausgeschöpft werden. Ziel ist es, die Modularisierung der Produktion aus wissenschaftlicher und praktischer Sicht zu beleuchten. Es wird ein Bezugsrahmen der Modularisierung der Produktion geschaffen und anhand von praktischen Beispielen aus der Automobilindustrie konkretisiert. Damit erfolgt eine theoretische Untermauerung der Flexibilisierung und Effizienzsteigerung von Fabriken, Fertigungsbereichen, Anlagen und Betriebsmitteln sowie Prozessen und Organisationsstrukturen durch die Auseinandersetzung mit Modellen und Lösungsansätzen aus der Automobilindustrie. Hier stellt sich die Frage nach dem Wertbeitrag der Modularisierung für die Automobilindustrie und was die konkreten Effekte der Modularisierung der Produktion sind. Um dieses Ziel zu erreichen, erfolgt zunächst die Betrachtung der Entwicklung von Produktionssystemen verschiedener Automobilhersteller. Es wird der Frage nachgegangen, was die Wertschöpfung der einzelnen Automobilhersteller auszeichnet und worin sich diese unterscheiden. Behandelt werden die Aufbau- und Ablauforganisation in der Produktion, Ausgestaltungen von Fertigungsmodulen sowie einheitliche Produktionsstandards über alle Baureihen. Aufbauend darauf erfolgt die Betrachtung konkreter Modularisierungsansätze in der Produktion. Dazu wird ein Modell vorgestellt und Ansätze zur Modularisierung der Produktion in der Automobilindustrie diskutiert. Anhand des Modularen Produktions-Baukastens (MPB) von Volkswagen werden die Anforderungen und Zielsetzungen abgeleitet sowie seine Implementierung und der Nutzen dargestellt.

2 Produktionssysteme in der Automobilindustrie

Der Kerngedanke der Produktion ist es, durch den wirtschaftlich sinnvollen Einsatz der verfügbaren Ressourcen wie Material, Kapital, Personal und Energie einen möglichst hohen Output an Produkten und Dienstleistungen zu erzeugen. Ein Produktionssystem entsteht durch die zielorientierte Verknüpfung, Standardisierung und kontinuierliche Verbesserung bekannter Prinzipien und Methoden. Dadurch ergibt sich eine systemische Grundordnung für das Produktionssystem. Ein Produktionssystem wird etabliert, um auf die neuen Herausforderungen durch schnellere und tiefgreifende technologische Veränderungen wie Automatisierungstechnik, Informations- und Kommunikationstechnologien, neuartige Werkstoffe und stärkere Veränderungen auf Absatz- und Beschaffungsmärkten reagieren zu können. Ziel ist es, Sachverhalte optimal zu gestalten und diesen Standard ständig zu verbessern.

2.1 Meilensteine in der Entwicklung von Produktionssystemen

Für die Bewertung der Zukunftsfähigkeit von Produktionssystemen in der Automobilindustrie ist es notwendig, die historische Entwicklungslinie der Produktionssysteme zu betrachten. Gemäß dem Befund zur Evolution der Managementkonzepte kann ohne Änderungen nichts Neues entstehen. Die Ursachen für die historische Entwicklung müssen bekannt sein, um die Zukunft bewerten und gestalten zu können. Die Produktionssysteme mussten sich im Laufe der Zeit an die gravierenden Umweltveränderungen anpassen. Dies lässt sich anhand einer historischen Analyse des Produktionssystems von Beretta darstellen. Beretta ist das älteste europäische Unternehmen. Es hat sich in der fünfhundertjährigen Geschichte von einer handwerklichen Produktion von Unikaten in verschiedenen Entwicklungsstufen zu

einem wissensorientierten Produktionssystem gewandelt. In der ers-
ten Phase wurden alle Einzelteile von Hand geschmiedet und zu ei-
nem Unikat zusammengefügt. Bis zur Industrialisierung waren die
Einzelteile so spezifisch, dass diese nicht als Ersatzteil für andere
Waffen verwendet werden konnten. Die Industrialisierung in der
Mitte des 19. Jahrhunderts steigerte die Produktivität und die Kaufkraft der Bevölkerung, so dass Wettbewerb und Konkurrenzdruck für
Beretta anstiegen. Die Wettbewerber Colt und Eli Whitney hatten die
Produktpalette bereits standardisiert und Produktionsanlagen für eine
annähernd massenhafte Fertigung entwickelt. Beretta reagierte 1860
durch den Import einer kompletten Produktionsanlage und führte
damit das amerikanische System ein und senkte die Produktpalette
auf drei Modelle, um dem Bedarf an austauschbaren Ersatzteilen
gerecht zu werden. Im weiteren Verlauf stieg die Produktivität vor
allem durch die Anwendung des Scientific Management von Taylor.
Bis zu den 50er Jahren des 20. Jahrhunderts stieg die Angebotsviel-
falt auf dem Markt enorm an, so dass der Kunde neben einem wettbewerbsfähigen Preis vor allem auf die Qualität und Genauigkeit der
Produkte achten konnte. Aus diesem Grund wurden bei Beretta 1945
die statistische Verfahrenssteuerung eingeführt und strategische Qualitätsziele definiert. Der klassische Fließbandarbeiter aus dem Ansatz
von Taylor wurde zu einem verantwortungsbewussten Gruppenmit-
glied, der die Aufgabe bekam, die Arbeit der Maschinen zu überwachen. 1976 wurde die numerische Steuerung in der Produktion eingeführt, wodurch sich die Anzahl der Belegschaft am Band weiter reduzierte. Damit war Beretta in der Lage, die Produkte unter dem Preis
der Konkurrenz anzubieten und flexibel weltweit zu produzieren. Die
numerische Steuerung wandelte das Produktionssystem von einem
Informationsanwender zu einem datenintegrierten System, das das
Konstruktions- und Fertigungswissen digital speichert. Dieses Sys-

tem hat Beretta 1987 durch die Einführung des Computer Integrated Manufacturing und die Vernetzung der Computersysteme zu einem flexiblen Produktionssystem weiterentwickelt. Durch die nahezu vollständig automatisierte Produktion stieg die Produktivität um das Dreifache an, während die Personalstärke um 30 % sank und damit niedriger war als am Ende des 17. Jahrhunderts. Die vollständige Automatisierung hatte den Nachteil, dass die steigende Nachfrage nach individuellen Produktlösungen nicht mehr bedient werden konnte. Zu Lasten der Produktivität wurde anschließend die Automatisierung gesenkt, um den Kundenanforderungen nach individuellen Produkten zu entsprechen. Heute steht Beretta vor der Herausforderung, dass durch die Globalisierung die Variantenvielfalt vor Kunde sowie die Komplexität im Unternehmen weiter zunimmt und eine Anpassung des Produktionssystems notwendig wird. Für die individuelle Massenfertigung wird ein Produktionssystem benötigt, das nicht nur mengen- und artenflexibel ist, sondern global zum Erfolg des Unternehmens beiträgt. Die Entwicklung von Beretta verdeutlicht, dass mit Hilfe der Evolutionstheorie Ursachen und Gründe des Wandels rückblickend neu interpretiert und neue Schlüsse gezogen werden können, um das zukünftige Produktionssystem zu gestalten. Dementsprechend kann die Zukunftsfähigkeit der Produktionssysteme in der Automobilindustrie erst durch eine Betrachtung der historischen Entwicklungslinie bewertet werden, die ihren Ursprung in der handwerklichen Produktion zu Beginn des 20. Jahrhunderts hat. Der handwerklichen Produktion folgten das Scientific Management nach Taylor, die Fließbandarbeit in der Produktion der Model T bei Ford, das Toyota Produktionssystem, die Fertigungssegmentierung in der Modularen Fabrik, Lean Production und als aktuellste Entwicklung der modularen Produktionsstrukturen in Form des Modularen Produktions-Baukasten von Volkswagen (vgl. Abbildung 2-1).

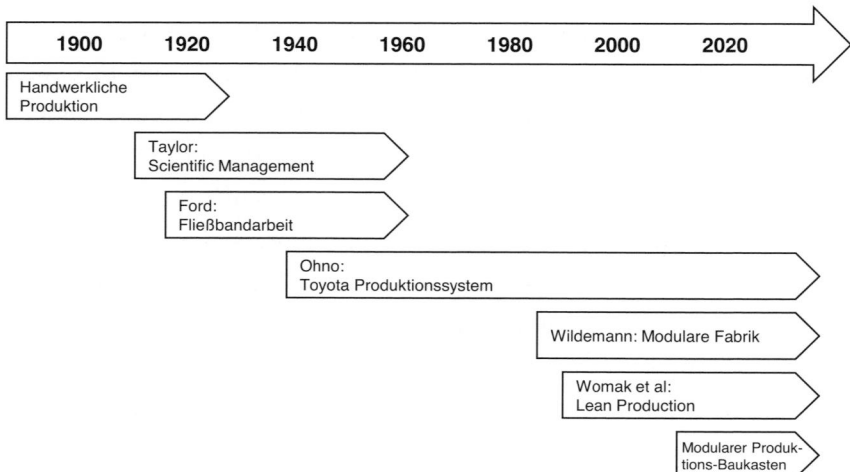

Abbildung 2-1:   Entwicklungsstufen von Produktionssystemen

Taylorismus

Der Ausgangspunkt für die Weiterentwicklung der handwerklichen zur industriellen Produktion ist die steigende Kaufkraft der Bevölkerung sowie der Arbeitskräftemangel zu Beginn des 20. Jahrhunderts. Für produzierende Unternehmen bestand die Herausforderung darin, die gestiegene Nachfrage mit der bestehenden Belegschaft durch die Steigerung der Produktivität zu bedienen. Aus diesem Grund bildete sich eine Bewegung, die das Ziel hatte, die Produktivität in der Fertigung zu steigern. Als Initiator dieser Bewegung gilt Taylor, der durch das „menschliche Trennungsprinzip" die Maximierung der Produktionsmengen und die vollständige Nachfrageerfüllung der wachsenden Märkte anstrebte. Die beiden Kernelemente des Taylorismus sind zum einen die konsequente Arbeitsteilung und Standardisierung sowie zum anderen die Planung, Steuerung und Formalisierung der Produktionsprozesse. Taylor hat mit der konsequenten Arbeitsteilung und Planung, Steuerung und Formalisierung der Produktionsprozesse den Grundstein für das erste industrielle Produktionssystem „Scientific Management" gelegt. Dieses zeichnet sich vor allem durch die strikte Trennung von Kopf- und Handarbeit sowie monetäre Anreizsysteme für die Motivation der Mitarbeiter aus. Auf der Grundlage von umfassenden Zeit- und Bewegungsstudien hat Taylor jeden Handgriff in der Produktion untersucht und jedem Mitarbeiter entsprechend seiner Eignung kleinste Arbeitsschritte zugewiesen. Taylor zielte darauf ab, eine wissenschaftliche Methode zu entwickeln, um mit Hilfe von organisatorischen Verbesserungen und einer hohen Arbeitsteilung die Produktivität des Unternehmens zu maximieren. Aus Taylors Grundprinzipien folgen Arbeitsteilung, Arbeitsführung, Akkordbezahlung sowie Funktionsgliederung. Die Arbeitsteilung beschreibt die Trennung von planenden und ausführenden Tätigkeiten. Die Arbeitsführung bezeichnet die Analyse und Kontrolle der einzelnen Arbeitsschritte durch das Management. Die Motivation der Mitarbeiter wird durch die finanziellen Anreize in Form von Akkordbezahlung und einer leistungsgerechten Differenzierung hergestellt. Die Funktionsgliederung unterteilt die Organisation und die Aufgaben gemäß der funktionalen Gliederung (vgl. Taylor 1911). Das tayloristische Produktionssystem ist geprägt vom Menschenbild Taylors. Demnach ist der Mitarbeiter von Natur aus träge und konsumorientiert. Daher muss der Arbeiter durch Geld motiviert und durch Regeln gesteuert werden. Durch die Arbeitsteilung von ausführenden und dispositiven Tätigkeiten konnte Taylor eine erhöhte Effizienz und Lernkurve bei den Mitarbeitern erzielen. Aufgrund der hohen Arbeitsteilung und der festen Zuweisung von Arbeitsplätzen konnte Taylor mit diesem Produktionssystem die Produktivität des Unternehmens trotz des Arbeitskräftemangels steigern. Es ist belegt, dass das Scientific Management mit den verstärkten Kontrollen des Managements über die Arbeiter und der Reduzierung der Ineffizienz der Mitarbeiter eine Erhöhung der Produktivität des Unternehmens erreichte. Diese positiven Effekte wurden durch eine zunehmende Entfremdung des Menschen von seiner Arbeit und einer Vernachlässigung des Potenzials der Mitarbeiter und ihrer Motivation relativiert. Die Ziele von Taylor, die Gewinne der Unternehmen zu erhöhen, die Verdienste der Mitarbeiter zu verbessern und den Wohlstand der Bevölkerung zu steigern, verloren sich in der praktischen Umsetzung häufig in inhumanem Arbeitsdrill, der teilweise zu massiven Aufständen und Streiks der Belegschaft führte. Taylor zielte mit seinen Bestrebungen nicht auf die Degradierung der Mitarbeiter, sondern auf eine gründliche Analyse der Arbeitsprozesse, um Verschwendungen zu erkennen und zu eliminieren. Weiterhin sollten nicht sinnentleerte, monotone Tätigkeiten geschaffen werden, sondern Arbeitsabläufe, so dass die Mitarbeiter ungehindert die geforderten Leistungen erbringen können und leistungsorientiert entlohnt werden. Mit dem Konzept der Arbeitszerlegung schuf Taylor die Basis für die Automatisierung von repetitiven Produktionsprozessen und damit eine Entlastung des Menschen.

Ford Produktionssystem

Die steigende Nachfrage und Wettbewerbsintensität auf dem Automobilmarkt erhöhen zunehmend die Preissensibilität der Kunden. Dementsprechend rücken die Produktionskosten immer stärker in den Fokus der Automobilhersteller. Vor diesem Hintergrund hat Ford das Scientific Management mit der Einführung der maschinellen Fließbandfertigung konsequent weiterentwickelt. Der Fordismus stellt die bekannteste Umsetzung und Weiterentwicklung des Taylorismus dar. Das Fließprinzip und die Standardisierung sind im Wesentlichen der Grundstein für die heutige Massenproduktion im Automobilbau. Ford hatte erkannt, dass die Produktivität und die Arbeitsteilung gesteigert werden können, indem die Mitarbeiter feste Arbeitsplätze zugeordnet bekommen und ein standardisiertes Produkt an den Arbeitsplätzen vorbeiläuft. So konnte der Arbeitsrhythmus von der Leistungsfähigkeit des Mitarbeiters entkoppelt werden und von der Bandgeschwindigkeit vorgegeben werden. Auf diese Weise stieg die Wettbewerbsfähigkeit der amerikanischen Industrie. Die Produktivitätssteigerung gegenüber Taylor wurde allerdings nicht nur durch das Fließband, sondern durch die konsequente Suche nach Standardisierung und Vereinfachungen für die Verrichtung der Arbeit erzielt. Als Ergebnis konnte die Montagezeit in der Automobilindustrie um über 60 % reduziert werden. Diese Optimierung hatte durch die monotone Tätigkeit, ohne Anspruch an eine Weiterentwicklung des einzelnen Mitarbeiters, eine Verschlechterung der Arbeitsbedingungen am Band zur Folge. Zudem führt das Produktionssystems von Ford zu einer hohen Spezialisierung der Mitarbeiter und hemmt die Flexibilität der Produktion. Die Ansätze von Taylor und Ford wurden mannigfaltig weiterentwickelt und sind die Grundlage für die Weiterentwicklung des Produktionssystems.

Toyota Produktionssystem

Die nächste Entwicklungsstufe des Produktionssystems wurde nach dem zweiten Weltkrieg in Japan bei Toyota erreicht. Der Begründer des Toyota-Produktionssystems (TPS), Taiichi Ohno, stand nach dem zweiten Weltkrieg vor der Herausforderung, dass der japanische Markt eine hohe Produktvielfalt bei kleinen Stückzahlen forderte und das Geld für neue Großserienanlagen fehlte (vgl. Ohno 2005). Toyota benötigte ein Produktionssystem, das nicht auf den Vorhersagen der Bedarfe basiert, sondern sich lediglich nach den eingehenden Aufträgen richtet. Zu diesem Zweck reiste eine Delegation von Toyota nach Amerika, um das Produktionssystem von Ford zu studieren. Die kapitalintensive und unflexible Massenproduktion von Ford war aufgrund der fehlenden Mittel nicht umsetzbar. Mit Hilfe dieser Eindrücke wurde eine eigene Version der Fließ- oder Flussproduktion erarbeitet, mit dem Ziel, die Wirtschaftlichkeit der Produktion durch eine konsequente Beseitigung jeglicher Verschwendungen zu erhöhen. Auf diese Weise entstand bei Toyota eine flexible und bedarfsgerechte Flussproduktion, mit dem Ziel Verschwendung in der Produktion zu beseitigen. Das TPS entwickelt auf der einen Seite das Produktionssystem von Ford dynamisch weiter und stellt auf der anderen Seite wiederum einen Konterpart zur Massenproduktion dar, das in der Lage ist, kleine Stückzahlen in hoher Qualität kostengünstig zu fertigen. Anders als bei Taylor haben nicht die Meister und Ingenieure die Aufgabe, die Verschwendungen in der Produktion zu vermeiden, sondern die gesamte Belegschaft. Die zentrale Neuerung in der Definition des Produktionssystems ist, dass der Mitarbeiter im Zentrum steht und aktiv in die kontinuierliche Verbesserung des Unternehmens eingebunden wird. Das TPS-Konzept basiert auf den drei Strategien der Ausweitung von Problemlösungskapazitäten, der Reduktion von Komplexität und der Anpassung von Führungs- und Controlling-Konzepten. Die Ausweitung von Problemkapazitäten wird durch eine kontinuierliche Verbesserungsstrategie ermöglicht. Diese führt zu einer Spirale aus Problemerkennung, Problemlösung, Prozessverbesserung, Abbau von Verschwendung in Beständen und Zeit sowie einer Reduzierung der Qualitätskosten. Voraussetzung hierfür ist eine hohe Motivation der Mitarbeiter zur aktiven Einbringung in den Verbesserungsprozess, die Qualifikation der Mitarbeiter und die passende Arbeitsorganisation zur Schaffung des Freiraums für Verbesserungen. Die hohen Potenziale des TPS waren zunächst nicht ersichtlich. Die Konkurrenzfähigkeit der japanischen Automobilindustrie wurde erst während der Ölkrise 1973 und den damit einhergehenden hohen Energiepreisen sowie der wirtschaftlichen Rezession deutlich.

In den 80er Jahren entwickelte sich zunehmend der Kundenwunsch nach einer höheren Individualität, so dass sich der Automobilmarkt stark diversifizierte. Dies erforderte bei steigenden Qualitätsanforderungen und zunehmender Produktkomplexität eine hohe Flexibilität der Automobilhersteller. Sowohl in der Produktion als auch in der Logistik musste zusätzliche Flexibilität erreicht werden. Zu dieser Zeit konnte sich Toyota durch die schlanke Organisation und die hohe Flexibilität von den Wettbewerbern absetzen. Insbesondere durch die hohe Profitabilität, die hohe Kundenzufriedenheit und die hohe Qualität der Produkte konnte sich Toyota differenzieren. Die Entwicklung des TPS hat nicht nur maßgeblichen Anteil an Toyotas Unternehmenserfolg, sondern ist mit dem Begriff Lean Production zum Standard einer gesamten Branche geworden. Heute produziert fast jeder Autohersteller angelehnt an die von Toyota konzipierte Produktionsphilosophie.

Lean Production

Der Wettbewerb auf dem Automobilmarkt stieg auch in den 80er Jahren des letzten Jahrhunderts weiter an, was die Hersteller zwang, die Produktionskosten und somit die Preise weiter zu senken und mit Innovationen eine Differenzierung zu erzeugen. Die westliche Automobilindustrie stand jedoch vor der Herausforderung, dass keine zusätzlichen Kosteneinsparungen in der Produktion möglich waren, ohne Qualitätseinbußen hinzunehmen. Zu diesem Zweck wurde Anfang der 90er Jahre von einer Arbeitsgruppe des International Motor Vehicle Program eine empirische Studie zu den Entwicklungs- und Produktionsbedingungen in der Automobilindustrie durchgeführt, die in dem Konzept des Lean Managements mündet. Die Studie wurde ins Leben gerufen, um die großen Wettbewerbsvorsprünge der japanischen Automobilhersteller gegenüber den westlichen Konkurrenten zu untersuchen. Diese vom Massachusetts Institute of Technology veröffentlichte Studie "The Machine, that changed the world" und der Begriff Lean Production prägen die Produktionssysteme der produzierenden Unternehmen bis heute (vgl. Womack et al. 1992). Von 1984 bis 1989 wurden die Entwicklungs- und Produktionsbedingungen der Automobilindustrie in 15 Ländern analysiert. Es gelang, die Unterschiede zwischen der traditionellen Massenproduktion und der schlanken Produktion in Japan aufzuzeigen. Als Ergebnis arbeiteten die Autoren Methoden und Konzepte eines auf Qualität und Effizienz getrimmten Produktionssystems heraus, das sie im Lean Produktionssystem zusammenfassten. Lean Production ist dabei ein Ansatz, der weniger die technische Ablaufautomation, sondern eher die schlanke Organisation umfasst. Womak et al. haben die Prinzipien, die das Konzept Lean Production charakterisieren, in Handlungsempfehlungen zusammengefasst, um Unternehmen den Weg zur schlanken Organisation aufzuzeigen. Lean Production basiert im Wesentlichen auf sieben Elementen. Die Automatisierungstechnik sollte angemessen und vor allem robust sein, um eine hohe Prozesssicherheit und Verfügbarkeit zu gewährleisten. Dabei sind vor allem automatisierte Überwachungs- und Steuerungssysteme (Jidoka) sowie kurze Rüstzeiten (Single Minute Exchange of Die) von großer Bedeutung. Die schlanke Produktion ist weiterhin durch eine flache Hierarchie und eine schlanke Verwaltung charakterisiert. Das wesentliche Element der flachen Hierarchie sind teilautonome Arbeitsgruppen, die flexibel eingesetzt werden können. Ein weiteres Element der Lean Production ist das konsequente Qualitätsmanagement in Form des Total Quality Managements. Dies beruht auf der automatischen Fehlerkontrolle und dem Prinzip, dass an einem fehlerhaften Zwischenprodukt keine weiteren Arbeitsprozesse mehr durchgeführt werden, bis der Fehler beseitigt ist. Dies führt zu einem kontinuierlichen Verbesserungsprozess, der in Form von Kaizen von allen Mitarbeitern und dem gesamten Unternehmen gelebt wird. Das fünfte Prinzip von Lean Production ist die Qualifikation und Motivation der Mitarbeiter. Ziel ist die Ausbildung von flexibel einsetzbaren Mitarbeitern mit hoher technischer und sozialer Qualifikation, die sie befähigt, autonom zu agieren. Ein weiterer wesentlicher Aspekt der Lean Production ist die Just-in-Time-Produktion. Das elementare Prinzip, das sich in allen anderen sechs Elementen widerspiegelt, ist die konsequente Wertschöpfungs- und Prozessorientierung. In der Lean-Philosophie sind alle Mitarbeiter angehalten, Verschwendungen zu finden und zu eliminieren. Dabei gilt alles als Verschwendung, das nicht unmittelbar zur Wertschöpfung beiträgt (vgl. Womack et al. 1992). Die Lean Production wurde in der weiteren Entwicklung auf andere Industrien ausgedehnt und unter dem Begriff Lean Management verallgemeinert.

Fertigungssegmentierung in der Modularen Fabrik

Das Konzept der modularen Fabrik wurde sowohl in der Theorie als auch in der Praxis von Wildemann (1984) entwickelt und mündete schließlich in der Gestaltung von Fertigungsstrategien. Dieses Konzept kombiniert eine effiziente Produktion mit hoher Qualität und leistet einen wichtigen Beitrag, die steigende Komplexität durch die Vielfalt an Kunden, Produkten, Teilen, Material und Lieferanten zu beherrschen. Die Schaffung modularer Fabrikstrukturen durch Segmentierung beruht auf der organisatorischen Trennung der logistischen Ketten durch Schaffung von Segmenten in direkten und indirekten Bereichen. Die konsequente Verwirklichung des Segmentierungsgedankens führt zur Aufteilung der Fabrik in produkt- und kundenorientierte Module. Die Fertigungssegmentierung führt nach dem „Fabrik-in-der-Fabrik"-Konzept zu kleinen, autonomen, produktorientierten Einheiten. Ziel der Fertigungssegmentierung ist es, in Abhängigkeit von der Situation ein spezifisches Produktionssystem zu realisieren, das innerhalb definierter Grenzen unterschiedliche Fertigungsaufgaben lösen kann. Der zugehörige Planungsalgorithmus setzt ein mehrstufiges Vorgehen voraus, bei dem zunächst eine Trennung der Wertschöpfungskette nach Produkten (vertikale Segmentierung) und anschließend eine Aufteilung nach Produktions- und Dispositionsstufen (horizontale Segmentierung) vorgenommen werden. Die Segmentbildung beeinflusst dabei die Ausgestaltung der Planungs- und Steuerungssysteme, der Arbeitsorganisation, der Personalqualifikation, der optimalen Betriebs- und Abteilungsgröße, der Kontrollspannen sowie der Verteilung der Entscheidungskompetenzen. Das Konzept der Fertigungssegmentierung vereinigt die Kosten- und Produktivitätsvorteile der Fließfertigung mit der hohen Flexibilität der Werkstattfertigung durch die schlanke, kundengerichtete Organisation. Ziel ist es, eine weitgehende Entflechtung der Kapazitäten zu erreichen, welche durch eine bewusste Gliederung der Produktion nach Produkt und Technologie angestrebt wird. Durch die Konzentration der Ressourcen auf die spezifische Produktionsaufgabe können Wettbewerbsvorteile erzielt werden. Beim Aufbau von Fertigungssegmenten sind verschiedene, sich gegenseitig ergänzende Gestaltungsprinzipien anzuwenden: Flussoptimierung, kleine Kapazitätsquerschnitte, räumliche Konzentration von Betriebsmitteln, selbststeuernde Regelkreise, Komplettbearbeitung von Teilen und Baugruppen, Qualitätssicherung durch Selbstkontrolle der Qualität, Entkopplung von Mensch und Maschine sowie Teamorientierung. Das wichtigste Gestaltungsprinzip der Fertigungssegmentierung ist die Flussoptimierung. Bei einer hohen Auslastung der Produktion handelt es sich hierbei um die kostengünstigste Fertigungsorganisation. Kosteneinsparungen ergeben sich aus der Bestandsreduzierung und dem geringeren Koordinationsaufwand durch die Verkürzung der Übergangszeiten. Die zentrale Einzelplanung und -kontrolle von Betriebsmitteln wird zugunsten von Gruppenkontrollkonzepten aufgegeben. Die wirtschaftliche Gestaltung der Flussoptimierung wird durch eine Teilung der Gesamtkapazität in kleinere Kapazitätsquerschnitte erreicht. Ansatzpunkte zur kostengünstigen Realisierung des Fließprinzips ergeben sich auch bei Kleinserienfertigung aus der Anwendung der Gruppentechnologie, der Verbindung von Fertigungsinseln und der Einführung eines flexiblen Materialtransportsystems. Die Entscheidung über die Bereitstellung von flexiblen Anlagen oder Spezialanlagen mit kleinen Kapazitätsquerschnitten ergibt sich aus der Einschätzung der Absatzorganisation. Die Anpassung an sich ändernde Absatzbedingungen führt bei diesen Anlagen nicht zu neuen Produktionsfunktionen, sondern zur Variation der Betriebsgröße zu gleichen Stückkosten. Die Flussoptimierung erfordert zwangsläufig neue Steuerungskonzepte, die eine Vereinfachung der Informations- und Koordinationsaufgaben zum Ziel haben. Durch feste Regeln wird es möglich, die übergeordnete Steuerungsebene zu entlasten oder sogar aufzulösen und nach dem Prinzip selbst steuernder Regelkreise den Zeitpunkt der Bedarfsermittlung autonom durch die verbrauchende Stelle selbst bestimmen zu lassen. Die Planung der Kapazitäten und die Ermittlung der potenziellen Nachfrage werden durch eine zentrale Stelle vollzogen. Durch das Prinzip der räumlichen Konzentration mit variablem Layout kann eine Verringerung der Transporte zwischen den einzelnen Betriebsmitteln erreicht werden. Damit kann für jede Produktionsform oder Beschäftigungssituation eine kostenoptimale Betriebsmittelanordnung gefunden werden. Auf diese Weise verlagert sich die Verantwortung für das Fertigungsgeschehen auf die Arbeitsgruppe. Durch die räumliche Nähe besteht ein Kontakt zwischen den Mitarbeitern, wodurch sich die

Koordinationsaufwendungen reduzieren. Das Zusammenfassen von
Aufgaben verringert die Anzahl der zu steuernden Ereignisse. Dies
wird vor allem durch das Prinzip der Selbstkontrolle der Qualität und
der Komplettbearbeitung von Teilen und Baugruppen erreicht. Der
Verzicht auf eine separate Kontrollinstanz kann zum einen durch
automatische Messeinrichtungen im Produktionsprozess und zum
anderen durch Hebung des Qualitätsstandards bei den Mitarbeitern
ausgeglichen werden. Mit Hilfe der Selbstkontrolle werden die Feh-
lerfolgekosten minimiert. Dabei wird nicht nach dem Grundsatz
„Qualität kostet Geld" gehandelt, sondern nach „Hohe Qualität hilft
Kosten zu senken". Für die Prozesskontrolle sind im Vorfeld die
entscheidenden Parameter, die die Qualität beeinflussen, zu bestimmen und zu messen. Die Prozesskontrolle trägt dazu bei, dass nur
fehlerfreie Teile an die nächste Bearbeitungsstelle weitergegeben
werden. Die zunehmende Automatisierung führt zu einem erhöhten
Kapitaleinsatz, der im Vergleich zur Produktivitätsverbesserung
überproportional wächst. Durch die Entkopplung von Mensch und
Maschine kann der Nutzungszeitraum der Anlagen jedoch erweitert
werden. Die Produktivität kann vor allem durch die Verringerung der
Nebennutzungsanteile gesteigert werden. In modularen Fabrikstrukturen rückt der Mensch zur Bewältigung der gestiegenen Komplexität
des Leistungserstellungsprozesses in den Mittelpunkt der Betrachtung. Erforderlich sind teamorientierte Gestaltungsansätze, die sich
sowohl in temporären multifunktional besetzten Problemlösungs-
gruppen als auch in permanenten Gruppenarbeitsformen in direkten
und indirekten Sektionen bereichsübergreifend manifestieren. Während die Gruppenarbeit in der Fertigung auf die Steigerung der Produktivität und die Verbesserung der Arbeitsbedingungen ausgerichtet
ist, steht in indirekten Bereichen die Optimierung durchgängiger
Prozessketten durch multifunktional besetzte Teams im Vordergrund.

Eine erfolgreiche Segmentierung hängt maßgeblich von der Verfügbarkeit von ausgebildeten und motivierten Mitarbeitern ab. Dabei ist der Mitarbeiter aufgefordert durch aktive Verbesserungsvorschläge, die Optimierung des gesamten Fertigungsablaufs mitzugestalten. Die ganzheitliche Aufgabenerfüllung führt dazu, dass gleichartige Aufgabenelemente sowie Planungs-, Entscheidungs-, Durchführungs- und Kontrollaufgaben in einer Stelle zusammengefasst und ausgelagerte Hilfsfunktionen wieder integriert werden. Zudem ändern sich auch die Anforderungen an die Führung. Ganzheitlich und breiter angelegte Stellen bedeuten weniger organisatorische Schnittstellen und damit ein höheres Maß an Selbstkoordination. Im Rahmen einer Dezentralisierung der Produktion und einer Stärkung der Eigenverantwortung der Mitarbeiter vor Ort kommt dem Meister wieder eine Schlüsselrolle zu, die zunehmend Führungsfunktionen übernimmt. Zum effizienten Betrieb eigenständiger Fertigungssegmente wird eine personifizierte Verantwortung erforderlich. Für den einzelnen Mitarbeiter sollte eine Eigenleistung zu erkennen sein und er sollte darüber hinaus Einfluss auf die Honorierung haben. Die Aufrechterhaltung der Flexibilität wird wesentlich von der Wahl der Entlohnungsform mitbestimmt. Diese sollte die Vielseitigkeit der Funktionen der Mitarbeiter berücksichtigen. Sofern die Gesamtverantwortung für ein Leistungsergebnis von Teams getragen wird, sollte eine Gruppenentlohnung erfolgen, da bei einer isolierten Leistungsentlohnung des Einzelnen die gegenseitige Unterstützung bei der Arbeit nicht zustande kommt. Die Neugestaltung der Ablauforganisation im Rahmen kleiner Fertigungseinheiten führt zu einer Reduzierung der Dispositionsebenen. Da sich die Anzahl der Dispositionsstufen auf die Bestandssituation auswirkt, können durch die Fertigungssegmentierung die Bestände gesenkt werden. Darüber hinaus ist es bei einer geringen Anzahl an Dispositionsstufen möglich, Einzeloptima und die Entscheidungsprozesse aufeinander abzustimmen. Zudem führt die Fertigungssegmentierung durch Steigerung der Personalproduktivität, Zusammenfassung von Tätigkeiten, Verlagerung von Kompetenz und Verantwortung auf hierarchisch untergeordnete Ebenen zu einer flacheren Organisationsstruktur. Während Werksleiter und Meister in der Regel funktionale Zuständigkeiten entsprechend dem Verrichtungsprinzip haben, erfolgt bei der Fertigungssegmentierung eine Verschiebung in Richtung funktionsfähige Produkte oder Bauteile. Zur Ermittlung der optimalen Leistungsspanne in den Fertigungssegmenten sind folgende Einflussfaktoren zu berücksichtigen: Gleichartigkeit der Aufgaben, Schwierigkeit der Aufgaben, Entscheidungsspielraum der Mitarbeiter, Kontrollnotwendigkeit aufgrund des Sachinhalts der Aufgaben, organisationsbedingte Koordinationsnotwendigkeiten und räumliche Gegebenheiten. Personenbegründete Faktoren sind in der Persönlichkeit des Vorgesetzten und in der Persönlichkeit der Mitarbeiter zu suchen. Das Konzept der Fertigungssegmentierung zielt überwiegend auf die Segmentierung des Fertigungsbereichs und fertigungsnaher Funktionen ab. Vor dem Hintergrund der ständig wachsenden Gemeinkostenblöcke in den indirekten Unternehmensbereichen und der Tatsache, dass häufig über 60 % der Gesamtdurchlaufzeit in diesen Bereichen anfallen, dürfen jedoch gerade diese Bereiche von den Rationalisierungsmaßnahmen nicht ausgeklammert werden. Erst die ergänzende Segmentierung indirekter Bereiche, wie Planungs- und Logistikfunktionen, trägt den Anforderungen einer zukunftsfähigen Fabrikgestaltung Rechnung. Unter indirekten Segmenten werden prozessorientierte Organisationseinheiten verstanden, die eine abgrenzbare Prozesskette ganzheitlich und eigenverantwortlich bearbeiten. Wesentliches Gestaltungsprinzip für die Bildung indirekter Segmente ist demnach die Prozessorganisation. Die Segmentbildung in den indirekten Bereichen erfolgt analog zu den Gestaltungsprinzipien in der Fertigung. Empirische Untersuchungen zeigen, dass sich durch die Segmentierung indirekter Bereiche nachhaltige Verbesserungen bei den am Markt relevanten Erfolgsfaktoren Qualität, Kosten und Zeit erzielen lassen. Das Controlling modularer Fabriken ist mithilfe von prozessorientierten Kenngrößen sicherzustellen. Hierzu zählen Kennzahlen zur Produktion und Fertigungsorganisation. Neben den klassischen Produktionsfaktoren Zeit, Kosten und Qualität nimmt die Flexibilität und Wandlungsfähigkeit eine wichtige Rolle in der Automobilindustrie ein. Mit den bestehenden Methoden und Konzepten ist es nicht möglich, die Flexibilität des Produktionssystems zu steigern, ohne eine Verschlechterung der klassischen Produktionsfaktoren hinzunehmen. Die modulare Produktgestaltung ist ein erster Schritt der Automobilindustrie, die Flexibilität in der Entwicklung zu steigern. Der Markt fordert jedoch nicht nur eine Flexibilität hinsichtlich der Art und Menge der Produkte, sondern vor allem eine globale und markenübergreifende Flexibilität in der Produktion. Dies ermöglicht es den Automobilherstellern, sich flexibel an die Nachfrage in einer Region anzupassen und die Produktionskapazitäten vollständig auszulasten. Insbesondere in einem Mehrmarkenkonzern können so Skaleneffekte genutzt werden, die eine kosteneffiziente Flexibilisierung der Produktion ermöglichen. Demnach gilt es, ausgehend von der modularen Produktgestaltung auch die Produktionsstrukturen zu modularisieren und zu standardisieren.

Entwicklungslinien von Produktionssystemen
Die Betrachtung der Entwicklungsstufen der Produktionssysteme zeigt, dass sich sowohl der Stellenwert als auch die Methoden und die Konzepte der Produktionssysteme im historischen Kontext gewandelt haben. Diese Methoden und Konzepte, die sich den amerikanischen,

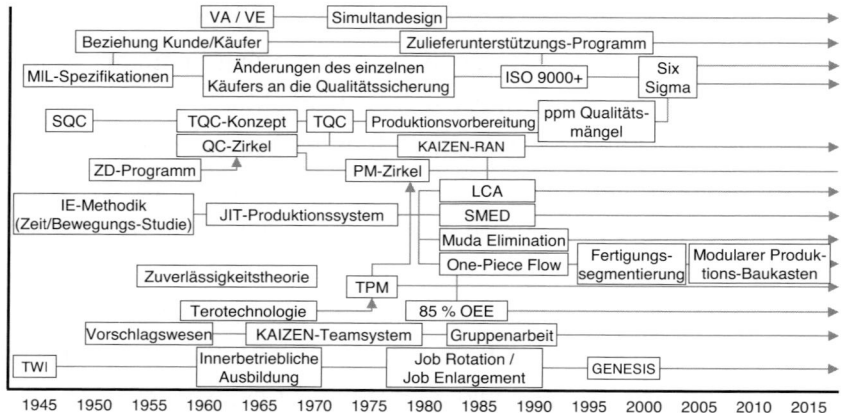

Abbildung 2-2: **Entwicklung der Methoden und Konzepte in Produktionssystemen**

japanischen und deutschen Konzepten zuordnen lassen, haben den Spielraum der Produktionsgestaltung zunehmend erweitert (vgl. Abbildung 2-2). Der Transformationsprozess der Produktionssysteme von einem reinen Kostenoptimierungswerkzeug hin zu einem ganzheitlichen Konzept liegt in der kontinuierlichen Weiterentwicklung der Anforderungen. Lange Zeit standen insbesondere die Kosten der Produktion als Optimierungsgröße im Vordergrund. Externe Faktoren wie die fortschreitende Globalisierung und das wachsende Qualitätsbewusstsein der Kunden führten zu einer inkrementellen Ergänzung des Zielsystems um weiterer Optimierungsgrößen. Als neue Zielgrößen mit hoher Praxisrelevanz sind vor allem Flexibilitäts- und Qualitätsziele, Anlagenverfügbarkeit, humanorientierte Ziele sowie ökologische Zielsetzungen zu nennen. Diese durch externe Entwicklungen induzierten Erweiterungen des Zielsystems haben zu einem nachhaltigen Transformationsprozess der organisatorischen und prozessualen Einbindung der Produktion geführt. Durch die zunehmende Etablierung einer prozessorientierten Sichtweise der Wertschöpfung wurde eine enge organisatorische Verknüpfung der Produktion mit den weiteren Verantwortungsbereichen im Unternehmen notwendig. Durch diese Entwicklung wurde der Geltungsbereich des Produktionssystems um zusätzliche Funktionen erweitert. Somit ist auch die Anzahl der durch das Produktionssystem zu verwaltenden Prozesse und Schnittstellen stark angewachsen. Während in den Anfängen der Auseinandersetzung mit Produktionssystemen der Fokus primär auf den Fertigungsprozessen lag, hat sich der Gestaltungsrahmen heutiger Produktionssysteme in verschiedenen Wellen erweitert. Hier wurden Beziehungen entlang der Wertschöpfungskette zunehmend mit in die Betrachtung aufgenommen. Ferner erfolgt auch im Unternehmen eine zunehmende Ausdehnung der Ansätze des Produktionssystems. Hier werden teils unter dem Begriff des ganzheitlichen Unternehmenssystems die Ansätze des Produktionssystems auf indirekte und Unterstützungsprozesse im Unternehmen übertragen. Alle Unternehmensabläufe werden auf die Erzeugung von Kundenwert und Wertbeitrag ausgerichtet. Um eine ganzheitliche Unternehmenssteuerung zu gewährleisten, setzt sich das Management Excellence System als integriertes Managementsystem aus einer eindeutig definierten kundenwertorientierten Strategie sowie vier funktions- und bereichsübergreifenden Ebenen zusammen. Die vier Ebenen umfassen ein gemeinsames Controlling, eine klare Organisation, einheitliche Prozesse, ein alle Mitarbeiter einschließendes Wissenskonzept mit einem ausgewogenen Methoden-Mix. Die Controlling-Ebene verbindet eine funktions- und bereichsübergreifende Planung, Koordination und Kontrolle und hat die Erreichung der Unternehmensziele, die Verbesserung der Entscheidungskoordination sowie die Steigerung der Reaktionsfähigkeit zum Ziel. Standardisierte Abläufe, klare Verantwortlichkeiten, wenige Schnittstellen sowie ein reduzierter Führungsaufwand prägen die Ebene der Prozesse. Die Mitarbeiter- und Wissensebene zielt auf die Qualifizierung und Weiterbildung aller Mitarbeiter damit Wissen unternehmensweit verbreitet und genutzt werden kann. Die Methoden-Ebene beinhaltet einen vielfältigen Methodenmix, um in den einzelnen Funktionsbereichen (Einkauf, Forschung und Entwicklung, Produktion und Logistik, Service und Vertrieb) in allen Unternehmenseinheiten Verbesserungen zu erzielen. Durch eine Vielzahl von Analysen werden zunächst Schwachstellen und Defizite identifiziert, bevor die passenden Methoden ausgewählt und eingesetzt werden. Durch integrierte Managementsysteme werden die durch Produktionssysteme erzielten Effizienz- und Flexibilitätssteigerungen auch für andere Funktionsbereiche ermöglicht. Die fortschreitende Globalisierung hat damit zu einem grundlegenden Wandel des Anforderungsprofils an moderne Produktionssysteme geführt. Produktionssysteme stehen heute in der Verantwortung, Unternehmen zur kosteneffizienten Produktion hochqualitativer Produkte auch in kleinen Stückzahlen zu befähigen. Gleichzeitig ist eine hohe Robustheit sowie Flexibilität der Prozessabläufe sicherzustellen, um die Reaktionszeit auf Marktschwankungen möglichst gering zu halten. Zusätzlich zu der heute schon vorhandenen Mengen- und Artenflexibilität des Produktionssystems, die bislang insbesondere die Produktentwicklung modularisiert hat, stehen heutige Produktionssysteme vor der Herausforderung, die Produktion flexibel zu gestalten. Nur so kann zum einen eine effiziente Globalisierung und zum anderen eine Mehrmarkenstrategie der Unternehmen gewährleistet werden. Ganzheitliche Produktionssysteme als neuste Entwicklungsstufe greifen diese Anforderungen auf. Ein Produktionssystem muss heute in der Lage sein, individuelle Produkte mit hohem Innovationsgrad und gleichbleibender Qualität weltweit kosteneffizient in einem globalen Markt herzustellen. Der Lösungsansatz des modulorientierten Produktionssystems ist hierbei die Segmentierung der Fabrik in Bereiche mit selbstregelnden Planungs- und Steuerungssystemen. Modulare Fabrikarchitekturen stellen hierbei eine Operationalisierung des modulorientierten Produktionssystems bezüglich der Fertigungsstruktur und -prozesse dar, um Lerneffekte der Vergangenheit bei Fabrikplanungs- und Anlaufprojekten zu nutzen. Analog zu den Plattformansätzen und den Baukästen auf Produktebene dient der Modulare Produktions-Baukasten der flexiblen Standardisierung der Fertigung. Durch die Nutzung standardisierter Fabrikmodule lassen sich Planungs- und Anlaufzeiten reduzieren. Zudem ergeben sich Kostenpotenziale durch die Minimierung der Fertigungs-, Material- und Kapitalkosten in den Fertigungsstruktur- und Fertigungsprozessen sowie dem Materialfluss und dem Anlagenmanagement. Modulare Produktions-Baukästen, die vor allem die Elemente der Modularen Fabrik mit den modernen Methoden und Konzepten der Produktion verbinden und konsequent weiterentwickeln, ermöglichen es, die aktuellen Herausforderungen der Produktion zu überwinden und die Ziele von Produktionssystemen erfolgreich zu realisieren.

2.2 Strategien und Leitlinien von Produktionssystemen

Die grundlegende Ausrichtung eines Produktionssystems wird durch seine spezifische Produktionsstrategie definiert, die in einer direkten Abhängigkeit zu den äußeren Rahmenbedingungen sowie den individuellen Eigenschaften des Unternehmens steht. Der Handlungsraum heutiger Produktionsstrategien in der Automobilindustrie wird durch die anspruchsvollen Rahmenbedingungen globalisierter Wertschöpfungsnetzwerke und internationaler Beschaffungs- und Absatzmärkte aufgespannt. Die zentrale Triebfeder der Weiterentwicklung automobiler Produktionssysteme liegt dabei in der zunehmenden Notwendigkeit, den Spagat zwischen Kosteneffizienz und Produktionsflexibilität langfristig zu meistern. Der wachsende globale Qualitätswettbewerb, der durch aufstrebende Automobilhersteller wie Hyundai-Kia vorangetrieben wird, führt zu einer zunehmenden Qualitätsparität, durch die das Preispremium der traditionellen Qualitätsführer zunehmend gefährdet wird. Die stetige Verkürzung von Produktlebenszyklen und der Anstieg der Variantenvielfalt führen gleichzeitig dazu, dass Flexibilität und Wandlungsfähigkeit eine zunehmende Relevanz als Zielgröße in der Produktion erfahren. Effizienz und Flexibilität galten lange Zeit als unüberwindbarer Widerspruch der automobilen Serienproduktion. Fortschritte in der Produktionsautomatisierung und die kontinuierliche Weiterentwicklung von Supply Chain Architekturen und Organisationskonzepten haben dazu beigetragen, diesen Zielkonflikt weitestgehend aufzulösen. Der Handlungsspielraum zukunftsfähiger automobiler Produktionssysteme wird durch das Zusammenspiel technologischer und organisatorischer Leitlinien aufgespannt, die ein Höchstmaß an Produktivität in der Wertschöpfung mit hohen Flexibilitätsreserven verbinden. Zentrale Dimensionen dieser Leitlinien finden sich in den Konzepten Total Quality, Just-in-Time (produktionssynchrone Beschaffung), Asset-Light, Flexibilität und Agilität sowie Effizienz. Das Fundament der Produktionsstrategie wird durch die individuelle Ausgestaltung der zugrundeliegenden Gestaltungsfelder und Subsystemen im Sinne von Gestaltungsleitlinien gefasst. Bei der Beschreibung der Gestaltungsfelder kann zwischen den Subsystemen Materialflusssystem, Bearbeitungssystem, Personalsystem, Planungs- und Steuerungssystem sowie Qualitätssystem unterschieden werden. Dabei sind die beschriebenen Subsysteme nicht ausschließlich im Sinne physikalischer Entitäten, sondern als logisch abgegrenzte Teilfunktionen des Produktionssystems zu verstehen, die neben der physikalischen Ebene der Produktion auch Prozess- und Organisationselemente umfassen. Bezüglich der Gestaltungsleitlinien kann zwischen Standardisierung, Synergie,

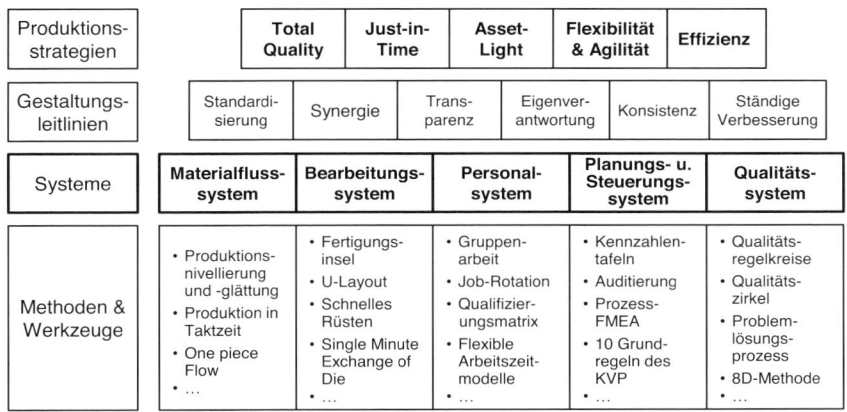

Produktions-strategien	Total Quality	Just-in-Time	Asset-Light	Flexibilität & Agilität	Effizienz
Gestaltungs-leitlinien	Standardi-sierung	Synergie	Trans-parenz	Eigenver-antwortung	Konsistenz	Ständige Verbesserung
Systeme	Materialfluss-system	Bearbeitungs-system	Personal-system	Planungs- u. Steuerungs-system	Qualitäts-system
Methoden & Werkzeuge	• Produktions-nivellierung und -glättung • Produktion in Taktzeit • One piece Flow • …	• Fertigungs-insel • U-Layout • Schnelles Rüsten • Single Minute Exchange of Die • …	• Gruppen-arbeit • Job-Rotation • Qualifizier-ungsmatrix • Flexible Arbeitszeit-modelle • …	• Kennzahlen-tafeln • Auditierung • Prozess-FMEA • 10 Grund-regeln des KVP • …	• Qualitäts-regelkreise • Qualitäts-zirkel • Problem-lösungs-prozess • 8D-Methode • …

Abbildung 2-3:   Gestaltungsfelder von Produktionssystemen

Transparenz, Eigenverantwortung, Konsistenz sowie KVP (ständige Selbstverbesserung) als Ausprägungsformen differenziert werden (vgl. Abbildung 2-3). Die materielle, prozessuale und organisatorische Ausgestaltung der Subsysteme erfolgt dabei methodengestützt in Abhängigkeit der spezifischen Anforderungen und Rahmenbedingungen der Produktion. Bei der Ausgestaltung der Subsysteme kann auf eine breite methodische Basis der heutigen Produktionssysteme zurückgegriffen werden, die eine strukturierte Grundlage für alle relevanten Gestaltungsfelder bereithält. Die intelligente Vernetzung der Subsysteme entlang der globalen Wertschöpfungskette ist die Zielsetzung des modulorientierten Produktionssystems in Zusammenhang mit der modularen Fabrikarchitektur. Die individuelle Ausgestaltung des strukturellen und organisatorischen Rahmens der Fertigungsstrategie dient der optimalen Ausrichtung des Produktionssystems an den Erfolgsfaktoren Qualitätsverbesserung, Zeitersparnis sowie Produktivitätserhöhung und Kostenminimierung. Das Produktionssystem leistet somit einen zentralen Wertbeitrag zur Reduzierung der Entwicklungs-, Durchlauf- und Wiederbeschaffungs- sowie

Lieferzeiten und führt zu einer nachhaltigen Verbesserung der Quali-
tätsleistung des Unternehmens.

Total Quality

Der Qualitätsbegriff unterliegt in der Automobilbranche einem kontinuierlichen Wandel und gewinnt zunehmend an Bedeutung. Der
Wandel und der Bedeutungszuwachs haben dazu geführt, dass sich
der Handlungsspielraum des Qualitätsmanagements um immer neue
Dimensionen erweitert hat. Neben der Produktqualität werden heute
in der Automobilindustrie zahlreiche harte und weiche Zielgrößen
wie Prozessstabilität und -flexibilität, die Qualität der logistischen
Kette, die Qualität des Arbeitsumfelds und kurze Durchlaufzeiten im
Qualitätsverständnis berücksichtigt. Technologische und marktbezo-
gene Faktoren haben zu einem überproportionalen Anstieg der Pro-
dukt- und Prozesskomplexität geführt, die die automobile Wertschöpfungskette anfälliger für systembedingte und zufällige Fehler machen. So kommt es in der Automobilindustrie immer wieder zu weltweiten Rückrufen aufgrund unterschiedlicher Produktfehler. Die
Zunahme an komplexen Elektronikkomponenten in den Fahrzeugen
hat zu einem weiteren Anstieg von Entwicklungsrisiken geführt. Hinzu kommt, dass im Zuge der Gleichteilenutzung Qualitätsmängel
einzelner Komponenten und Module direkte Auswirkungen auf mehrere Modellreihen haben können. Die zunehmende Relevanz der
Elektromobilität verschärft diese Problematik weiter. Neue Technologien wie Batterietechnik, elektrische Antriebssysteme und neue
Werkstoffe führen zu völlig neuen Produkteigenschaften und Prozessanforderungen, auf die das Erfahrungswissen der Automobilhersteller nur bedingt anwendbar ist. Gleichzeitig führt die zunehmende
Qualitätsparität der Automobilhersteller zu einem wachsenden Qualitätswettbewerb, der über die reine Produktqualität hinausgeht und

alle Unternehmensbereiche betrifft. Um den steigenden Qualitätsanforderungen gerecht zu werden, suchen Automobilhersteller nach Strategien und Methoden, die eine nachhaltige und umfassende Implementierung des Qualitätsdenkens in allen Bereichen der Wertschöpfung ermöglichen. Die Produktionsstrategie Total Quality stellt einen solchen umfassenden, methodengestützten Managementansatz dar. Ziel des Konzepts ist es, durch einen individuell ausgestalteten Methodenansatz ein unternehmensweit harmonisiertes, auf Wirtschaftlichkeit ausgerichtetes und quantifizierbares Qualitätsverständnis im Unternehmen zu schaffen. Der Total Quality Ansatz bildet damit die Grundlage ganzheitlicher Qualitätsstrategien, mit dem Total Quality Management (TQM) als prominentestem Vertreter. TQM weist eine starke Mitarbeiterfokussierung auf und ist eng mit den zentralen Leitsätzen des Unternehmens verwoben. Die ganzheitliche, ergebnisorientierte Zielsetzung des TQM liegt somit in Kongruenz mit der Zielausrichtung wertorientierter Produktionssysteme. Einschlägige Studien in den USA und Europa belegen eindeutig, dass die Umsetzung der ganzheitlichen Qualitätsbetrachtung einen deutlichen Einfluss auf die Produktivität hat. Business Excellence durch TQM führt zu Spitzenleistungen der Organisation. Darüber hinaus wurden eine erhöhte Motivation der Mitarbeiter, ein verbessertes Qualitätsbewusstsein sowie ein gestiegenes Qualitätsimage erreicht. Qualität bedeutet mehr als die vorbeugende Vermeidung strukturbedingter Fehler in der Produktion. Traditionelle Methoden des Qualitätsmanagements können auf menschliche Aktivitäten und Entscheidungen nur bedingt angewendet werden. Menschliches Handeln unterliegt natürlicherweise zufälligen Fehlern. Ziel zukunftsfähiger Qualitätsmanagementsysteme ist eine differenzierte Betrachtung menschlicher Aktivitäten innerhalb des Produktionssystems. Diese Differenzierung verfolgt zwei komplementäre Zielsetzungen. Durch den Einsatz hu-

manorientierter Methoden wie dem Poka-Yoke-Prinzip (Prinzip zur
präventiven Vermeidung menschlicher Fehler durch technische und
organisatorische Methoden) können die zufälligen Fehlerquellen
präventiv und nachhaltig abgestellt werden. So hat sich das Pick-to-
Light-Konzept als einfache, aber effektive Methode zur Vermeidung
falscher Montagevorgänge erwiesen. Gleichzeitig zielen humanorientierte Methoden des Qualitätsmanagements auf die präventive Förderung der intrinsischen Motivation der Mitarbeiter ab. Insbesondere in
den Produktions- und Montageprozessen der automobilen Großserienproduktion leisten organisatorische und technische Ansätze einen
Beitrag, Arbeitsmonotonie und weitere negative Folgen der tayloris-
tisch geprägten Serienproduktion zu vermeiden. Die Weiterentwicklung des Qualitätsdenkens geht Hand in Hand mit einem veränderten
Verständnis der Qualitätskosten. Traditionelle Qualitätssicherungs-
konzepte gehen von einer Kostendreiteilung in Prüfkosten, Fehlerkosten und Fehlervermeidungskosten aus. Diese Kostenbetrachtung
erweist sich aufgrund ihrer mangelnden Erfolgsorientierung für die
Ausgestaltung eines präventiven Qualitätsmanagementsystems als
problematisch. Erst durch die Einführung einer neuen Qualitätskoste-
neinteilung in Konformitäts- und Nonkonformitätskosten (Überein-
stimmungs- und Abweichungskosten) wurde eine transparente Darstellung des Wertbeitrags präventiver qualitätsbezogener Maßnahmen
möglich. Die Möglichkeit, den Nutzwert präventiver Qualitätsma-
nagementmaßnahmen herauszustellen, führt nicht nur zu einem wertorientierten Qualitätsverständnis, sondern bietet die Möglichkeit, eine
nachhaltige Verhaltensänderung aller Mitglieder der Wertschöpfungskette zu induzieren. Um ein unternehmensweites Qualitätsverständnis zu etablieren, müssen sowohl Maßnahmen zur kurzfristigen
Reaktion auf Risiken als auch langfristige Maßnahmen zur Prävention und Absicherung des Wachstums berücksichtigt werden. Ein zent-

raler Erfolgsfaktor zukunftsfähiger Produktionssysteme liegt in der Durchsetzung einer unternehmensweiten Verhaltensqualität im Sinne eigenverantwortlichen und präventiven Handelns zur nachhaltigen Reduzierung der Nonkonformitätskosten. Die Mitarbeiter stellen den zentralen Ansatzpunkt zur Weiterentwicklung heutiger Qualitätsmanagementsysteme dar, da sie den Kondensationspunkt aller qualitätsbezogenen Konzepte und Maßnahmen bilden. Die zunehmende Globalisierung der Produktionsnetzwerke und Absatzmärkte und Megatrends wie E-Mobility stellen das Qualitätsmanagement im Wachstum vor allem vor kompetenz- und qualifizierungsbezogene Fragestellungen: Welche Produktionsszenarios werden durch externe Entwicklungen hervorgerufen und welche Qualitätsanforderungen werden sie an die Wertschöpfungskette stellen? Welcher Zentralisierungsgrad der organisatorischen Ausgestaltung des Qualitätsmanagements ist im internationalen Produktionsverbund zielführend? Welche Aufgabenbereiche sollen von der Muttergesellschaft übernommen werden und welche Aufgaben können an die jeweiligen Landesgesellschaften oder Zulieferer übertragen werden? Welchen Kompetenzumfang erhalten die jeweiligen Entwicklungs- und Produktionsstandorte? Welche Qualifikationsanforderungen ergeben sich aus den Aufgabenstellungen und wie kann der Qualifikationsbedarf effizient abgedeckt werden? Um die Mitarbeiter auch unter den anspruchsvollen Rahmenbedingungen eines globalisierten Produktionsnetzwerks auf allen Ebenen zum eigenverantwortlichen und qualitätsorientierten Handeln zu befähigen, müssen die entsprechenden Voraussetzungen durch angepasste Qualifizierungskonzepte geschaffen werden. Die Qualität des menschlichen Denkens und Handelns schlägt sich in allen Bereichen des Produktionsprozesses nieder. Aufgrund der hohen logistischen Komplexität der Wertschöpfungsnetzwerke im Automobilsektor stehen Konzepte zur Sicherstellung einer exzellenten logistischen Qualität im Fokus des Qualitätsmanagements vieler Hersteller. Das Just-in-Time-Prinzip stellt ein Logistikprinzip mit hoher Praxisrelevanz dar und soll im Folgenden näher beleuchtet werden.

Just-in-Time

Just-in-Time (JIT), auch unter dem Begriff der produktionssynchronen Beschaffung bekannt, ist ein heute weit verbreitetes Gestaltungskonzept und ein Organisationsansatz, der auf die Vermeidung von Lagerhaltung abzielt, indem das richtige Material in der richtigen Menge und Qualität unmittelbar zum richtigen Zeitpunkt in der Fertigung angeliefert wird. (vgl. Wildemann 2002 und Wildemann 2010b) Das zentrale Optimierungsobjekt ist die logistische Kette, die ausgehend vom Materialfluss hinsichtlich der zentralen Erfolgsfaktoren optimiert wird. Dabei wird die Leistungserstellung als interdisziplinäres Netzwerk aus Produktionsprozessen und Informationsflüssen betrachtet. Diese Produktionsstrategie eignet sich besonders für Unternehmen, deren Produktionsfokus auf Gütern mit hohem Verbrauchswert und einer mittleren bis hohen Verbrauchsstetigkeit liegt. Bei gegebenen Rahmenbedingungen können somit Potenziale durch die Freisetzung von gebundenem Kapital, die Verkürzung von Durchlaufzeiten und das Aufdecken von Qualitätsproblemen gehoben werden. Durch die Möglichkeit der direkten Integration der Lieferanten in die Material- und Informationsflüsse ergeben sich Synergien und damit weitere Einsparpotenziale für beide Parteien. Eine Weiterentwicklung des JIT-Ansatzes wurde mit dem Just-in-Sequence (JIS) -Konzept durchgesetzt, das neben den Anlieferzeitpunkten auch eine spezifische Sequenzierung der angelieferten Güter entsprechend dem Produktionsprozess ermöglicht. Das Konzept basiert auf den vier folgenden Grundprinzipien.

1. Bestände sind gebundene Kapazitäten.

2. Bestände verdecken Fehler.

3. Zeit, insbesondere Lieferzeit, Durchlaufzeit und Wiederbe-
    schaffungszeit, stellt einen eigenständigen Wettbewerbsfak-
    tor dar.

4. Die kostengünstigste Produktion ist die Fließfertigung.

Aufgrund der durchgängigen Wertschöpfungsorientierung und der
konsequenten Vermeidung nicht-wertschöpfender Tätigkeiten über
alle Mitglieder der logistischen Kette hinweg ist das JIT/JIS-Konzept
seit etlichen Jahren zu einem festen Bestandteil der Logistik in vielen
Branchen geworden. In der Automobilindustrie konnten die Be-
standskosten innerhalb des Produktionssystems teilweise um bis zu
80 % gesenkt werden. Dabei werden Flächeneinsparungen durch die
Vermeidung von Lagerflächen von 65 % erzielt. Die Integration der
Lieferanten in das Qualitätssicherungskonzept steigert weiterhin das
Qualitätsbewusstsein der Lieferanten. Bei der Integration der Lieferanten werden so zum Teil Null-Fehler-Toleranzen vereinbart und die
Lieferqualität auf annähernd 100 % gesteigert. Weitere hohe Potenziale werden durch Einsparung der Handlingkosten erzielt. Die Konzentration mehrerer Lagerstufen und die Umsetzung einer direkten
Belieferung der Produktion können diese Kosten im Schnitt um bis
zu 50 % senken. Das Ziel ganzheitlicher Produktionssysteme geht
jedoch über die Reduzierung der Bestands- und Handlingkosten hinaus und vermeidet auch Verschwendungen im Bereich der Kapital-
bindungs-, Wartungs- und weiterer Kosten von Assets. Aufgrund der
beschriebenen Vorzüge haben JIT-und JIS-basierte Logistikkonzepte
heute eine breite Verwendung in den Supply Chain-Architekturen
aller namhaften Automobilhersteller gefunden. Der hohe Reifegrad
heutiger produktionssynchroner Logistikkonzepte lässt vermuten,
dass ihr Potenzial für die Ausgestaltung zukunftsfähiger Produktions-

systeme bereits weitestgehend ausgeschöpft ist. Doch der wahre
Mehrwert dieser logistischen Konzepte offenbart sich erst vor dem
Hintergrund des veränderten Anspruchsprofils, das durch flexible
Produktionsarchitekturen an die Logistikkonzepte gestellt wird. Der
scheinbare Widerspruch von Flexibilität und Effektivität stellt heutige Logistikkonzepte vor große Herausforderungen. Die Grenzen heutiger Logistikarchitekturen zeigen sich in den Produktionssystemen
vieler namhafter Hersteller. So reagieren effizienzorientierte Produktionssysteme, wie das Toyota Produktionssystem, empfindlich auf
kurzfristige Änderungen in der Variantensequenzierung und auf eine
hohe Variantenvielfalt. Die Auflösung des Zielkonflikts kann zukünftig nur durch eine stärkere Integration verschiedener logistischer
Konzepte erreicht werden. Bei der Ergänzung effizienzorientierter
Konzepte, wie der JIT- und JIS-Anlieferung um flexible Alternativen
wie Just-to-Stock, muss das Augenmerk auf die Harmonisierung der
Schnittstellen und die jeweiligen Fokusbereiche und Grenzen der
Anwendung gelegt werden.

Asset-Light

Der zentrale Erfolgsfaktor bei der Ausgestaltung der Supply Chain-
Architekturen liegt in der Erweiterung des Zeithorizonts der Betrachtung aller Investitionsentscheidungen. Um ein modularisiertes Produktionskonzept auch unter finanziellen Gesichtspunkten wirtschaftlich auszugestalten, gilt es, Einmalinvestitionen (non-recurring costs)
beispielsweise für Betriebsmittel so anzulegen, dass diese nicht nur
für eine aktuelle Produktgeneration, sondern auch zu großen Teilen
für Folgegenerationen genutzt werden können. Die Höhe und Verteilung von Investitionsmitteln weisen eine direkte Hebelwirkung auf
die Gesamtproduktivität des Produktionssystems auf. Dieser Zusammenhang gilt sowohl innerhalb einer Produktgeneration, indem sich

die Investitionskosten für Assets auf verschiedene Varianten auftei-
len, als auch für Produktfolgegenerationen, indem diese einen hohen
Weiterverwendungsgrad der bestehenden Architekturen aufweisen. In
der Automobilindustrie können beispielsweise bis zu 80 % der Investitionen auch für die nächsten Folgeprojekte verwendet werden. Dies
senkt nicht nur den Kapitaleinsatz, sondern erhöht auch die Wahrscheinlichkeit, dass die Anlagen auch für das Folgeprodukt geeignet
sind und ohne Probleme verwendet werden können. Ziel ist es, die
Fixkosten der Produktion auf eine möglichst große Anzahl verkaufter
Produkte umzulegen. Die Bestrebung, die notwendigen Fixkosten
möglichst wertschöpfend einzusetzen, entspricht dem Gedanken der
Asset-Light-Strategie. Aussage der Asset-Light Strategie ist, dass
Assets Kapitalbindungskosten, Wartungs- und weitere Kosten verursachen, die zum Großteil als Fixkosten anfallen. Im Gegenzug liefern
viele der Anlagen oftmals keinen entsprechenden Wertbeitrag für das
Unternehmen. Ziel der Asset-Light-Strategie ist es daher, das Anlagevermögen des Unternehmens auf ein Minimum zu reduzieren. Das
Outsourcing von Anlagevermögen kann dabei auf verschiedene Weise erfolgen. Sale-and-Lease-back: Durch den Verkauf und die an-
schließende Anmietung eigener Produktionsanlagen kann gebunde-
nes Kapital kurzfristig freigesetzt werden. Die Veräußerung von Anlagevermögen kann verschiedene Vorteile mit sich bringen. Es
kommt zu einer Verbesserung der Liquidität und Rentabilität und
somit oftmals auch zu einem besseren Rating durch Kreditinstitute.
Fallen die Leasingkosten der veräußerten Anlagen geringer aus als
der Zinssatz des Fremdkapitals, können Kapitalkosten reduziert werden. Auslagerung spezifischer Produktionsprozesse wie zum Beispiel
die Ersatzteilfertigung und indirekter Funktionen: Der Wertbeitrag
eines Prozesses oder einer Unternehmensfunktion wird maßgeblich
durch den jeweiligen Fixkostenanteil und Nutzungsgrad beeinflusst.

Dies trifft besonders auf Unternehmen zu, die einen hohen Differenzierungsgrad im Produktionsprogramm aufweisen und deren Produktionskette besonders kostenintensive Teilprozesse enthält. Aus finanzieller Sicht sind diejenigen Prozesse besonders kritisch zu betrachten, die hohe Fixkosten verursachen, aber nur einen geringen Wertbeitrag generieren. Die Gründe für den geringen Wertbeitrag können vielfältig sein. So können eine geringe Anlagenauslastung, ein geringer Wertzuwachs im Prozess oder fehlende Skaleneffekte zu einer mangelhaften Prozesseffizienz führen. Effizienzgetriebene Branchen, wie die Automobilindustrie, haben bereits heute zahlreiche Prozessschritte entlang der Wertschöpfungskette an externe Lieferanten ausgelagert, um sich somit besser auf Kernkompetenzen konzentrieren und den Wertstrom optimal gestalten zu können. Bei der Auslagerung von spezifischen Produktionsprozessen und indirekten Funktionen ist jedoch stets auf die externen Wandlungstreiber zu achten, die auf das Produktionssystem wirken. Durch die Auslagerung kann das Produktionssystem an Flexibilität und Agilität verlieren. Dies hat zur Folge, dass es sich gegebenenfalls nicht an kurzfristige Änderungen des Absatzmarkts anpassen kann und an Wettbewerbsfähigkeit verliert. Die Anpassung der internen Wandlungsfähigkeit an den externen Wandlungsdruck wird daher in der folgenden Leitlinie Flexibilität und Agilität berücksichtigt. Eine konsequente Reduzierung der Bestände wird durch eine Minimierung der Durchlauf- und Lieferzeiten und eine Steigerung des wertschöpfenden Zeitanteils realisiert. Eine konsequente Effizienzsteigerung des Materialflusses wird durch flexible Automatisierungslösungen ermöglicht.

Flexibilität und Wandlungsfähigkeit

Die Schlagworte Flexibilität und Wandlungsfähigkeit finden im Kontext der Automobilindustrie eine immer größere Relevanz in Theorie und Praxis. In den Begriffen spiegelt sich das wachsende Verlangen nach effizienten Wegen wider, den Individualisierungsgrad von Serienfertigungsprozessen ohne einen überproportionalen Anstieg der internen Komplexität zu steigern. Obwohl diese Begriffe in der Literatur nicht trennscharf voneinander abgegrenzt sind, haben sie in der Praxis unterschiedliche Bedeutungen als konstituierende Rahmenfaktoren für die Ausgestaltung modularer Produktionssysteme. Allgemein wird die Flexibilität als Fähigkeit eines Produktionssystems beschrieben, sich innerhalb definierter Grenzen an veränderte Rahmenbedingungen anpassen zu können. Flexibilität beschreibt die Fähigkeit eines soziotechnischen Systems, sich kontinuierlich zielgerichtet sowie zeit- und kostenoptimal, mittels im Voraus geplanter, aber begrenzter Potenziale, reaktiv an prognostizierbare oder wahrscheinliche, aber bekannte Bedarfe einer dynamischen Systemumwelt anzupassen. Diese Definition fasst insbesondere die Definitionselemente der Flexibilität zusammen, die die Auslöser, Ziele und Potenziale der Anpassung beschreiben. Mit diesem Begriffsverständnis lässt sich die Flexibilität von Produktionssystemen in der Automobilindustrie analysieren. In der Praxis zielt ein flexibles Produktionssystem darauf ab, eine kurzfristige Adaption der Produktionsprozesse an sich ändernde Kundenwünsche zu ermöglichen, um die Kundenwünsche bestmöglich zu erfüllen und den Umsatz und den Gewinn zu maximieren. Die Anpassung findet dabei im Rahmen definierter Grenzen statt. Als limitierende Rahmenfaktoren treten für automobile Wertschöpfungsketten vor allem die eingeschränkte Flexibilität der Fertigungsmittel und Logistikprozesse in den Vordergrund. Um Änderungen von Kundenanforderungen trotz des eingeschränkten Handlungsrahmens heutiger Produktionssysteme abzubilden, greifen Automobilhersteller auf eine inkrementelle Entwicklungsstrategie zurück. Durch Anpassungsentwicklungen des bestehenden Produktionsprogramms im Rahmen von Revisionen und Facelifts werden neue und regional spezifische Kundenanforderungen in die bestehenden Produktprogrammstrukturen implementiert. Diese Vorgehensweise hat den Vorteil, dass neuer Kundenwert geschaffen wird, ohne die Kernmodule bestehender Fahrzeugserien und damit zentrale Produktions- und Montageprozesse ändern zu müssen. Allerdings führen regionale Anpassungsentwicklungen im Rahmen heutiger Produktionssysteme oftmals zu uneinheitlichen Fertigungsprozessen und damit zu einem hohen Abstimmungsaufwand zwischen den jeweiligen Entwicklungs- und Produktionsstandorten und der Muttergesellschaft. Durch die Fähigkeit, sich ändernde Rahmenbedingungen zu antizipieren und diese im Rahmen eines strukturierten Changeprozesses in das Unternehmen zu übertragen, wird der Begriff der Flexibilität auf den Begriff der Wandlungsfähigkeit erweitert. Der globalisierte Qualitäts- und Zeitwettbewerb auf dem Automobilmarkt führt traditionelle Flexibilitätskonzepte zunehmend an ihre Grenzen. Es gilt, die Limitationen der leistungsoptimierten Produktionssysteme zugunsten eines erweiterten Handlungsspielraums zu überwinden. Eine nachhaltige Überwindung der Flexibilitätsgrenzen heutiger Produktionssysteme kann nicht durch die inkrementelle Verbesserung der bestehenden Strukturen erreicht werden. Sie kann nur durch einen Bruch mit heutigen Organisations- und Entwicklungsleitlinien und durch einen konsequenten Ausbau der technologischen Möglichkeiten von Automatisierungslösungen gelingen. Ebenso wie bei dem Flexibilitätsbegriff, herrscht in der wissenschaftlichen Literatur Uneinigkeit über das eindeutige Verständnis der Wandlungsfähigkeit. Im Allgemeinen wird die Wandlungsfähigkeit als Fähigkeit eines Produktionssystems beschrieben, sich bei einem ausreichenden Anpassungsdruck über die Grenzen der Flexibilität hinweg an veränderte Rahmenbedingungen anpassen zu können. Für die Analyse modulorientierter Produktionssysteme in der Automobilindustrie eignet sich vor allem die folgende Definition, die die Flexibilität als Basis der Wandlungsfähigkeit voraussetzt und als zusätzliches Potenzial eines Produktionssystems beschreibt: Die Wandlungsfähigkeit ist ein zielgerichtetes sowie zeit- und kostenoptimales mittels einer proaktiven Gestaltung von veränderungs- und entwicklungsfähigen Strukturen und Prozessen vorgehaltenes Potenzial, um sich reaktiv an ungewisse sowie sprunghafte Bedarfe einer turbulenten Systemumwelt anzupassen und über vorgedachte Handlungsspielräume der Flexibilität hinauszugehen. Konkret bedeutet Wandlungsfähigkeit in der Automobilproduktion, den Handlungsspielraum der direkten Wertschöpfungsbereiche sowohl auf technologischer als auch auf organisatorischer Ebene zu erweitern. Auf technologischer Ebene kann dies durch den Einsatz hoch automatisierter Bearbeitungszentren erfolgen. Fortschritte in der Softwareentwicklung und dem Schnittstellenmanagement zwischen Software und Hardware ermöglichen eine schnellere Programmierung und ein vereinfachtes Einlernen der Roboter auf neue Bauteilgeometrien und -eigenschaften. Auf organisatorischer Ebene eröffnen sich zahlreiche weitere Gestaltungsmöglichkeiten wie Qualifizierungsoffensiven, adaptive Logistikkonzepte oder interdisziplinäre Entwicklungspartnerschaften zwischen Entwicklung und Produktion zur simultanen Ausgestaltung von Produkt- und Prozesseigenschaften. Dies ermöglicht nicht nur eine Flexibilität in Bezug auf Art und Menge der Produkte, sondern ermöglicht auch die Globalisierung und die Umsetzung einer Mehrmarkenstrategie im Produktionssystem. Um die Anwendbarkeit der beschriebenen Leitlinien im Rahmen ganzheitlicher Produktionssysteme zu untersuchen, sollen im Folgenden die zentralen Gestaltungsfelder Materialfluss-, Bearbeitungs-, Personal-, Planungs- und Steuerungs- sowie Qualitätssystem näher beleuchtet werden, in denen die Produktionsstrategien und

Leitlinien durch die Anwendung passender Methoden und Konzepte umgesetzt werden.

2.3 Gestaltungsbereiche von Produktionssystemen

Die konkrete Ausgestaltung von Produktionssystemen erfolgt auf Basis definierter Gestaltungsbereiche, die den Handlungsspielraum aufspannen. In der wissenschaftlichen Auseinandersetzung zu Produktionssystemen finden sich verschiedene Ansätze zur Gliederung der Gestaltungsbereiche von Produktionssystemen. Im Folgenden wird hierzu ein Ansatz herangezogen, in dem sich Produktionssysteme in Bearbeitungssystem, Materialflusssystem, Personalsystem, Planungs- und Steuerungssystem sowie Qualitätssystem untergliedern.

Bearbeitungssystem

Das Bearbeitungssystem bildet das Herzstück der automobilen Wertschöpfungskette, in dem Informations- und Materialflüsse sämtlicher Vorstufen der Supply Chain synchronisiert zusammenlaufen. Unter dem Bearbeitungssystem werden sämtliche Fertigungs- und Montageprozesse der Produktion zusammengefasst. Alternativ finden sich in der Literatur auch Ansätze, welche das Bearbeitungssystem als Fertigungssystem oder spanende Fertigung umschreiben. Das Bearbeitungssystem in der Automobilindustrie setzt sich aus den Gewerken Presswerk, Karosseriebau, Lackiererei, Montage und Qualitätssicherung zusammen. Im Presswerk werden die Blechteile mit formgebenden Bearbeitungsmitteln gefertigt und über die Fördertechnik in den Karosseriebau gebracht. Im Karosseriebau wird mit Hilfe von verschiedenen Schweißverfahren die Rohkarosserie gefertigt. Diese wird anschließend in der Lackiererei grundiert und lackiert. In der Regel werden die Türen vor diesem Prozessschritt abmontiert und bis zur finalen Montage auf einer parallelen Linie bearbeitet. Nach der Lackiererei werden die Fahrzeuge in der Montage sortengebunden fertiggestellt. Die parallele Türenmontage wird in diesem Abschnitt wieder mit der Fahrzeugmontage zusammengeführt, so dass die passenden Türen Just-in-Sequence (JIS) an der Montagelinie ankommen. Abschließend wird am letzten Zählpunkt, vor der Übergabe an den Vertrieb, die Qualität der Endprodukte geprüft. Die Vielzahl an externen und internen Komplexitätreibern führt zu einem hohen Koordinationsaufwand, der nur durch das enge Zusammenwirken von Bearbeitungssystem und Materialflusssystem erfolgreich beherrscht werden kann. Als Antwort darauf bietet sich die Modularisierung des Bearbeitungssystem an, bei welchen Schnittstellen zwischen den Modulen des Bearbeitungs- und des Materialflusssystems standardisiert werden. Die zentrale Herausforderung bei der Modularisierung von Bearbeitungssystemen liegt in der Abbildung des komplexen, teilweise konkurrierenden Zielsystems, das die Basis der Produktionsprozesse bildet. Zu den traditionellen Herausforderungen zählen hohe Produktionsvolumina, eine hohe Produktprogrammbreite und − tiefe sowie eine vielstufige Lieferkette. Der durch die zunehmende Homogenisierung der globalen Automobilmärkte hervorgerufene Qualitäts- und Zeitwettbewerb erweitert das Anforderungsprofil des Bearbeitungssystems um zusätzliche Dimensionen. Die herstellerübergreifende Homogenisierung der Produktionsprozesse wirkt sich auch auf die Produktionsanlagen aus. So beziehen viele Automobilhersteller zentrale Anlagen und Bearbeitungszentren für den Produktions- und Montageprozess heute von wenigen, weltweit agierenden Lieferanten, wodurch die Erwerbsegalität weiter verschärft wird. Der Handlungsspielraum zur Individualisierung des Bearbeitungssystems eröffnet sich erst durch die Adaption der standardisierten Fertigungsmittel im Rahmen des unternehmensindividuellen Produktions-

systems. Dieser Adaptionsprozess setzt sich aus inkrementellen Ver-
besserungsprozessen und radikalen Innovationen zusammen und
beruht auf dem kumulierten Erfahrungswissen der Entwicklung, der
Produktion und der Logistik. Auf Produktebene zählen zu den neuen
Herausforderungen, die bei der Ausgestaltung zukunftsfähiger Bear-
beitungssysteme berücksichtigt werden müssen: eine Zunahme mechatronischer und elektronischer Komponenten und Schnittstellen,
eine steigende modulspezifische Komplexität durch vermehrte Senso-
rik, Aktorik und Schnittstellenanzahl, eine zunehmende Vernetzung
und Funktionalitätserweiterung von Bauteilen und Modulen durch
Bussysteme und Hardware, eine zunehmende Relevanz alternativer
Antriebskonzepte mit weitreichenden Folgen für den strukturellen
Gesamtaufbau des Fahrzeugs und ein verstärkter Einsatz neuer, teilweise noch nicht serientauglicher Werkstoffe. Diese technologischen
Produktentwicklungen gehen Hand in Hand mit Innovationen im
Bereich der Prozesstechnik, Betriebsmittelausgestaltung und Logis-
tik: iInnovative Fertigungstechnologien wie neue Füge- und Umfor-
mungsverfahren, ein steigender Automatisierungsgrad der zentralen
Produktionsschritte, ein wachsender Funktionsumfang und verkürzte
Rüstzeiten der Produktionsanlagen durch den vermehrten Einsatz
flexibler Robotik, höhere Freiheitsgrade in der Sequenzierung auf der
Produktionsebene, ein zunehmender Umfang und Komplexitätsgrad
mechatronischer und elektronischer Komponenten in den Produktionsanlagen, eine wachsende informatorische Vernetzung der Produktionsanlagen, eine steigende Vielfalt und Integration logistischer
Systeme in die direkten Produktionsprozesse durch intelligente,
RFID-gestützte Behälter- und selbstorganisierende Lagersysteme.
Diese ermöglichen eine simultane Nutzung unterschiedlicher Anlie-
fer- und Lagerhaltungskonzepte, schnellere Reaktionszeiten auf Se-
quenzierungsänderungen und eine höhere Prozessrobustheit. Der

Handlungsspielraum der modularen Produktion wird auf Betriebsmittelebene durch die Erhöhung der Produktivität sowie die Flexibilisierung des Einsatzes von Mensch und Maschine aufgespannt. In der Automobilindustrie zeichnet sich das Spannungsfeld aus Qualitäts-, Zeit- und Flexibilitätsanforderungen aufgrund des hohen Produktionsvolumens in Verbindung mit einem hohen Individualisierungsgrad der Produkte besonders deutlich ab. So finden sich bei heutigen Serienfahrzeugen unter 10.000 produzierten Fahrzeugen lediglich zwei baugleiche Exemplare. Neben dem Bearbeitungssystem gilt es, bei der Ausgestaltung eines Modularisierungskonzepts für die Produktion auch die produktionsnahen Bereiche wie das Logistiksystem mit einzubeziehen. Durch die hohe Leistungsfähigkeit heutiger IT-Systeme lassen sich intelligente, selbststeuernde Logistikkreisläufe auf Basis intelligenter Behälter und Transportmittel durch die RFID-Technologie (Radio Frequency Identification, ein System zur drahtlosen Datenübertragung) realisieren. Durch RFID-gestützte, selbststeuernde Regelkreise können adaptive Materialflusssysteme realisiert werden, die kurzfristige Sequenzierungswechsel und Auslastungsschwankungen im Bearbeitungssystem effizient abfangen können. Aufgrund der je nach Hersteller und Werk stark variierenden Serienvolumen und Variantenanzahl ist die Wahl des optimalen Automatisierungsgrades ein zentraler Hebel zur Steigerung der Gesamtproduktivität in der Produktion. Durch die Wahl eines an die Flexibilitätsziele und variantenspezifischen Produktionsvolumina angepassten Automatisierungsgrades können durch reproduzierbare Prozesse und die Nutzung von Rationalisierungspotenzialen, durch höhere Anlagennutzung und geringere direkte Lohnkosten, nachhaltige Produktivitätssteigerungen erreicht werden. Durch den Einsatz alternativer Produktionsverfahren können Prozessschritte vereinfacht werden oder entfallen. Ein Beispiel mit hoher Praxisrelevanz für den kombinierten

Einsatz neuer Produkt- und Produktionstechnologien zur Effizienz-steigerung in der Produktion findet sich im Einsatz von Klebeverbin-dungen durch Roboterzellen. Durch Fortschritte in der Klebstofftech-nologie können heute auch schwierige Materialkombinationen wie Metall-Metall zuverlässig miteinander verbunden werden. Der Ein-satz flexibler Roboterzellen ermöglicht hohe Freiheitsgrade in Bezug auf die Bauteilgeometrien, so dass aufwändige Schweißprozesse im Karosseriebau zunehmend substituiert werden können. Durch eine Entkoppelung von Mensch und Maschine wird die Loslösung der Produktionsmitarbeiter vom Arbeitstakt der Anlagen angestrebt. So-mit können Unterbrechungszeiten eliminiert werden. Die Ausgestal-tung des Bearbeitungssystems kann heute aufgrund des komplexen Anforderungsprofils nicht isoliert erfolgen. Insbesondere die Anfor-derungen an die logistischen Systeme steigen durch hoch gesteckte Flexibilitäts- und Volumenziele überproportional an. Die Vision einer logistikgerechten Fabrik wird damit zum Ausgangspunkt für ein effi-zienzorientiertes Modularisierungskonzept des Bearbeitungssystems. Bei komplexen oder störanfälligen Prozessen kann der Verzicht auf maximale Effizienz zugunsten des gezielten Aufbaus redundanter Systeme zielführend sein, um die Prozessstabilität auch bei Bott-lenecks sicherzustellen. Ein Bottleneck, der auch als Flaschenhals bezeichnet wird, ist eine Ressource, Abteilung, Funktion oder Anlage eines Unternehmens, der in einem Betrachtungszeitraum die höchste Auslastung in der Prozesskette vorweisen kann und damit die Kapa-zitätsgrenze des Gesamtsystems darstellt. Demnach begrenzt der Flaschenhals den Durchfluss von Gütern. Bei einer Änderung des gefertigten Produktmixes kann sich das Bottleneck auf ein anderes Element des Gesamtsystems verschieben. Bei einer geringen Auslas-tung unterhalb der Kapazitätsgrenze des Flaschenhalses gibt es keine Probleme. Steigt die Auslastung jedoch über 80 % der Kapazitätsaus-

lastung so kann es aufgrund der Systemveränderung schnell zu Über-
lastungen kommen. Die Aufgabe der Produktionsplanung ist es solche Engpässe zu lokalisieren und die Prozesse entsprechend auszulegen. Da Engpassanlagen immer auf dem kritischen Pfad liegen, können diese mit Hilfe der Netzplantechnik und der Methode des kritischen Pfades ermittelt werden. Die Prozesslandschaft der Produktion
gestaltet sich in der Automobilindustrie äußerst vielschichtig und
heterogen, was zur Folge hat, dass ihre Organisation zwischen Effizi-
enz- und Flexibilitätszielen zu einer Gratwanderung wird. Dieses
Dilemma wird an der Vielzahl der Hauptprozessschritte deutlich, die
sich entlang der Montagelinie einer Automobilfabrik gliedern.

Materialflusssystem

Das Materialflusssystem bildet zusammen mit dem Bearbeitungssystem eine integrale Kernfunktion des Produktionssystems. Aufgrund
der fortschreitenden Wettbewerbsegalität wachsen die Anforderungen an die Reaktionsfähigkeit der Automobilproduktion auf Marktveränderungen kontinuierlich an. Damit wird die Flexibilität der Pro-
duktions- und Montageprozesse zu einem zentralen Erfolgsfaktor für
die Zukunftsfähigkeit automobiler Produktionssysteme. Durch neue
Fertigungsverfahren und Fortschritte in der Produktionstechnik, In-
formationsverarbeitung und Bedarfsprognose können Marktschwankungen durch das Bearbeitungssystem zunehmend ausgeglichen werden. Eine zentrale Hürde bei der Erweiterung der Flexibilitätsgrenzen
der Produktion bestand daher bisher in der eingeschränkten Adaptionsfähigkeit der logistischen Systeme. Traditionell fokussierten sich
die Automobilhersteller auf ein zentrales Logistikkonzept, das im
Rahmen des Produktionssystems perfektioniert und auf die spezifischen Anforderungen angepasst wurde. Bei Hyundai-Kia ist es das
Just-in-Sequence-Prinzip (JIS), das eine maximale Effizienz im

hochautomatisierten Bearbeitungssystem ermöglicht. Aus dem JIS-Prinzip ergeben sich jedoch Limitationen bei der Sequenzierung und dem Variantenreichtum in der Produktion, da der Kommissionieraufwand und die Fehleranfälligkeit der produktionssynchronen Anlieferung mit der Anzahl verschiedenartiger Teile überproportional ansteigen. Die Herausforderung modularer Logistikkonzepte besteht in der Harmonisierung von Effizienz- und Flexibilitätszielen. Dieser Zielkonflikt kann nur über eine anforderungsgerechte Kombination verschiedener Material- und Informationsflusskonzepte und eine enge informatorische Verknüpfung des Bearbeitungs-, Materialfluss- und Logistiksystems erfolgen. Das Leistungspotenzial innovativer Logistiklösungen zur Steigerung der Flexibilität lässt sich am Beispiel des VDA Logistik Awards 2012 aufzeigen. Zum Gewinner der Auszeichnung wurde das von einem Automobilzulieferer erarbeitete Konzept zur Optimierung der logistischen Prozesskette durch mobile Produktion ernannt. Kerngedanke des Konzepts ist es, Bestände und Transportfahrten von Halbzeugen durch mobile Produktionsstätten in Lkw-Containern zu ersetzten. Zu diesem Zweck wurden die erforderlichen Produktionseinheiten in einen mobilen Container installiert, der per Lkw beliebige Standorte anfahren kann. Durch die mobile Produktionseinheit konnte der Einsatz von ehemals sechzehn Containern mit Halbzeugen durch den Einsatz von zwei Produktionscontainern (Mobile Produktion und Rohteilelager) ersetzt werden. Weitere Potenziale ergeben sich im Bereich der Kommissionierung. Sie bildet einen Knotenpunkt und oftmals auch ein Bottleneck innerhalb der logistischen Kette. Insbesondere bei pull-orientierten Anlieferkonzepten wie dem JIT- oder JIS- Konzept entsteht ein hoher Kommissionieraufwand, der durch eine steigende Variantenzahl und eine sinkende Prognosegenauigkeit überproportional ansteigt. Es stehen heute technische und organisatorische Maßnahmen zur Verfügung, um

Kommissioniervorgänge an die individuellen Anforderungen der zu bedienenden Produktionsstandorte anzupassen. So zeigt das Volkswagen-Werk in Dresden durch das Prinzip der vollkommenen Kommissionierung, wie Bearbeitungssystem, Materialflusssystem und Logistiksystem stückzahlengerecht im Sinne einer logistikgerechten Produktion harmonisiert werden können. Die zukunftsfähige Ausgestaltung des Materialflusssystems kann über eine umfassende Wertstromorientierung, eine ganzheitliche Prozessbetrachtung vom Kunden über den Vertrieb bis hin zur Fertigung und über die nachhaltige Verfolgung des Fließprinzips erreicht werden. Ein umfassendes Flexibilisierungskonzept für das Materialflusssystem muss dabei die Aufgaben der Bereitstellung, Entnahme, Fortbewegung und Abgabe von Materialien berücksichtigen und alle Funktionen der Güterbewegung und -lagerung im Bereich der Beschaffungslogistik, der innerbetrieblichen Logistik sowie der Distributionslogistik beinhalten. Das primäre Ziel der Flexibilisierung setzt sich aus den Zieldimensionen der Sicherstellung der Materialverfügbarkeit, der Minimierung von Beständen, der Realisierung eines kontinuierlichen Materialflusses und der Stabilisierung der logistischen Prozesse zusammen. Aufgrund der hohen Prozesskomplexität der Automobilindustrie ist der gezielte und kontrollierte Aufbau von Beständen entlang der Supply Chain und insbesondere an Bottlenecks ein weiterer Erfolgsfaktor der Flexibilisierung. Die Ausgestaltung der Materialflüsse erfolgt hierarchisch und gliedert sich entsprechend in vier Ordnungsebenen. Für die Ausgestaltung des Materialflusssystems lassen sich drei Leitlinien ableiten: Das Material muss über das gesamte System hinweg fließen. Die Flussorientierung der Produktion muss dabei mit der Flussorientierung der logistischen Ketten in Einklang gebracht werden. Ein kapitalarmer Materialfluss ist zu realisieren. Die Bestände sind zu reduzieren und geeignete Lagerkonzepte wie Sichtlager sowie Anlieferkonzepte wie JIT sind zu implementieren. Ein handlungsarmer Materialfluss ist zu realisieren. Durch Transportkonzepte, die einen geringen Transportaufwand sicherstellen und intelligente Behälterkonzepte kann der Handlingaufwand reduziert werden. Zur zukunftsfähigen Optimierung des Materialflusssystems kommen in Abhängigkeit von den unternehmensspezifischen Rahmenbedingungen und den verfolgten Zielsetzungen des Unternehmens unterschiedliche Konzepte und Vorgehensweisen in Frage. Das Hauptziel der Methodenauswahl liegt jedoch immer in der ganzheitlichen Flussorientierung und der Steigerung des Flussgrads der Prozesse. Die ganzheitliche Flussorientierung spiegelt sich auch in den Grundprinzipien von Logistikkonzepten in der Automobilindustrie wider, die zwischen drei Kernhandlungsfeldern „Lieferantenorganisation", „Externe Logistik" und „Interne Logistik" sowie den unterstützenden Handlungsfeldern "Informationslogistik" und "Information und Qualifikation" unterscheiden (vgl. Abbildung 2-4).

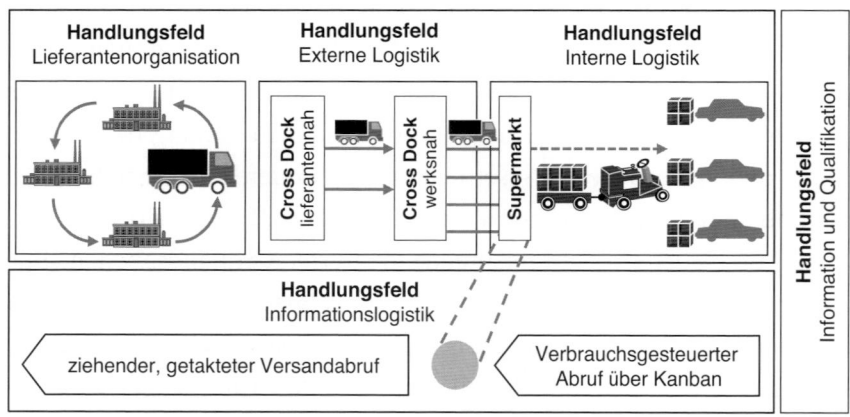

Abbildung 2-4: Logistikkonzept in der Automobilindustrie

Personalsystem

Die Rolle des Mitarbeiters in der automobilen Wertschöpfungskette hat in der Entwicklungsgeschichte der Produktionssysteme einen radikalen Wandel durchlaufen. Während dieser im tayloristischen Produktionsbild noch als Betriebsmittel gesehen wurde, dessen Leistung es zu optimieren galt, nimmt das Personalsystem heute eine zentrale Rolle bei der Ausgestaltung der Wertschöpfungskette ein. Heute weisen Personalsysteme in der automobilen Serienfertigung hohe Freiheitsgrade für die persönliche Entwicklung auf. Das Bild des Mitarbeiters ist geprägt von Eigenverantwortlichkeit und Interdisziplinarität. Der Gedanke, Mitarbeiter aktiv in die kontinuierliche Verbesserung von Arbeitsumfeld, Prozessen und Organisationsstrukturen einzubeziehen, wurde in den 80er Jahren von Toyota unter dem Name Kaizen ins Leben gerufen und kurze Zeit darauf von den meisten namhaften Automobilherstellern weltweit übernommen. Obwohl der Kerngedanke dieser KVP-Initiativen bei allen OEMs identisch ist, haben sich heute bei allen großen Unternehmen verschiedene Schwerpunkte und Philosophien der mitarbeiterorientierten Ausgestaltung des Personalsystems herauskristallisiert. Die zentralen Gestaltungsdimensionen des Personalsystems sind Qualifikation, Kompetenz- und Verantwortungsstruktur, Führungsstil und Kommunikationskultur. Zentrale Optimierungsgröße des Personalsystems ist die Erzielung einer exzellenten Qualität des Arbeitsumfelds und des menschlichen Handelns. Diese wird durch verschiedene Elemente des Personalsystems beeinflusst. Bei der Ausgestaltung des Personalsystems gilt es vor allem, die passende organisatorische Einbindungsstruktur der Mitarbeiter in den Wertschöpfungsprozess zu identifizieren. Zukunftsfähige, flexible Produktionssysteme gehen Hand in Hand mit neuen Organisationskonzepten, die den Mitarbeitern höhere Freiheitsgrade in der Ausführung ihrer Tätigkeiten ermöglichen und ihr Innovationspotenzial umfassend in die Organisationsentwicklung einbinden. Um die Zukunftsfähigkeit des Personalsystems vor dem Hintergrund einer globalisierten, flexiblen Produktion sicherzustellen, muss das heutige Anforderungsprofil um zusätzliche Aspekte der Qualifizierung und Interdisziplinarität sowie um kulturelle Aspekte erweitert werden. Die steigende Relevanz neuer Absatzmärkte außerhalb Europas stellt die traditionell zentralisierte Organisationsform der Entwicklungs- und Produktionsnetzwerke der Automobilhersteller vor neue Herausforderungen. Die Notwendigkeit zur Weiterentwicklung des Personalsystems wurde von Volkswagen frühzeitig erkannt und durch zahlreiche Initiativen auf den Weg gebracht. Im Vordergrund der Entwicklung steht das Ziel, die Mitarbeiter in Entwicklung und Produktion weltweit zum eigenverantwortlichen, aber koordinierten Handeln zu befähigen. Durch die Gründung von Berufsfamilienakademien werden institutionalisierte und interdisziplinäre Qualifizierungsplattformen ins Leben gerufen, die Qualifikationsbedarfe weltweit strukturiert erfassen und diese durch maßgeschneiderte Qualifizierungslösungen abdecken. Die interdisziplinäre Zusammenarbeit zwischen den Fachabteilungen und den global verteilten Standorten wird durch temporäre Gastaufenthalte und Personalaustausche der jeweiligen Mitarbeiter gezielt gefördert. Die strukturierte und bedarfsorientierte Qualifikation der Mitarbeiter auf allen Hierarchieebenen bildet eine vitale Grundlage für die Einführung eines modularen Fabrikarchitektur. Der Mitarbeiter wird damit in allen Gestaltungselementen der Organisation zum dezentralen Innovationsträger und Problemlöser für das Unternehmen. Besondere Aufmerksamkeit verdienen Änderungsprozesse in den bestehenden Strukturen, die durch die Eröffnung neuer Entwicklungs- und Produktionsstandorte und Anläufe neuer Fahrzeugserien hervorgerufen werden. Um unvorhergesehene, mitarbeiterorientierte Risiken im globalen Produktionsverbund zu vermeiden und eine steile Lernkurve bei Anläufen zu erreichen, können verschiedene organisatorische und technische Maßnahmen ergriffen werden. Hierzu zählen geplante Residentships der globalen Entwicklungs- und Produktionsmitarbeiter am Mutterstandort mit einem strukturierten Qualifizierungsplan und Gastaufenthalten in den jeweils relevanten Fachabteilungen und das Versenden von Expats in die globalen Standorte zur Sicherstellung des Know-how-Transfers. Die Effizienz dezentraler Organisationsstrukturen wird maßgeblich durch den Grad der Einbindung der Mitarbeiter in Entscheidungsprozesse sowie die Definition klarer Zielvereinbarungen beeinflusst. Es gilt, klare Regeln für das Management und die Mitarbeiter zu definieren und den Aufbau eines umfassenden Steuerungssystems zu etablieren. Als Gestaltungsparameter treten vor allem eine adaptive Personalorganisation, die flexible Personalentwicklung, ein leistungsgerechtes Entgelt, die bedarfsgerechte Qualifizierung sowie eine reaktive Leistungstiefengestaltung in den Vordergrund. Als weiteres konstituierendes Element des Personalsystems tritt die Arbeitnehmervertretung in den Vordergrund. Die Arbeitnehmervertretung spielt in der deutschen Automobilindustrie seit jeher eine zentrale Rolle bei der Ausgestaltung des Personalsystems. Die durch die weltweite Finanzkrise ausgelösten Umsatzeinbrüche in den traditionellen Absatzmärkten in Europa haben zu einer verstärkten Unsicherheit vieler Beschäftigten und zu einem weiteren Bedeutungszuwachs der Arbeitnehmervertretungen geführt. Die Forderungen der Arbeitnehmervertretung betreffen insbesondere die Bereiche Qualifizierung, Arbeitszufriedenheit und langfristige Sicherheit der Beschäftigung. Integrale Organisationskonzepte und die Umsetzung gezielter Qualifikationsmaßnahmen haben heute das traditionelle Bereichsdenken innerhalb der Organisationsstrukturen teilweise aufgelöst. Aufgrund der direkten Auswirkungen auf den

Mensch als Teil des Produktionssystems werden im Personalsystem in der Regel Strukturbrüche vermieden. Die somit induzierte Trägheit setzt dem Gedanken der Wandlungsfähigkeit Grenzen, die es im Planungsprozess flexibler, modularer Produktionssysteme zu berücksichtigen gilt. Ein entscheidender Faktor zur Umsetzung modularer Produktionssysteme ist die partnerschaftliche Zusammenarbeit zwischen Unternehmen und Arbeitnehmervertretern sowie die offene Kommunikation mit den Mitarbeitern.

Planungs- und Steuerungssystem

Das Planungs- und Steuerungssystems (PPS) hat die strukturierte Ausgestaltung des Produktionsanlaufs und die Sicherstellung einer effizienten Produktion zum Ziel. Während sich früher heuristische Planungsmethoden bei vielen Automobilherstellern aufgrund ihrer geringen Komplexität großer Beliebtheit erfreuten, haben Effekte wie eine erhöhte Marktvolatilität und eine stark abnehmende Prognosesicherheit den Einsatz IT-gestützter PPS-Systeme zum Standard gemacht. PPS-Systeme ermöglichen eine ganzheitliche mengenmäßige und zeitliche Planung des Produktionsablaufs und bieten umfassende Möglichkeiten zur Berücksichtigung unerwarteter Störungen im Planungsprozess. Das Zielsystem von Planungs- und Steuerungssystemen umfasst die folgenden sechs Dimensionen: Auftragsabhängige Terminsteuerung, kurze Durchlaufzeiten und hohe Termintreue, ressourcenschonende, hohe Anlagen- und Kapazitätsauslastung, Reduzierung von Beständen bei gleichzeitig hoher Teileverfügbarkeit, präventive Entstörung der Prozesse in Verbindung mit einer hohen Planungssicherheit und Möglichkeit der Umplanung und Sicherstellung einer hohen Flexibilität. In der Automobilbranche treten die Komplexität der Planungs- und Steuerungsprozesse und die damit einhergehende hohe Relevanz leistungsfähiger Prognose- und PPS-

Systeme aufgrund der Vielzahl der zu koordinierenden Wertschöpfungspartner und Schnittstellen besonders deutlich hervor. Um die Systemkomplexität gering zu halten und eine effiziente Koordination aller Abläufe des PPS-Systems sicherzustellen, ist eine Bündelung sämtlicher Planungsprozesse in einem zentralen Funktionsbereich zielführend. Für die Steuerungsaufgaben bietet sich hingegen eine möglichst dezentrale Organisation an. Um die komplexen Prozesse der Mengen- und Terminplanung sowie der Auftragssteuerung handhabbar zu machen, kann eine umfassende Einbettung dieser Funktionsgruppen in eine umfassende IT-Landschaft zielführend sein. Hierbei kommen in der Praxis meist ERP-Systeme (Enterprise Resource Planning) zur integrierten Ressourcenplanung zum Einsatz. Obwohl die Systeme und Konzepte über einen hohen Leistungsumfang verfügen und zum Standardwerkzeug der Automobilhersteller zählen, stoßen sie heute aufgrund verschiedener Entwicklungen zunehmend an ihre Grenzen: Eine steigende Differenzierung der gesetzlichen, kundenbezogenen und umweltbezogenen Anforderungen auf den globalen Märkten führt zu einer hohen Komplexität bei der Steuerung von Lieferanten und Logistikketten. Die wachsende Anzahl neuer, globaler Entwicklungs- und Produktionsstandorte führt zu einem Zuwachs lokaler Lieferanten und zu einem überproportionalen Anstieg des Informations- und Datenaustauschs zwischen den Teilnehmern des Produktionsnetzwerks, wodurch sich Entscheidungsprozesse verlangsamen und das Risiko für Zielkonflikte steigt. Mit der Anzahl an Entwicklungs- und Produktionsstandorten steigen auch die Freiheitsgrade in der Verteilung von Entwicklungsaufträgen und Produktionsumfängen. Der Verteilungsprozess ist dabei oftmals nicht durch klar definierte Abläufe und Kriterien gestützt, so dass es zu Zielkonflikten und suboptimalen Entscheidungen kommt. Die zunehmende Wettbewerbsqualität beschleunigt Produktlebenszyklen und Änderungen

von Kundenwünschen, wodurch die Bedarfs- und Produktionsplanung zunehmend erschwert wird. Es steigt der Anteil an Elektronikkomponenten, deren Beschaffungszeit aufgrund der hohen Teilekom-
plexität oftmals mehrere Monate in Anspruch nimmt und damit weit
über der Durchlaufzeit vom Kundenauftrag bis zur Auslieferung
liegt. Diese Herausforderungen stellen dabei kein statisches Anforderungsprofil dar, sondern sie zeichnen den Beginn eines Entwick-
lungspfads ab, der sich in den kommenden Jahrzehnten durch die
steigende Relevanz neuer Produktionsstandorte und Absatzmärkte
noch weiter verschärfen wird. Eine konsequente Weiterentwicklung
heutiger Planungs- und Steuerungssysteme ist notwendig, um diese
unter den anspruchsvollen Rahmenbedingungen im globalen Produktionsverbund langfristig handlungsfähig zu machen. Insbesondere die
folgenden Faktoren gilt es im Entwicklungsprozess abzubilden. Die
steigende Leistungsfähigkeit der IT-Infrastruktur und der Datenan-
bindung in den aufstrebenden Wirtschaftsregionen muss dazu genutzt
werden, frühzeitig Standards in den Kommunikationswegen im globalen Produktionsverbund zu schaffen. Es gilt, einen hohen Integrationsgrad des Planungs- und Steuerungssystems in allen relevanten
Bestandteilen des Produktionssystems, wie dem Bearbeitungssystem,
dem Materialflusssystem und dem Personalsystem über standardisierte Schnittstellen auch in den Standorten außerhalb Europas zu erreichen. Einheitliche Prognose-, Planungs- und Steuerungstools sollen
anstatt bereichsspezifischer Individuallösungen genutzt werden. Ein
Mittelweg zwischen Informationstransparenz und Effektivität bei der
Datenauswertung sowie opportunistischem Verhalten sollte einge-
schlagen werden. Es gilt, diesen Weg durch definierte Regeln und
Restriktionen im Planungs- und Steuerungssystem abzubilden. Wird
der Transparenzgrad zu gering gewählt, drohen relevante Informationen verloren zu gehen, wodurch die Prognosequalität und damit die

Reaktionsfähigkeit des Produktionssystems leiden. Wird der Transparenzgrad zu hoch gewählt, nimmt das Datenaufkommen aufgrund der Vielzahl der global verteilten Netzwerkteilnehmer überproportional zu und es kommt zur Verzögerung von Entscheidungen sowie zu Fehlinterpretationen. Eine uneingeschränkte Informationstransparenz kann zudem von Netzwerkteilnehmern zur gezielten Verhaltensmanipulation genutzt werden, um sich selbst Vorteile zu verschaffen.

Qualitätssystem

Das Qualitätssystem dient der Sicherstellung einer umfassenden Effektivitäts- und Effizienzorientierung aller betrieblichen Funktionen. Neben der Produktqualität umfasst der Qualitätsbegriff in diesem Kontext zahlreiche weitere Dimensionen wie Prozessstabilität, Liefertreue oder Mitarbeitermotivation und – qualifikation. Um die definierten Qualitätsziele langfristig sicherzustellen, müssen relevante Störgrößen erfasst und Abweichungen mithilfe definierter Eskalationsstufen und individueller Maßnahmen eliminiert werden. Der Fokus der Orientierung liegt dabei auf präventiven Maßnahmen zur Fehlerverhütung. Ganzheitliche Qualitätssysteme befassen sich primär mit präventiven Qualitätssicherungsprozessen und deren Systematisierung in Form von Qualitätsmanagementsystemen. Die Aufgabe dieser Systeme liegt darin, sowohl primäre Produkteigenschaften wie Funktionsfähigkeit, Zuverlässigkeit und Haltbarkeit als auch sekundäre Qualitätsmerkmale wie Lieferzeit, Liefertreue, Individualisierungsgrad von Produkt und Logistik sowie Liefergenauigkeit bestmöglich einzuhalten. Traditionelle Qualitätssysteme weisen trotz ihres nach wie vor hohen Durchdringungsgrades im Bereich der Zulieferindustrie zentrale Defizite aufgrund ihrer Kostendreiteilung in Prüfkosten, Fehlerkosten und Fehlerverhütungskosten für die Wertschöpfungsstrukturen der Automobilindustrie auf. Die traditionelle

Qualitätskostenklassifizierung in Prüfkosten, Kosten für vorbeugende Maßnahmen und Fehlerkosten lässt eine Bewertung der Maßnahmen nach Aufwand und Nutzen nicht zu. Die klassische Definition suggeriert, dass der größte Anteil der Kosten für Qualität und nur ein geringer Anteil für Fehler aufgewendet werden. Auch lässt die Definition die Interpretation zu, dass Qualität getrennt vom Produkt zu sehen ist. Das Produkt herzustellen wäre das eine, es fehlerfrei zu machen das andere. Durch die Integration aller Aufwendungen, die qualitätssichernde Tätigkeiten mit präventivem Charakter verursachen, in die Herstellkosten, wird der Tatsache Rechnung getragen, dass Qualität mit dem Produkt entsteht. Demgemäß sollten Qualitätskosten unter den Kategorien Nonkonformitäts- und Konformitätskosten subsumiert werden. Der zentrale Erfolgsfaktor eines wertorientierten Qualitätssystems liegt in der trennscharfen Abbildung der absoluten sowie der relativen Werte der Nonkonformitäts- und Konformitätskosten, durch deren Quotient eine Aussage über die Wirtschaftlichkeitsorientierung des Qualitätssystems getroffen werden kann. Der zentrale Vorteil der Wertorientierung im Qualitätswesen besteht darin, dass bei einer Gesamtkostenoptimierung eine Kostenminimierung bei hundertprozentiger Erfüllung der Kundenanforderungen erzielt werden kann. Dieses Vorgehen entspricht damit dem ganzheitlichen Denken des Total Quality Management. Ein stabiles und gegen Umwelteinflüsse robustes Prozessumfeld, eine schnelle Reaktionsfähigkeit im Störfall und effektive Adaptionsprozesse an unerwartete Ereignisse sind zentrale Voraussetzungen des Qualitätssystems im Rahmen eines modularen Produktionskonzepts. Um diesen Anforderungen gerecht zu werden, muss das Qualitätsverständnis für automobile Wertschöpfungsketten konsequent weiterentwickelt werden. Dies erfordert die Abkehr von der traditionellen Qualitätskostenkalkulation und eine konsequente Ausrichtung des Qualitätswesens auf den Wertbeitrag der Qualität für alle Supply Chain-Teilnehmer, eine nachhaltige Umschichtung der Qualitätskostenstruktur zugunsten wertsteigernder Qualitätsaspekte (Übereinstimmungskosten) und die Eliminierung nicht wertschöpfender Kosten der Qualität (Abweichungskosten), die Auflösung einer unternehmenszentrierten Sichtweise des Qualitätsmanagement zugunsten einer unternehmensübergreifenden Ausgestaltung des Qualitätssystems, Regeln und Kontrollinstanzen zur Sicherstellung einer fairen Kosten- und Nutzenverteilung von qualitätsbezogenen Investitionsmaßnahmen zwischen den Supply Chain Teilnehmern, die Sicherstellung eines einheitlichen Qualitätsverständnisses in allen Produktionsstandorten durch Qualifizierungsmaßnahmen und eine gezielte Vermittlung des Qualitätsverständnisses, die Befähigung der Mitarbeiter zum selbständigen und vernetzten Handeln als zentrale Voraussetzung der Dezentralisierung von präventiven und reaktiven Qualitätsmaßnahmen. Ein präventives und antizipatives Qualitätsverständnis der Mitarbeiter leistet einen zentralen Beitrag zur nachhaltigen Fehlervermeidung im Sinne einer Zero Surprise-Produktion. Ein weiterer entscheidender Faktor zur Umsetzung des ganzheitlichen Produktionssystems ist die Vernetzung mit dem Qualitätssystem im Sinne des Total Quality Management.

2.4 Ausgestaltung der Produktionssysteme bei ausgewählten Automobilherstellern

Bei einer Vielzahl der Automobilhersteller sind Derivate des Toyota Produktionssystems (TPS) im Einsatz. Unterschiedliche Voraussetzungen, strategische Ausrichtungen der Unternehmen und externe Einflüsse haben jedoch dazu geführt, dass die Kerngedanken des TPS in den Unternehmen unterschiedliche Ausprägungen hinsichtlich ihrer Darstellung und Detaillierung erfuhren. Grundsätzlich lässt sich feststellen, dass die heutigen Produktionssysteme der Automobilhersteller einen Überschneidungsgrad >80 % haben. Um den Stand von Produktionssystemen in der Automobilindustrie und Best Practices aufzuzeigen, wurden die Systeme von Toyota, General Motors, Ford, Hyundai-Kia, Mercedes-Benz, BMW und Volkswagen genauer betrachtet. Geleitet durch die Gestaltungsfelder von Produktionssystemen, dem Bearbeitungs-, Materialfluss-, Qualitäts-, Personal- sowie dem Planungs- und Steuerungssystem. Am Beispiel von Volkswagen wird zusätzlich auf die geschichtliche Entwicklung des Produktionssystems eingegangen. Dazu erfolgen eine Diskussion der Unternehmenscharakteristika und eine Vorstellung von Schwerpunkten oder Besonderheiten der einzelnen Produktionssysteme aus dem Blick eines externen Betrachters. Die einzelnen Ausprägungen bilden die Grundlage für die Weiterentwicklung des Produktionssystems bei Automobilherstellern.

Volkswagen

Der Volkswagen Konzern beschäftigt an 106 Standorten in Europa, Amerika, Asien und Afrika 570.000 Mitarbeiter und setzt mehr als 9,7 Mio. Fahrzeuge ab. Täglich werden etwa 37.700 Fahrzeuge produziert und in über 150 Ländern zum Kauf angeboten. Volkswagen ist Europas absatzstärkster Automobilhersteller und das deutsche Traditionsunternehmen, welches das 20. Jahrhundert in Deutschland maßgeblich mit geprägt hat. Am Beispiel der Marke Volkswagen wird die historische Entwicklung des Produktionssystems diskutiert. Mit dem Bau eines Volkswagens wurde 1939 begonnen. Größe, technische Grundausstattung und Fertigungstiefe orientierten sich am Ford-Werk River Rouge in Detroit, das als modernste Automobilfabrik der Welt galt. Während des 2. Weltkrieges wurden in den Jahren 1944/45 die Produktionsbereiche in provisorische Fertigungsbetriebe verlegt. Im Juni 1946 wurde ein Produktionsprogramm erstellt, das ergänzend zum militärischen Fahrzeugeinsatz erstmalig den zivilen Verkauf berücksichtigte. In überwiegend manueller Arbeit wurden die ersten Volkswagen Käfer gefertigt. Ab dem Jahr 1950 wurde zudem mit der Serienproduktion von Transportern begonnen. Die im Jahr 1954 eingeleiteten Rationalisierungsmaßnahmen ermöglichten den Übergang zur Großserienproduktion. Neben einer Neuordnung der Organisationsstruktur, bildeten die Mechanisierung der Fabrikprozesse und die Umstellung auf Fließfertigung die Kernelemente der Rationalisierung. Die Massenfertigung, die in Verbindung mit einer Weltmarktorientierung stand und durch zunehmende Belegschaftsorientierung gestützt wurde, war Teil der Wettbewerbsstrategie von Volkswagen. Die Belegschaftsorientierung bestand aus der Entwicklung neuer Arbeitszeitmodelle, was in den frühen 50er Jahren einer Pionierleistung gleichzusetzen war. Es wurden jedoch nicht nur die Arbeitszeiten der Beschäftigten verkürzt. Den Mitarbeitern wurde zudem eine Erfolgsbeteiligung zugesprochen, womit Volkswagen neue Maßstäbe setzte. In den Folgejahren erfuhren die Rationalisierungsprozesse eine Strukturerweiterung. Da die stetig zunehmende Fertigungstiefe Anfang der 60er Jahre und die zahlreichen Modell- und Ausstattungsvarianten zu Produktivitätseinbußen in der Produktion führten, wurden verstärkt Investitionen in Forschung und Entwicklung getätigt. In diesem Zuge verbesserte Volkswagen abermals die Mitarbeiterentwicklung, indem Techniker und Ingenieure eingestellt und die Führungskraftentwicklung vorangetrieben wurden. Konkret bedeutete die Weiterentwicklung der Rationalisierungsphase in den 60er Jahren durch die Implementierung neuer technischer und organisatorischer Systeme die Entwicklung der neuen Modellpalette und entsprechender Maßnahmen in der Produktionsprozessgestaltung. Insbesondere die eingeführte IT-Umstrukturierung markierte

einen Meilenstein, führte sie doch zur Steuerung von Produktionsab-
läufen mittels elektronischer Datenverarbeitung. Bereits 1963 wurde
beispielsweise in Wolfsburg eine 180 m lange Transferstraße automa-
tisiert. In zwei Schichten wurden täglich über 3.000 Fahrzeuge gefertigt. Die erzielten Einsparungen durch Effizienzsteigerungen flossen
in die Verbesserung anderer Produktionsbereiche. Der weitere Ausbau der Fertigungssysteme, um insbesondere den hohen Mechanisierungsgrad der Käfer-Produktion auf die Modellvielfalt der 70er Jahre
übertragen zu können, mündete letztendlich in einer Phase der Automatisierung des Produktionsprozesses. Durch die Einführung von
EDV-Programmen in verschiedenen Bereichen, wurde eine zentrale
Steuerung und Überwachung möglich. In Kombination mit dem Einsatz der Hängebandmontage entstand eines der ersten flexiblen Fertigungssysteme. Neben der Ausschöpfung erheblicher Kostensen-
kungspotenziale und der damit verbundenen preisgünstigen Modell-
herstellung, schuf das Fertigungssystem die Voraussetzungen für das
Baukastenprinzip. Identische Komponenten und Bauteile fanden sich
nun in verschiedenen Modellen wieder. Die daraufhin einsetzende
Automatisierungsphase war geprägt durch den vermehrten Einsatz
von Industrierobotern und der vollzogenen Umstellung der etablierten typengebundenen Mechanisierung auf programmierbare Handha-
bungsautomaten. Ein weiterer Meilenstein wurde durch die erste voll
automatisierte Montagelinie in Wolfsburg erreicht. Dabei wurde ein
Großteil der Roboter selbst entwickelt und gebaut sowie anschließend
an Hersteller und Betreiber verkauft. Während die Automobilindustrie einen Strukturwandel erlebte, entwickelte sich Volkswagen zu
einem Mehrmarkenkonzern. Dieses Produktportfolio verlangte nach
steigender Automatisierung der Fertigungstechnologie und Flexibilisierung der Produktion. Volkswagen errichtete in diesem Zuge Fertigungsstätten auf vier Kontinenten und nahm eine Vorreiterrolle im

Bereich der Umwelt- und Ressourcenschonung ein. So konnten beispielsweise Kunststoffteile des Golfs wiederverwendet werden. Ab den 90er Jahren galt der Fokus der Bestrebungen weniger der Internationalisierung, Volumenpolitik und Modernisierung, sondern vielmehr der Zunahme der Produktvielfalt, Steigerung der Ertragskraft und Steigerung der Arbeitsproduktivität. Handlungsfelder bestanden von der Gestaltung effizienterer Produktionsstandorte und organisatorischer Veränderungen hin zu einer funktionalen Arbeitsteilung. Mit den modernisierten und globalen Ausweitungen ging auch die Reorganisation des Produktionssystems nach dem Vorbild der schlanken Fertigung einher, welche das Unternehmen noch flexibler wirtschaften lies. Unter der Bezeichnung „Just-in-Time-Strategie" wurde ein entsprechendes Lean-Startprogramm verabschiedet und umgesetzt. Grundlage der wirtschaftlicheren Gestaltung der Fabrikstrukturen war die Volkswagen Plattformstrategie. Anfänglich wurden 16 Konzernplattformen etabliert, die alle vernetzt arbeiteten. Neben dieser Vernetzung gelang Volkswagen durch die Einführung der Teamarbeit, die mit einer Verflachung der hierarchischen Strukturen einherging, sowie einer Flexibilisierung der Arbeitszeiten eine erneute Flexibilitätszunahme des Unternehmens. Des Weiteren wurde eine zunehmende Flussorientierung angestrebt. Dieses Gedankengut zeichnete sich durch die agilere Gestaltung der Produktionslogistik, eine verbesserte Fertigungs- und Dienstleistungstiefe und gleichzeitige Reduzierung der Materialbestände aus. Inspiration der notwendigen Reorganisation war damit das Just-in-Time-Prinzip. Durch die 1999 eingerichtete Organisationseinheit „Zentrales Industrial Engineering" wurde, ebenfalls auf Basis des Lean-Gedankens, unter dem Titel „Volkswagen Arbeits- und Prozessorganisation", ein inhaltlich abgestimmtes und standardisiertes Konzept entwickelt. Kerngedanken des heutigen Volkswagen Produktionssystems sind die stärkere Fokussierung auf Standardisierung, eine stärkere Vernetzung mit den logistischen Prozessen insbesondere mit dem Vertrieb sowie der Umweltschutz als neues Handlungsfeld. Die Anforderungen für die globale Mehrmarkenproduktion werden seit 2008 mit dem Volkswagen Produktionssystem (VPS) konzernweit umgesetzt. Im Jahr 2011 wurden konzernweit 30 Modellanläufe umgesetzt, um die Produktpalette wettbewerbsfähig zu halten. Dieses Produktprogramm erforderte eine weitere Steigerung der Effektivität und Effizienz der Produktion im gesamten Netzwerk. Das Ziel des VPS ist es, ein wertschöpfungsorientiertes, synchrones Unternehmen mit den Prinzipien Takt, Fluss, Pull und Perfektion in allen Geschäftsbereichen umzusetzen (vgl. Abbildung 2-5). Zur Erreichung von Skaleneffekten in der globalen Produktion werden vor allem Standards in den Prozessen, Produkten, Betriebsmitteln, der Infrastruktur und der Organisation gebildet. Im Mittelpunkt des Produktionssystems stehen die Mitarbeiter und deren Wissen. Dieses soll unternehmensweit durch die Umsetzung einer Lernenden Organisation nutzbar gemacht werden. Ergänzend wird bei Volkswagen unter dem Titel „Think Blue" geschäftsübergreifend die Nachhaltigkeit als Teil der Konzernstrategie, durch Einsatz modernster Technologien, Prozesse und Methoden vorangetrieben. Darüber hinaus verfolgt Volkswagen mit der "Think Blue. Factory."-Initiative einen ganzheitlichen Ansatz, um die Ressourceneffizienz und die Emissionen in den Fabriken zu verringern. Eindrucksvolles Beispiel ist das Werk in Chattanooga, welches als weltweit erstes Automobilwerk die Platin Zertifizierung Leadership in Energy and Environmental Design erhielt. Die Modularisierung ist bei Volkswagen produktseitig stark ausgeprägt. Die Weiterentwicklung der Plattformstrategie zum Modularen Längs- und Querbaukasten ist die Grundvoraussetzung für eine zunehmende Standardisierung in Entwicklungs- und Produktionsprozessen. Produktionsseitig

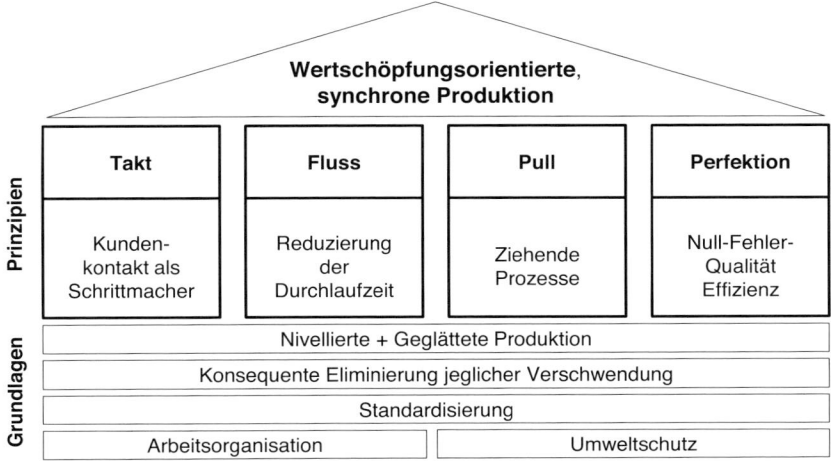

Abbildung 2-5:   Volkswagen Produktionssystem

setzt Volkswagen nun mit der Einführung des Modularen Produktions-Baukastens neue Maßstäbe im Bereich der Modularisierung. So
verspricht die Modularisierung der Produktion bei Volkswagen höhere Flexibilität in Bearbeitungsschritten, Fertigung und Fabriken. Sie
unterstützt die zahlreichen Modellanläufe in den Werken von Volkswagen weltweit im Sinne der flexiblen Standardisierung. Die konsequente Standardisierung und Modularisierung von Plattformen, Modulen, Prozessen und Produkten stellt eine Kernkompetenz von
Volkswagen dar und bildet ein zentrales Differenzierungsmerkmal.
Das Materialflusssystem wird anhand der vorherrschenden Flussorientierung, des Anlieferungskonzepts, der Standardisierung, der Flexibilität und der Wertschöpfungsorientierung charakterisiert. Die
Prinzipien Takt, Fluss und Pull geben die Rahmenbedingungen des
Materialflusssystems vor und betonen die starke Flussorientierung
des Volkswagen Produktionssystems. Die notwendige Taktung der
Prozesse und Materialströme erfolgt durch den Kunden und dessen
Bedarfe. One-Piece-Flow und konsequentes Wertstrommanagement

erhöhen nicht nur die Mengen- und Variantenflexibilität, sondern ermöglichen im Rahmen von Optimierungsmaßnahmen zudem die Erschließung von Effizienzpotenzialen. Diese Vorgehensweise wird über die Unternehmensgrenzen hinaus im Wertschöpfungsnetzwerk gelebt. Die ebenfalls standardisierte Inhouse-Logistik gewährleistet die Effektivität und Effizienz der Prozesse in der Materialbereitstellung. Das Personalsystem wird anhand einer vorherrschenden Lernenden Organisation, Kompetenzmanagement, Effizienz und Flexibilität charakterisiert. Volkswagen kommuniziert in seiner Strategie als eines von vier Zielen, Top Arbeitgeber in allen Regionen, Gesellschaften und Marken zu werden. Die Vision spiegelt sich im Stimmungsbarometer der letzten Jahre wider. Da der Mensch bei Volkswagen im Mittelpunkt der Wertschöpfung steht, sind die Gesundheit und das Wohl der Mitarbeiter gleichermaßen relevant. Dazu zählt auch die konsequente ergonomische Arbeitsplatzgestaltung nach modernsten Erkenntnissen. Zudem setzt sich Volkswagen weltweit für die Mitarbeitermitbestimmung nach deutschem Vorbild ein. Die Mitbestimmung ist essentieller Bestandteil des Konzerns. Das Planungs- und Steuerungssystem lässt sich anhand der Steuerbarkeit, Komplexität, Standardisierung und Flexibilität charakterisieren. Im Bereich der Planung und Steuerung ist Volkswagen mit seinem hohen Mechanisierungsgrad und seinen elektronischen Systemen sehr gut aufgestellt. Dies bildet eine der Grundlagen für den nachhaltigen Erfolg trotz der Komplexität, die aus den verschiedenen Konzernmarken in Kombination mit den weltweit verteilten Produktionsstandorten entsteht. Die starke Vernetzung der logistischen Prozesse und der hohe Standardisierungsgrad bei Produkten und Prozessen ermöglicht erst die erfolgreiche Beherrschung und Nutzung der hohen Produktvielfalt, welche die Grundlage für die Erschließung neuer Absatzmärkte und Zielgruppen ist. Mittels nivellierter und geglätteter

Produktion ist die Produktion sehr flexibel und kundenorientiert ausgestaltet. Durch das wertschöpfungsorientierte und synchrone Unternehmen Volkswagen wird der Kunde ins Zentrum der Wertschöpfungsaktivitäten gestellt. Das Qualitätssystem wird charakterisiert durch die Verankerung des Qualitätsmanagements, der Integration der Mitarbeiter im Qualitätsmanagement, der Erreichung des Null-Fehler-Ziels und der bedarfsgerechten Automatisierung. Der Qualitätsgedanke ist in der höchsten Ebene des Volkswagen Produktionssystems als Kernelement der Perfektion verankert. In der Herstellung wird durchweg eine Null-Fehler-Quote angestrebt. Neben diesen Methoden spielt der Mitarbeiter als Umsetzer und Weiterentwickler der Qualitätsansätze eine zentrale Rolle im Produktionssystem. Ergänzend wurde das geschäftsbereichsübergreifende Programm „Qualität im Wachstum" ins Leben gerufen, um das Absatzwachstum ohne Qualitätsdefizite zu meistern. Für den Volkswagen Konzern lassen sich folgende Besonderheiten hervorheben: Volkswagen hat die Plattformstrategie als Mehrmarkenkonzern, im Vergleich zu den Wettbewerbern, bereits früh in der Fahrzeugentwicklung eingeführt und zu einem markenübergreifenden Baukasten weiterentwickelt. Fahrzeugsegmentübergreifend – vom Kleinwagen bis zur Mittelklasse – wird der Modulare Querbaukasten verwendet, für die Mittel- bis Oberklassefahrzeuge der Modulare Längsbaukasten und für Porsche wurde der Modulare Standardantriebsbaukasten entwickelt. Die flexible Standardisierung soll dieses Konzept nun in der Produktion durch den Modularen Produktions-Baukasten (MPB), als organisatorische Analogie zur Plattformstrategie, komplettieren. Der MPB, der bei Volkswagen als Antwort auf den MQB entwickelt wurde, wirkt sich auf die komplette Produktion aus Fertigungsbereichen, Gewerken, Anlagen, Prozessen sowie bestehender und neuer Fabriken aus. Das Kernelement dieses Produktions-Baukastens ist die weitreichende Standardisierung der Betriebsmittel, Anlagen und Fertigungsbereiche bis hin zur kompletten, schlüsselfertigen Fabrik.

Toyota

Der im Jahr 1937 von Kiichiro Toyoda gegründete japanische Automobilkonzern Toyota Motor Corporation ist ein multinationales Unternehmen, derzeitig der größte Automobilhersteller und eines der größten börsennotierten Unternehmen der Welt. Der Konzern umfasst mehr als 500 Unternehmenstöchter, die insgesamt über 320.000 Mitarbeiter in mehr als 50 weltweit verteilten Standorten beschäftigen. Aufgrund des hohen Absatzvolumens (annähernd 10 Mio. Fahrzeuge) und des Technologie-Mixes zwischen konventionellen und Hybridfahrzeugen, ergeben sich auf dem weiteren Entwicklungspfad von Toyota neue Flexibilitäts- und Qualitätsanforderungen für das Produktionssystem. Ziel des Toyota Production System (TPS) ist die Verbesserung der Kundenorientierung durch die Konzepte Just-in-Time und Autonomation. Das Konzept Just-in-Time (JIT) zielt darauf ab, alle Teile für die Produktion zum richtigen Zeitpunkt, in der richtigen Menge und am richtigen Ort bereitzustellen, ohne Verschwendungen zu erzeugen. JIT wird in der Regel mit einer Kanban-Steuerung umgesetzt und ermöglicht eine Produktion mit niedrigen Beständen. Basierend auf der Just-in-Time-Philosophie entwickelte Ohno die Kanban-Steuerung, bei der der Produktionsprozess umgekehrt wird. Dies bedeutet, dass der vorgelagerte Prozessschritt zum Bedarfszeitpunkt über eine Kanban-Karte einen Arbeitsauftrag an den vorausgehenden Prozess erteilt. Anschließend fertigt diese Prozessstufe die vereinbarte Standardmenge des spezifizierten Produkts und füllt den Bestand der nachgelagerten Fertigungsstufe wieder auf. Zudem werden zur Vermeidung von Fehlern Sicherheitsvorkehrungen getroffen, die Unregelmäßigkeiten sofort erkennen. Dieses Prinzip nennt sich Poka-Yoke und verhindert bereits in der Entstehung, dass fehlerhafte Produkte weiterbearbeitet und an den Kunden weitergegeben werden (vgl. Ohno 2005). Das Materialflusssystem von Toyota nutzt verstärkt den One-Piece-Flow innerhalb der Flussfertigung und fokussiert darin die Harmonisierung des Produktionsflusses durch Produktionsnivellierung (Heijunka). Die Anlieferungsansätze JIT und JIS werden je nach Bedarf gemäß dem Kundentakt genutzt und speziell in Logistik- und Umrüstkonzepten berücksichtigt. So nutzte Toyota als eines der ersten Unternehmen weltweit derartige Anlieferungskonzepte, um nur das herzustellen, was benötigt wird, um so Verschwendung zu vermeiden. Über einen hohen Standardisierungsgrad verfügt das Toyota Produktionssystem innerhalb der Prozesslandschaft und der Visualisierung, unter anderem von Flächen, Transportwegen und Behältnissen. Für eine gezielte Effizienzsteigerung innerhalb der Produktionsprozesse ist für Toyota eine hohe Flexibilität essentiell. Im Zentrum des TPS steht das Personalsystem. Alle Mitarbeiter sollen sich, genauso wie das gesamte Unternehmen und die Unternehmenskultur, fortlaufend weiterentwickeln. Der Bereich „Menschen & Teamarbeit" beinhaltet bei Toyota die Selektion, Entscheidungsfindung, Definition von gemeinsamen Zielen und die vielseitige Ausbildung von Mitarbeitern. Der Fokus liegt hierbei auf der kontinuierlichen Weiterentwicklung der Kreativität und des Wissens. Mit Respekt gegenüber den Mitarbeitern und einer intensiven Teamarbeit sind die flachen Hierarchien und die Lernende Organisation bei Toyota möglich. Die innere Einstellung des gesamten Unternehmens soll so verändert werden, dass alle Mitarbeiter den Ehrgeiz und das unbedingte Wollen entwickeln, Toyota zum besten Autohersteller der Welt zu machen. Diese Philosophie wird aktiv im Kaizen, dem Streben nach kontinuierlicher Verbesserung, gelebt. Dieser Ansatz geht weit über die Fertigungsprozesse hinaus und betrifft gleichermaßen alle Teile des Unternehmens. Zusätzlich intensiviert das TPS die Teamarbeit. Mitarbeiter sollen in Teams selbstständig Probleme lösen und in Eigenverantwortung kontinuierlich die Qualität und Produktivität verbessern. Der Kontinuierliche Verbesserungsprozess (KVP) zielt in erster Linie auf die Eliminierung von Verschwendung und nicht-wertschöpfenden Tätigkeiten ab. Nach Ohno lassen sich grundsätzlich die drei Verschwendungsarten Muda, Muri und Mura unterscheiden. Muda beschreibt direkte Verschwendung. Im Sinne des TPS ist jede Tätigkeit, die Ressourcen verbraucht aber keinen Wert erzeugt, als Verschwendung anzusehen. Muda wird in die sieben Verschwendungsarten Überproduktion, Wartezeit, überflüssiger Transport, ungünstiger Herstellungsprozess, überhöhte Lagerhaltung, unnötige Bewegungen und Herstellung fehlerhafter Teile unterteilt. Muri beschreibt die Verluste, die durch die Überbeanspruchung eines Arbeitsprozesses verursacht werden. Befindet sich der Arbeiter oder die Maschine an der Belastungsgrenze, können Unsicherheiten zu Problemen bei der Arbeitssicherheit oder der Qualität führen und damit die Leistungsfähigkeit der Prozesse reduzieren. Mura bedeutet Unausgeglichenheit und ist die Verbindung von Muda und Muri. In einer ungleichmäßigen Produktion wechseln sich Phasen in denen die Produktion überlastet und Phasen in denen die Produktion nicht ausgelastet ist ab. Beide Zustände stellen nach dem TPS Verschwendungen dar, da die Stabilität des gesamten Systems nicht gewährleistet wird. Als Planungs- und Steuerungssystem wird bei Toyota ein Perlenkettensystem ohne Entkopplung eingesetzt. Schnelles Umrüsten, effiziente Planung der Taktzeiten sowie kurze Durchlaufzeiten zeichnen das TPS aus und führen zu kurzen Fertigungsdauern der Fahrzeuge. Die flexible Fertigungssteuerung wird auf Basis einer nachhaltigen Anlagen- und Prozessorientierung erreicht und durch eine komplexe Produktionsplanung stabilisiert. Präzise Produktionsvorhersagen und auftragsbezogene Planungsprozesse ermöglichen eine späte Individualisierung der Fahrzeuge und erhöhen dadurch die Flexibilität in der Produktion sowie die Reaktionsfähigkeit gegenüber geänderten Kundenwünschen. Dadurch können verschiedene Produktvarianten schnell und störungsfrei in den Produktionsfluss eingegliedert werden. Durch standardisierte und stabile Prozesse kann die Produktion störungsfrei und mit einer hohen Fertigungsflexibilität gestaltet werden. Die Fertigung ist dezentral sowie modularisiert ausgerichtet und auf die Fahrzeugarchitekturen abgestimmt. Die Nutzung von kleinen, flexiblen Fertigungseinheiten ermöglicht die Anpassung der Fertigungstiefe und die Umsetzung der Fertigungssegmentierung. Auf diese Weise werden die Investitions- und Logistikkosten gesenkt und ein kostengünstiger Aufbau neuer Fertigungsstätten ermöglicht. Das Toyota Produktionssystem stellt in vielen Bereichen einen Benchmark dar, an dem sich viele Unternehmen orientieren, um eigene Produktionssysteme zu entwickeln. Das Toyota Produktionssystem hat seit seiner Einführung eine kontinuierliche Weiterentwicklung durchlaufen und sich an die neuen Herausforderungen einer globalisierten Automobilproduktion angepasst. Heute baut das Produktionssystem auf fünf Kernwerten auf, die den „Toyota Way" beschreiben. Challenge: „Wir entwickeln eine langfristige Vision, begegnen Herausforderungen mit Mut und Kreativität, um unsere Träume zu verwirklichen." Kaizen: „Kontinuierliche Verbesserung. Wir verbessern ständig unsere Geschäftsprozesse, treiben stets Neuerungen und Weiterentwicklungen voran. Genchi Genbutsu: „Gehe an die Quelle, um die Informationen für die richtige Entscheidung zu finden, bilde Konsens und erreiche die Ziele mit bestmöglicher Geschwindigkeit." Respect: „Wir respektieren andere, bemühen uns, einander zu verstehen, übernehmen Verantwortung und geben unser Bestes, um gegenseitiges Vertrauen aufzubauen."

Teamwork: „Wir fördern persönliche und berufliche Entfaltung, teilen die Möglichkeiten zur Entwicklung und maximieren die Leistung des Einzelnen und der Gruppe." Insbesondere der Aspekt der ganzheitlichen Prozessoptimierung durch die Mitarbeiter hebt das TPS von anderen Produktionssystemen ab. Die Fähigkeit einer nachhaltigen Harmonisierung der Dimensionen Anlagen- und Prozessorientierung sowie Mitarbeiterorientierung ist das Alleinstellungsmerkmal des TPS. Den Erfolg des Toyota Produktionssystems bilden nicht nur die Methoden, sondern die Vernetzung der Aktivitäten, Prozesse und Mitarbeiter. Standardisierung und Flexibilisierung bilden einen Zielkonflikt, dessen Überwindung die Aufgabe jedes Produktionssystems darstellt. Das Toyota Produktionssystem legt seinen Fokus historisch bedingt auf die umfassende Vermeidung von Verschwendung. Für die Realisierung dieses Kernziels ist eine konsequente Standardisierung aller Prozessabläufe unabdingbar. Das TPS greift auf das Prinzip der funktionalen Flexibilisierung zurück, um dieses Kernziel mit dem Anspruch einer flexiblen Fertigungssteuerung zu harmonisieren. Ziel dieses Konzeptes ist es, verschiedene Produktvarianten schnell und störungsfrei in den Produktionsfluss zu integrieren und Volatilitäten in der Anlagenauslastung vorzubeugen. Das Toyota Produktionssystem kombiniert präzise Produktionsvorhersagen mit auftragsbezogenen Planungsprozessen. Der Individualisierungsgrad der Produktion steigert sich dabei mit zunehmender Fertigstellung des Fahrzeugs. Dieses flexible Planungskonzept ermöglicht eine auftragsbezogene Produktion, die durch eine kontinuierliche Feinabstimmung des Modell-Mixes in der Endmontage ergänzt wird. Das Toyota Produktionssystem kann wie folgt charakterisiert werden: Es basiert auf standardisierten und dennoch flexiblen Prozessen. Es steht auf den Säulen Just in Time und Jidoka. Im Mittelpunkt stehen die Mitarbeiter auf allen Ebenen. Lean Production, hohe Visualisierung sowie

KVP der Prozesse und Anlagen charakterisieren die Vorgehensweise. Durch einen hohen Modularisierungsgrad und intelligente Automation (Jidoka) kann auf volatile Einflüsse reagiert werden. Das TPS ist auf die Reduzierung jeglicher Verschwendung in allen Prozessen und somit Kostenreduzierung ausgelegt.

General Motors

Als drittgrößter Automobilhersteller der Welt mit einem Absatzvolumen von 9,7 Mio. Fahrzeugen verfolgt GM die Philosophie lokaler Fertigung und verfügt über ein Produktionsnetzwerk mit mehr als 100 Werken weltweit. Trotzdem verfügt GM über einen verhältnismäßig geringen Personalstamm von 200.000 Mitarbeitern. Die Produktion ist auf hoch standardisierte Massenproduktion ausgelegt. Das GM Produktionssystem baut auf der kontinuierlichen Verbesserung und Standardisierung als Grundprinzipien auf. Die damit einhergehenden Betriebskonzepte gewährleisten eine maximale Standardisierung in allen produktionsrelevanten Prozessen. Mittels digitaler Modelle wird darüber hinaus die Planung, Evaluierung und Steuerung des Produktionssystems und der Produktionsanlagen realisiert. Um trotzdem die Flexibilität zu erhalten, wird die Komplexität der Fahrzeugendmontage bei GM zusätzlich durch die Vormontage von Modulen gesenkt. Eine Vielzahl an Schnittstellen wird definiert, welche auf die ausgeprägte Plattformstrategie abgestimmt sind und zudem die Möglichkeit bieten, Zulieferer durch Make-or-Buy direkt in die Fertigung mit einzubinden. Aufgrund der Ausgestaltung des Produktionssystems besteht die Hauptaufgabe in höchstmöglicher Kontrolle und Minimierung von Abweichungen bezüglich definierter Standards. Das Controlling ist dabei nicht nur prozesszentriert, sondern berücksichtigt ebenfalls die eingesetzten liquiden Mittel und Materialien. Auf diese Weise erreicht GM Stabilität in Abläufen. Trotz des hohen Standardisierungsgrads in der Produktion ist die Kundenzu-friedenheit ein zentraler Bestandteil der Vision des General Motors-Konzerns. Getrieben von der Integrität und dem Teamwork aller Mit-arbeiter, wird daher die kontinuierliche Verbesserung vorangetrieben. Die zentralen Prinzipien sind die Beteiligung, die kontinuierliche Verbesserung, Standardisierung, Qualität und kurze Durchlaufzeiten. Für jedes dieser Prinzipien sind untergeordnete Betriebskonzepte definiert, welche als Richtlinien für die operativen Tätigkeiten gelten. Das Akronym SPQRCE (Safety, People, Quality, Responsiveness, Cost and Environment) stellt die Ziele des Gesamtsystems dar. Mit Hilfe dieser Leitlinien und den Betriebskonzepten schafft es General Motors, eine effiziente Produktion zu realisieren. Der im Produkti-onssystem verankerte, hohe Standardisierungsgrad resultiert in um-fänglicher Planbarkeit des Herstellungsprozesses. Diese Tatsache nutzt GM insbesondere bei Modell-Neuanläufen. Der dazu eigens konzipierte "GM Global Launch Process" unterstützt die Betriebs-konzepte des Produktionssystems, indem Anlaufschwierigkeiten beseitigt und eine frühe Prozessstabilität erreicht werden. Hierzu findet auf Basis verschiedener Kenngrößen eine strenge Überwa-chung der Entwicklungsreife eines Modells vor dessen Produktions-anlauf statt. Den reibungslosen Serienstart ermöglichen speziell aus-gebildete Anlauf-Teams aus dem Internationalen Technischen Ent-wicklungszentrum, die nach dem Bucket-build-Konzept verfahren. Dessen Grundprinzip ist eine gestaffelte Vorproduktionsphase mit integrierten Verbesserungszyklen. Die Projektteams werden dabei von Simulationstechniken wie Virtual Reality-Technologien in allen beteiligten Instanzen unterstützt. Die dreidimensionalen Computera-nimationen erlauben eine fast realitätsgetreue Abbildung sämtlicher Abläufe. Hierzu gehören Maschinen, alle entstehenden Produkte mit den kompletten Strukturen, die logistischen Abläufe und technologische Prozesse. Auf diese Weise wird eine bisher hohe Planungssicherheit in der Produktionsvorbereitung ermöglicht. Eine virtuelle Produktion ermöglicht zudem die durchgängige Planung, Evaluierung und Steuerung von Produktionssystemen und -anlagen mit Hilfe digitaler Modelle. Die Standardisierung der Produktion und der Produktentwicklung ist bei GM sehr stark ausgeprägt. Sie wird umgesetzt durch die global einheitliche Strategie zur Modularisierung und Modulfestlegung, die Vereinheitlichung von Komponenten und Schnittstellen für jedes Modul, eine detaillierte Personalplanung der Modulfertigung (internes und externes Personal), eine individuelle Implementierungsplanung für jedes Werk und Modul sowie die exakte Festlegung aller organisatorischen Schnittstellen. Der Einkaufsprozess der Modul-Einzelteile ist von der Modularisierung unberührt, um weiterhin von Skaleneffekten beim Einkauf der Komponenten zu profitieren. Bei den für Europa einheitlich festgelegten Modulen handelt es sich um die folgenden acht Baugruppen: Cockpit-Montage, Motoren-Endaufrüstung, Türmodul, Himmelmodul, Federbeine, Vorderachs- und Hinterachsträger sowie Kompletträder. Die Konstruktion der Module erfolgt in GMs globalen Entwicklungszentren. Zur Gewährleistung einheitlicher Schnittstellen im Produktionsprozess, wurden die Modulkomponenten verbindlich für alle Entwicklungszentren festgelegt und weltweit einheitlich umgesetzt. Die Definition identischer Schnittstellen setzt identische Montagevorgänge voraus. Nur so lassen sich die gewünschten Synergien bei der globalen Zuordnung von Fahrzeugen zu den einzelnen GM-Werken ermöglichen. Zusätzlich senkt GM die Komplexität der Fahrzeugendmontage, indem festgelegte Module vormontiert werden. Hierzu greift GM auf Dienstleister zurück. Je nach Modul werden Prozessplanung, Anlagenkonstruktion und Instandhaltung in unterschiedlichem Umfang an Inhouse Assembler oder nominierte Value Added Assembler vergeben. Der Grad der Kooperationsintensität wurde weltweit in fünf möglichen Ausprägungen standardisiert: GM-interne Fertigung, Logistikdienstleister als Sequenzierer, Inhouse Assembler als verlängerte Werkbank, Value Added Assembler als Dienstleister mit Prozessverantwortung sowie Tier-1-Lieferanten. Mit diesem Ansatz ist es GM möglich, das Spannungsfeld zwischen Flexibilität und Standardisierung für sich zu nutzen. Die umfängliche vertikale Kollaboration in der Fertigung führt jedoch gleichzeitig zu einer gering ausgeprägten Wertschöpfungstiefe. Dies begründet auch die verhältnismäßig geringe Anzahl an Produktionsmitarbeitern bei General Motors. Das GM Produktionssystem baut auf der kontinuierlichen Verbesserung und Standardisierung als Grundprinzipien auf und ist auf standardisierte Massenprodukte ausgelegt. Daraus ergeben sich spezifische Unterschiede zu den Produktionssystemen anderer Automobilhersteller.

Ford

Ford ist die Muttergesellschaft der drei Marken Ford, Lincoln und Troller und mit einem Absatzvolumen von mehr als 6,3 Mio. Fahrzeugen sechstgrößter Automobilproduzent nach Toyota, Volkswagen, General Motors, Renault-Nissan und Hyundai-Kia. Der Konzern beschäftigt an etwa 70 Standorten mehr als 160.000 Mitarbeiter. Mit der Strategie "Profitable Growth for all - One Ford, one Team, one Plan, one Goal" strebt der Automobilhersteller höchste Profitabilität für alle Stakeholder an. Dieses Ziel wurde durch eine aggressive Anpassung des Geschäftsmodells an die aktuellen Bedarfe erreicht. Dabei wurden die neuen Modellgenerationen konsequent an die Bedürfnisse der Kunden angepasst. Mit Hilfe der Strategie „One Ford" konnte das Unternehmen in den vergangenen Jahren seine Profitabilität des Fahrzeug-geschäfts steigern. Diese Erfolge können vor allem

mit dem Ford Produktionssystem und den Standardisierungsbemü-
hungen des Unternehmens in Zusammenhang gebracht werden. Weiterhin lässt sich diese Entwicklung auch mit anderen Elementen der
Strategie "Profitable Growth for all - One Ford, one Team, one Plan,
one Goal" erklären. Vor allem die aggressive Restrukturierung des
operativen Geschäfts, die Bereinigung der Bilanz sowie die neue
Produktoffensive sind hier zu nennen. Im Mittelpunkt des Ford Produktionssystems steht die Gemeinschaft aus Kunden, Mitarbeitern,
Händlern, Investoren, Gewerkschaft und Gesellschaft, die gemeinsam
zu einer verschwendungsfreien Unternehmensphilosophie beitragen.
Das Ford Produktionssystem hat die Vision, das beste Produktionssystem der Welt zu werden. Um dieses Ziel zu erreichen, greift das
Unternehmen auf eine Vielzahl an Prinzipien und Prozessen zur
schlanken Produktion zurück, die durch Ausführungsrichtlinien definiert und kontrolliert werden. Dieser Ansatz ermöglicht eine Steigerung der Durchlaufleistung und die Steuerung der Gesamtleistung
unter Berücksichtigung der Gesamtkosten. Die Eigenschaften
schlank, flexibel und diszipliniert bilden hierbei die höchste Maxime.
Voraussetzung für die Umsetzung dieser Vision ist das Personalsystem, Gruppen mit bestmöglich ausgebildeten, eigenverantwortlichen
Mitarbeitern, die gemeinsam in einer einheitlichen, standardisierten
und fähigen Organisation lernen und sicherheitsbewusst an den Produkten arbeiten. Mit speziell angepassten Qualifizierungskonzepten
werden die Mitarbeiter dazu befähigt, die Aufgaben und Prozesse
bestmöglich durchzuführen. Die enge Zusammenarbeit mit den Mitarbeitern ist bei Ford die Basis des Erfolgs und wird in der Strategie
„One Ford" beschrieben. Im People Operating-System wird die Mitarbeitermotivation und -fähigkeit erläutert und unterstützt. Als Besonderheit des Ford Produktionssystems werden vor allem die hohe
Produktivität und Effizienz der Fertigungs- und Montageprozesse

genannt. Die ausgeprägte Plattformstrategie ermöglicht eine hohe Flexibilität der wertschöpfenden Tätigkeiten. In Kombination mit der konzernweit standardisierten Arbeitsorganisation ist es Ford möglich, Fahrzeuge in weniger als 17 Stunden zu fertigen und liegt mit diesem Wert vor Toyota, Volkswagen und anderen Automobilherstellern. Nach Nissan belegt Ford den zweiten Platz bei einem Vergleich der Produktionszeiten. Allerdings ist die Betrachtung der Fertigungsdauer zur Untersuchung der Effizienz nicht ausreichend, da die niedrige Fertigungsdauer auch auf die niedrige Wertschöpfungstiefe zurückzuführen ist, weil viele Tätigkeiten von Partnern im Wertschöpfungsnetzwerk durchgeführt werden. Die Variantenentstehung findet größtenteils bei den Zulieferern statt, die aufgrund der niedrigen Wertschöpfungstiefe bei Ford eine besondere Rolle spielen. Dies spiegelt sich auch in den Zielen des Produktionssystems wider. Das Pull-Prinzip wird mittels eines Kanban-Systems realisiert, so dass ein schlanker Materialfluss vorherrscht. Bei Premiumherstellern, wie Volkswagen ist die Produktkomplexität maßgeblicher Treiber der Produktionsdauer. So führt die gesteigerte Produktionsdauer zu einer Mehrpreisfähigkeit der Produkte durch die Erfüllung individueller Kundenanforderungen. Das Cost Operating System von Ford fokussiert sich auf eine stringente Kostenorientierung in der Wertschöpfungskette und bildet eine Säule der Produktionseffizienz von Ford, die in den bereits diskutierten kurzen Produktionsdauern je Fahrzeug mündet. Das Maintenance Operating System unterstützt den hundertprozentigen Nutzungsgrad der Produktionsanlagen, so dass eine hohe Produktivität und Effizienz in den Fertigungs- und Montageprozessen vorherrscht. Eine standardisierte und verstellbare Fahrzeugaufnahme für unterschiedliche Plattformen und Werkzeuge erhöht die Reaktionsfähigkeit und Variantenflexibilität und erlaubt, bis zu einem gewissen Grad, auf veränderte Kundenwünsche einzugehen. Zusätzlich steigert eine Standardisierung der Arbeitsschritte in der Arbeitsvorbereitung die Durchlaufleistung und Steuerung der Gesamtleistung unter Berücksichtigung der Gesamtkosten. Die Steuerung wird durch die Visualisierung der Arbeitsergebnisse durch ein zentrales Flash-System unterstützt. Für die Realisierung neuer Fabrikprojekte wurde bei Ford ein standardisiertes Fabriklayout definiert, welches die Grundlage der weltweiten Planung bildet und sich lediglich im Automatisierungsgrad der einzelnen Prozessschritte unterscheidet. Eine Anpassung der Modelle ist bei Ford mit geringen Kosten und Aufwand sowie einer konstanten Auslastung der Fabriken möglich. Ford fokussiert im Qualitätssystem auf die Reduzierung von Kundenbeanstandungen bei gleichzeitiger und durchgängiger Orientierung an Kundenerwartungen. Die implementierten Ansätze der Null-Fehler-Toleranz sowie die Vermeidung von Verschwendung zeigen bei externen Qualitätsaudits ihre Wirkungsfähigkeit. Ford liegt in Rankings von J.D. Power über dem Branchendurchschnitt. Zurückzuführen ist dies auf eine erfolgreiche Umsetzung der mitarbeiterorientierten Qualitätskonzepte sowie der bedarfsgerechten Automatisierung des Herstellungsprozesses. Das Produktionssystem von Ford lässt sich durch eine geringe Wertschöpfungstiefe und eine hohe Standardisierung der Endprodukte charakterisieren. Dadurch ist Ford in der Lage, eine gleichbleibende Qualität sowie kurze Produktionszeiten realisieren.

Hyundai-Kia

Mit einem Absatzvolumen von mehr als 7,3 Mio. Fahrzeugen fünftgrößter Automobilhersteller der Welt, produziert Hyundai-Kia in über 20 Werken weltweit, wobei die Globalisierung der Standorte außerhalb Koreas erst in den 1990er Jahren begann. Der Grundstein für die heutige Hyundai-Kia Automotive Group wurde im Jahr 1967 gelegt. Zunächst bestand das Geschäftsmodell des Unternehmens in der Lizenzfertigung für Ford Automobile. In den frühen 1970er Jahren wurden die ersten eigenen Modellvarianten entwickelt und auf den Markt gebracht. Mit dem Hyundai Pony wurde im Jahr 1975 das erste eigene Modell vorgestellt. Bis in die 1990er Jahre wurden zahlreiche Module und Baugruppen von dem Wettbewerber Mitsubishi zugekauft. Im Jahr 1998 erfolgte die Übernahme der Marke Kia. Das Unternehmen tritt seit jeher als Fast-Follower am Markt auf. Die Kernstrategie des Unternehmens richtete sich bis zur Jahrtausendwende auf eine aggressive Preispolitik, die mit einer umfangreichen Serienausstattung kombiniert wurde. Durch diese Strategie wurden insbesondere Kunden angesprochen, die an umfangreich ausgestatteten Fahrzeugen, ohne das Preispremium der europäischen Hersteller, interessiert waren. In den folgenden Jahren wechselte das Unternehmen seine Strategie und strebte einen Imagewechsel vom Preisführer zum Premiumanbieter an. Im Zuge dessen investierte Hyundai-Kia mehrere Milliarden Euro in eine eigene Motorenentwicklung, die eine zukunftsweisende Effizienztechnologie für Common-Rail-Dieselmotoren hervorgebracht hat. Nach etlichen Jahren der Entwicklung ist es dem Unternehmen gelungen, einen Ruf als Qualitätsproduzent aufzubauen und diesem umfassend gerecht zu werden. Heute tritt das Unternehmen als fünftgrößter Automobilhersteller der Welt auf allen globalen Märkten auf und kann auf vielen dieser Märkte wachsende Marktanteile verzeichnen. Hyundai-Kia konnte seine Platzierung auf der Global 500-Liste von Platz 78 auf Platz 55 verbessern, was die schnelle Wachstumsstrategie des Unternehmens unterstreicht. Über die Jahre verzeichnete Hyundai-Kia mit 40 % das größte Verkaufswachstum aller Automobilhersteller. Insbesondere die aggressive Expansionsstrategie im Ausland zahlt sich heute aus. Das Bearbeitungssystem von Hyundai-Kia ist eine Mischung aus Lean Production und der Orientierung an Massenproduktion. Als Fast

Follower werden sowohl standardisierte als auch flexible Prozesse benötigt, um entsprechend den Anforderungen gerecht zu werden. So ist der Standardisierungsgrad beim Hyundai-Kia Produktionssystem global als hoch zu bezeichnen. Hyundai-Kia hat das Toyota Produktionssystem aufgegriffen und auf die spezifischen Bedürfnisse in Korea angepasst. So produziert Hyundai-Kia heute sehr effizient. Allerdings ist diese Effizienz auch auf das Produktprogramm zurückzuführen, das heute weitestgehend keine Fahrzeuge im Premiumsegment mit den resultierenden Anforderungen an die Fertigungsprozesse umfasst. Eine Modularisierung ist situationsspezifisch implementiert wie bei der Motorenentwicklung. Im Gegensatz zum Branchentrend bedient sich Hyundai-Kia eines Push-Modells zur Produktionsplanung und -steuerung mit einer zentralen IT-Steuerung und auf Basis von Materialbedarfsplanungen. Während Toyota sich gemäß dem Just-in-Time-Ansatz auf minimale Bestände konzentriert, führt Hyundai-Kia seine Produktion planungsgetrieben. Die Wahl des Push-Prinzips ist vor allem in der strategischen Orientierung von Hyundai-Kia und den gegebenen Marktbedingungen in Südkorea zu suchen. In einem von Zulieferern dominierten Marktumfeld ist es nur schwer möglich, flexible Kundenorientierung zu gewährleisten. Hyundai-Kia entschied sich daher, einen höchst möglichen Nutzungsgrad der Produktionskapazitäten zu erreichen. Auf Basis dieses hohen Nutzungsgrads der Produktionskapazitäten wird mittels einer engen Lieferanteneinbindung im Wertschöpfungsprozess und einer präzisen Produktionsplanung ein Höchstmaß an Flexibilität in den Prozessen und in der Produktion erreicht. Mit 48 Fahrzeugen pro Mitarbeiter weist Hyundai-Kia eine hohe Arbeitsproduktivität auf. Durch die Arbeitsproduktivität kann auch eine Aussage über den Integrationsgrad der Lieferanten in den Wertschöpfungsprozess getroffen werden. Je mehr Wertschöpfung durch externe Lieferanten erfolgt, desto höher ist auch der Risikoübergang bei unerwarteten Nachfrageeinbrüchen. Aufbauend auf den Grundlagen des Toyota Produktionssystems ist es Hyundai-Kia gelungen, ein Produktionssystem mit einem Höchstmaß an Prozess- und Produktionsrobustheit zu erschaffen. Hyundai-Kia kann aufgrund des relativ hohen Flexibilisierungsgrades in den Prozessen und innerhalb der Produktion auf volatile Einflüsse reagieren. Durch eine enge Einbindung der Lieferantenbasis in den Entwicklungs- und in den Wertschöpfungsprozess und eine präzise Produktionsplanung erreicht das Hyundai-Kia Produktionssystem exzellente Qualitätsstandards. Die Besonderheit im Personalsystem ist geprägt durch eine dominante Stellung der Gewerkschaften. Die im TPS verankerten Kollaborationsstrukturen und die Bedeutung der Mitarbeiter sind daher für Hyundai-Kia nur eingeschränkt umsetzbar. Leistungsorientierte Vergütung, flexible Job-Rotationen sowie die Förderung von Innovationen am Arbeitsplatz konnten daher nicht analog dem Toyota-Prinzip umgesetzt werden. Aus diesem Grund kann Hyundai-Kia die Fähigkeiten und Kenntnisse der Mitarbeiter nicht vollumfänglich nutzen und setzt daher auf ausgebildete Ingenieure, die sowohl Innovationen als auch die Steuerung und Überwachung der Prozesse vorantreiben. Dies führt wiederum dazu, dass Hyundai-Kia insbesondere in seinen globalen Standorten deutliche Vorteile gegenüber Toyota bei Anlauf und Betrieb erzielt, da die Produktionsqualität weniger stark vom Ausbildungsgrad der Mitarbeiter abhängt. Der zentrale Erfolgsfaktor, in dem der hohe Markterfolg begründet liegt, findet sich in der konsequenten Ausrichtung des Produktionssystems auf exzellente Qualität. Indem ein Qualitätsmanagement nach den Six-Sigma-Prinzipien eingeführt wurde, unternahm Hyundai-Kia besondere Anstrengungen zur Verbesserung der Qualität. Die akribische Orientierung an dem Toyota Produktionssystem mit der Schwerpunktsetzung auf ständige Verbesserungen bleibt erhalten. Diese Mischung aus japanischer Präzision und amerikanischem Management ist heute kennzeichnend für das gesamte Unternehmen und das Lean Sigma-Produktionssystem. Die gesamte Wertschöpfungskette, welche auch Zulieferer und das Händlernetzwerk umfasst, ist in einen ständigen Verbesserungsprozess eingeflochten. Unternehmensintern identifizieren kleine Teams von Qualitätsprüfern Probleme und binnen vierundzwanzig Stunden für die Beseitigung. Durch den sehr ausgeprägten KVP und die reaktive Qualitätssicherung gelingt es Hyundai-Kia bei repräsentativen Umfragen einen hohen Benchmark vorzugeben. Die Ausrichtung des Produktionssystems auf exzellente Qualität spiegelt sich vor allem in den Anforderungen an Produktionsprozesse wider, wobei Flexibilität und Fehlerfreiheit im Vordergrund stehen. Hierzu werden, entgegen den Ansätzen anderer Hersteller, Spezialisten oder ausgebildete Ingenieure eingesetzt. Im Ergebnis ist somit Hyundai-Kia als größter Konkurrent von Volkswagen bezüglich der Qualität anzusehen. So konnte Hyundai-Kia bisher sein großes Wachstum unbeschadet und weitestgehend ohne Qualitätseinbrüche überstehen. Während der Volumenmarkt abgedeckt ist, ist der Konzern im Premiumsegment mit seiner hohen Produktkomplexität und den hohen Kundenanforderungen bislang kaum vertreten. Das Hyundai-Kia Produktionssystem ist über die Wertschöpfungskette hinweg auf Effizienz, Qualität und Kostenreduzierung ausgelegt. Gesteuert wird das System zentral aus Korea mit einem fast patriarchalische Führungsmuster und einer nahezu militärische Präzision. Ein integriertes Produktionssystem nach Lean- und Six Sigma-Prinzipien, mit einer straffen Lieferkette und Qualitätsorientierung, sorgt für Schnelligkeit und hält die Kosten niedrig. Die Lieferanten sind in den Entwicklungs- und den Produktionsprozess eng und frühzeitig eingebunden. Entscheidungen werden schnell und stringent umgesetzt.

Mercedes-Benz

Die Daimler AG vertreibt ihre Fahrzeuge und Dienstleistungen in nahezu allen Ländern der Welt und hat Produktionsstätten auf fünf Kontinenten. Der Konzern produziert mit 275.000 Mitarbeitern in mehr als 50 Werken und liegt mit einem Volumen von 2,35 Mio. ausgelieferter Fahrzeuge auf Platz 11 des weltweiten Rankings. Das Mercedes-Benz Produktionssystem (MPS) ist ein integriertes System, welches beschreibt, wie Prozesse innerhalb der Mercedes-Benz Produktion gestaltet, implementiert und aufrechterhalten werden. Das Produktionssystem basiert auf einem Regelwerk, das Leitlinien zur Herstellung von Komponenten und Fahrzeugen definiert. Mercedes-Benz arbeitet nach dem Grundsatz, dass langfristiger Erfolg einer Unternehmung der Fähigkeit qualitativ hochwertige Produkte, zu wettbewerbsfähigen Kosten und gleichzeitig schneller als die Konkurrenz zu liefern, zuzuschreiben ist. Die Zielsetzung des Mercedes-Benz Produktionssystems beinhaltet daher die Schaffung standardisierter und robuster Prozesse, die eine störungsfreie Produktion und die Qualität der Produkte sicherstellen. Das Mercedes-Benz Produktionssystem steht vor der Herausforderung, die hohen Prozessanforderungen eines Premiumherstellers unter Berücksichtigung der Lean-Prinzipien umzusetzen. Mercedes-Benz untermauert mit seinen Prinzipien der Standardisierung und des kontinuierlichen Verbesserungsprozesses, die Relevanz der Bereiche Standardisierung und Flexibilität. Dabei sind die Beseitigung von Verschwendung, die standardisierten Methoden und Prozesse sowie das visuelle Management die Kernaspekte der beiden Prinzipien. Die Modularisierung wird situationsspezifisch genutzt, wurde jedoch darüber hinaus in den letzten Jahren intensiviert. Insgesamt zeigen jedoch die im Vergleich zu den konkurrierenden Premiumherstellern niedrigeren operativen Margen, dass die Effizienz aus Plattform- und Modulstrategien noch nicht ganzheitlich im Unternehmen realisiert ist. Zudem werden auch die internen Anforderungen an Varianten- und Reihenfolgenflexibilität bei Mercedes-Benz bislang nur in wenigen Werken erfüllt. Die betriebswirtschaftlichen Ziele sind daher in der Verbesserung von Wirtschaftlichkeit und Qualität zu sehen. Die Umsetzung der Ziele erfolgt auf Basis von fünf Subsystemen des Mercedes-Benz Produktionssystems: Arbeitsstrukturen und Gruppenarbeit, Standardisierung, Qualität und robuste Prinzipien, Just-in-Time sowie Kontinuierliche Verbesserung. Inhaltlich werden die Subsysteme durch standardisierte Produktionsprinzipien (Operating Principles) definiert. Hierzu zählen Ansätze wie zum Beispiel klare Aufgabenstrukturierung, visuelles Management, Prozesssicherheit, Fließ- und Taktfertigung sowie die Beseitigung von Verschwendung. Eine Vielzahl an Methoden und Werkzeugen unterstützt die praktische Umsetzung und die Erfolgskontrolle des Produktionssystems. Das Mercedes-Benz Produktionssystem bedient sich in der Ausgestaltung mehrerer Ansätze zur Gewährleistung der Qualität. Ausgehend von den Mitarbeitern und den Kompetenzen bestehen eine Vielzahl von Ansätzen und Methoden zur Vermeidung von Verschwendung und zur präventiven Fehlervermeidung. Oberstes Ziel ist hierbei stets die Erfüllung von internen sowie externen Kundenerwartungen. Das Mercedes-Benz Produktionssystem weist im Materialfluss Stärken hinsichtlich der Kriterien der Fluss-Orientierung, in den Anlieferungskonzepten, in der Standardisierung und der Flexibilität auf. Zudem legt das MPS hohen Wert auf die Flussorientierung speziell durch ein konsistentes Pull-Prinzip und durch einen durchgängigen One-Piece-Flow. Der Einsatz des Anlieferungskonzeptes wird flexibel definiert und bedarfsorientiert eingesetzt, so dass je nach Bedarf zwischen Just-in-Time und Just-in Sequence variiert wird wobei Just-in-Time als die zentrale Einheit des Produktionssystems anzuwenden ist. Zur Erhöhung der

Planungssicherheit sind daher die Prozesse so ausgelegt, dass sie durch nachfolgende Prozesse im richtigen Moment ausgelöst werden. Behälter, Transportwege und Transportmittel weisen einen hohen Standardisierungsgrad auf, der durch eine flexible Materialverfügbarkeit und -bereitstellung einen geringen Bestand bedingt. Eine der fünf Säulen des Mercedes-Benz Produktionssystem beschreibt die Standardisierung von Methoden und Prozessen sowie deren standardisierte visuelle Darstellung. Der sich daraus ableitende Anspruch ist das Erreichen einer Null-Fehler-Quote durch Minimierung von Prozessunsicherheiten. Abweichungen vom Standardprozess werden durch die Vereinheitlichung der Prozessschritte unmittelbar erkennbar. Unterstützt wird dieser Identifikationsvorgang durch eine systematische Anwendung der 5A-Methode (Aussortieren, Aufräumen, Arbeitsplatz sauber halten, Arbeitsstandards zur Regel machen, alle Schritte wiederholt durchlaufen und weiter verbessern). Gemäß dieser Vorgehensweise beschreibt die Standardisierung die Integration von Arbeitskraft, Methoden und Material und besitzt dennoch den Anspruch, die notwendige Flexibilität der Produktion nicht einzuschränken. Die Standardisierung ist in allen Hierarchieebenen vertreten und reicht von organisierten Arbeitsplätzen, über Planungs- und Produktionsprozesse bis hin zu gesamten Fabriksystemen. Die Zuverlässigkeit der Standards wird mittels rekursiver Schleifen zwischen Prozessingenieuren und Prozessbetreibern in regelmäßigen Audits sichergestellt. Zur Dokumentation und Kommunikation aller prozessrelevanten Informationen und Tätigkeiten werden Standardarbeitsblätter erstellt. Für die Sicherstellung der Flexibilität werden die transferierbaren Einzeltätigkeiten und Alternativprozessschritte dokumentiert. Zur Unterstützung der Takt- und Fließfertigung werden zudem die Materialbestände standardisiert. Hierzu sind die Minimal- und Maximalbestände für jede Materialart und jeden Prozessschritt festgelegt. Ergänzend werden von Produktionsplanung und Produktion Vorgaben zur Standardisierung von technischen Einrichtungen erarbeitet und definiert. Hierbei erfahren unter anderem mitarbeiterrelevante Themen sowie Herausforderungen der Instandhaltung besonderes Augenmerk. Dieses hohe Maß an Standardisierung stellt die Stabilität und Zuverlässigkeit der Prozesse sicher. Analog der kontinuierlichen Verbesserungen von Prozessen und Produkten findet eine kontinuierliche Anpassung der Standards statt. In der Standardisierung verfügt Mercedes-Benz über Vorteile gegenüber Mehrmarkenunternehmen. Als Kernelement und Voraussetzung für die angestrebte Qualität und Flexibilität wird der Komponente Personal erheblicher Wert beigemessen. Durch gezielte Aus- und Weiterbildungsmaßnahmen wird die Qualifikation der Mitarbeiter erhöht. Arbeitsstrukturen und Gruppenarbeit sind wie der kontinuierliche Verbesserungsprozess als Prinzipien im Produktionssystem definiert und werden durch flexible Arbeitszeitmodelle, ergonomische Arbeitsplätze, Gesundheitskurse sowie sportliche Aktivitäten unterstützt. Die gezielte Rotation qualifizierter Mitarbeiter fördert den sukzessiven Aufbau von bereichsübergreifendem Expertenwissen. Zur Ausschöpfung des gesamten Potenzials und zum umfänglichen Einsatz der so erworbenen Fachkenntnisse bestehen in der Gestaltung der Arbeitsplätze und -aufgaben hohe Freiheitsgrade. Auf diese Weise entsteht eine kontinuierliche, intrinsische Verbesserung der gesamten Produktion, die im Vergleich zu anderen OEMs hervorzuheben ist. Das Mercedes-Benz Produktionssystem ist an die Prinzipien von Toyota angelehnt. Es beschreibt, wie Prozesse innerhalb der Produktion gestaltet, implementiert und aufrechterhalten werden. Qualität und Just-in-Time sind die Hauptstellgrößen und Treiber für Innovation und Verbesserung. Gruppenarbeit und die Vereinbarung von Leistungen mit den Mitarbeitern sind in Betriebsvereinbarungen verankert. Als

Schlüssel zur Umsetzung wurden die Qualifizierung der Mitarbeiter und die Vernetzung der Prinzipien und Methoden verstanden.

BMW

Die BMW Group setzt jährlich annähernd 2 Mio. Fahrzeuge weltweit ab und fertigt seine Produkte an 28 Standorten in 13 Ländern auf vier Kontinenten und beschäftigt mehr als 100.000 Mitarbeiter. Die BMW Group differenziert sich als Build-to-Order Hersteller mit höchsten Qualitätsmaßstäben. Durch einen eng verflochtenen kundenorientierten Vertriebs- und Produktionsprozess ist es BMW möglich, umfänglich und flexibel auf Kundenbedürfnisse einzugehen und Fahrzeuge bis zu sechs Tage vor Produktionsende zu individualisieren. Eine derart hohe Flexibilität erfordert schnelle und direkte Orderprozesse, hoch integrierte und transparente Versorgungsprozesse, Minimierung von Fertigungsrestriktionen, maximale Anlagenverfügbarkeit sowie eine durchgängig flexible Steuerung in Produktion und Logistik. Auch bezüglich der Wandlungsfähigkeit in der Produktion ist BMW einer der Vorreiter der Automobilindustrie. Durch anpassbare Strukturen und hochstandardisierte Prozesse ist es BMW möglich, verschiedenartige Fahrzeuge auf einer einzigen Produktionsstraße herzustellen. Dieser Grundgedanke der Flexibilität und Wandlungsfähigkeit bildet das Kernmerkmal des BMW Produktionssystems (Wandlungsfähiges Produktionssystem WPS). Der Kern des Produktionssystems beschreibt die Grundlagen für die Gestaltung effizienter Prozesse mit kurzen Durchlaufzeiten bei höchster Qualität. Dies wird vor allem durch die Umsetzung einer schlanken und effizienten Lean Logistik nach dem Fluss-Prinzip, der Orientierung am Taktgeberprozess, einem durchgängigen One-Piece-Flow, dem Null-Fehler-Prinzip sowie dem Pull-Prinzip realisiert. Die festgelegten Versorgungsprozesse (JIS und JIT) sowie Logistik Assets (zum Beispiel Behälter) werden durch ein implementiertes Wertstrommanagement sukzessiv auf Effizienz und Verschwendungsminimierung weiterentwickelt. Als äußerer, zusammenhaltender Ring des Systems stehen die Grundlagen des täglichen Handelns und Führungsverhaltens, wie Null-Verschwendung, Standards, kontinuierliche Verbesserung, Transparenz und Verantwortung vor Ort. Sie garantieren die Nachhaltigkeit. Zudem kalkuliert das BMW Produktionssystem die Verknüpfung von Flexibilität, Produktivität und Mensch/Maschine, die unter Beachtung aller Zusammenhänge das Null-Fehler-Prinzip erreichen können, mit ein. Im Mittelpunkt steht hierbei die möglichst verschwendungsarme und damit effiziente Ausrichtung der gesamten Produktion. Die nachhaltige Wertschöpfungsorientierung des BMW Produktionssystems zeigt sich im Umgang mit Ressourcen wie Wasser, Energie und eingesetztem Material. Bereits im Jahre 1973 schuf die BMW Group hierzu die Funktion eines Umweltmanagers. Für BMW besteht Erfolg jedoch nicht nur darin, nachhaltig die Umwelt zu entlasten, sondern auch durch effizienteren Ressourceneinsatz Kosten zu sparen und die Produktivität weiter zu erhöhen. Für eine nachhaltige Wertorientierung ist daher das Zusammenspiel der Erfolgsfaktoren Mitarbeiter, Produktivität und Flexibilität ganzheitlich zu optimieren. Die nachhaltige Wertschöpfungsorientierung zeigt sich bei BMW ebenfalls im Personalbereich. Mitarbeiter erfahren bei BMW besondere Aufmerksamkeit. Mit dem Programm „Heute für morgen" antizipiert BMW den demografischen Wandel der Bevölkerung und sorgt sich bewusst um den Erhalt der Arbeitsfähigkeit. Ergonomisch gestaltete Arbeitsplätze, flexible Arbeitszeitmodelle, Gesundheitsmanagement und weitere innovative Ansätze werden derzeit im Rahmen des „Arbeitssystem 2017" pilotiert. Zum Produktionsnetzwerk zählen zehn Produktionsstätten, drei Motorenwerke und vier Komponentenstandorte. Die Standorte zeichnen sich durch Flexibilität in der Belegung mit verschiedenen Modellen, in den Arbeitszeiten und in der Logistik aus. In einem Verbundsystem kooperieren diese Standorte sehr eng miteinander. Alle BMW Fahrzeuge werden, wie bei allen Premiumherstellern, gemäß Einzelkonfiguration nach Kunden- oder Händlerauftrag nach Typ, Motorisierung, Farbe und Ausstattung im Rahmen der Build-to-order-Strategie hergestellt. Hauptziel ist es, flexibler und schneller auf Kundenwünsche reagieren zu können. Dies erfordert eine Reduzierung der Entwicklungszeiten, der Karosserievarianten, der Lieferzeit von der Kundenbestellung bis zur Produktübergabe und der Wiederbeschaffungszeiten in der Zulieferkette. Heute gilt das BMW Produktionssystem als wesentliche Quelle für den Markterfolg und damit auch für eine kontinuierliche Steigerung des Unternehmenswertes. Noch innerhalb von sechs Tagen vor Auslieferung des eigenen Automobils kann jeder Kunde wichtige Ausstattungsmerkmale seines Wagens verändern. Möglich macht dies ein sehr flexibles Produktionssystem, bei dem die variantenbestimmenden Merkmale an das Ende der Produktionskette gelegt werden und bei dem die logistische Kette zu den Lieferanten flexibel auf die Veränderung der Varianten reagieren kann. Damit der Kunde sein Auto schnell erhält oder noch kurz vor Produktionsstart die Bestellinhalte verändern kann, müssen die Werke sehr flexibel produzieren können. Das Produktionssystem zielt daher auf maximale Änderungsflexibilität, Schnelligkeit und hohe Termintreue sowie auf die Veränderung der gesamten Prozesskette, von der Bestellung bis zur Auslieferung. Dieses flexible Produktionssystem lässt sich am Modell des 3er darstellen. Gab es früher von ein- und demselben Modell der 3er-Limousine je nach Ausstattung rund 100 Karosserievarianten, sind es heute nur vier. Neben der Modularisierung steht die Flexibilität der Produktion durch verschiedene Arbeitszeitmodelle sowie durch Mehrfachnutzung einer Montagelinie im Fokus. Fast 300 Arbeitszeitmodelle und

die Fähigkeit, unterschiedliche Varianten auf derselben Montagestraße zu bauen, helfen BMW, dies zu realisieren und gleichzeitig Kosten
zu sparen. So werden im Werk Dingolfing alle Modelle der 5er-, 6er-
und 7er-Baureihe in beliebiger Reihenfolge gefertigt. Seit dem Umbau des BMW Produktionssystems 2001 vom Push- zum Pull-Prinzip
besteht nicht nur ein erheblich genaueres Steuerungssystem, sondern
eine Entkoppelung von lackierter Rohkarosse und Kundenauftragszuordnung. Der wesentliche Unterschied besteht in einer späteren
Kundenauftragszuordnung mit Vergabe der Fahrgestellnummer bei
Montagebeginn statt beim Rohbaustart sowie einer optimierten Kom-
ponentensteuerung. Die in die Produktion eingesteuerten Kundenaufträge „ziehen" die erforderlichen lackierten Karossen aus den vorgelagerten Bereichen. Damit wurden die komplexen Fertigungsabläufe
des Rohbaus und der Lackiererei in überschaubare, sich selbst re-
gelnde Produktions-Prozess-Elemente aufgeteilt. Mit Einführung der
Produktions-Prozess-Elemente-Steuerung kann in Rohbau und Lackiererei ein Order-Bezug zu den produzierten Komponenten entfallen. Jedes Produktions-Prozess-Element erzeugt eine bestimmte
Komponente (Bodengruppe, Vorderbau, lackierte Karosse) durch
Fertigung und Zusammenführung der dafür erforderlichen Bauteile.
Dahinter steckt die Idee, die komplexen Fertigungsabläufe des Rohbaus und der Lackiererei in überschaubare und begreifbare Einheiten
(Produktions-Prozess-Elemente) aufzuteilen. Je geringer die Anzahl
der Rohbauvarianten, desto größer die Chance, eine andere, gleiche
Karosse im Produktionsablauf zu finden – falls die ursprünglich vor-
gesehene Karosse beispielsweise durch Nacharbeit oder Anlagenstö-
rungen nicht rechtzeitig fertig ist. Dadurch, dass die Rohkarosse als
Sachnummer ohne festen Kundenbezug gestartet wird, kann sie jederzeit einem beliebigen Kundenauftrag zugeordnet werden, sofern
es sich um die passende Rohbauvariante (Sachnummer) handelt. Bei

stabilen Produktionsprozessen in Rohbau und Lackiererei werden seltener Resortiermöglichkeiten und Speicherkapazitäten für Karossen benötigt. Kommen Karossen zu früh oder zu spät, sind Speicher zum Resortieren notwendig. Erst nachdem die Karosse lackiert ist, wird sie einem Kundenauftrag zugeordnet und mit einer Fahrgestellnummer versehen. Dadurch besteht die Möglichkeit, aus einer größeren Menge von angebotenen Karossen möglichst spät die richtige für den Kundenauftrag auswählen zu können. Verspätungen einzelner Karossen haben anschließend selten Auswirkung auf die Montagereihenfolge. Seit Einführung des neuen BMW Produktionssystems wird die lackierte Karosserie logistisch als internes Zulieferteil betrachtet, das in den Montageprozess eingesteuert wird, sobald ein Auftrag für die entsprechende Karosserie vorliegt. Durch die verlagerte Individualisierung in die Montage ist es möglich, geänderte Wünsche bis kurz vor Montagestart zu berücksichtigen. Die geforderte Flexibilität bei Änderungen betrifft im Allgemeinen vor allem die Teileversorgung mit den internen und externen Lieferanten. Jede kurzfristige Änderung des Kunden am bereits konfigurierten Fahrzeug oder das Ändern eines geplanten Lagerfahrzeugs in ein Kundenfahrzeug bedeutet, dass andere Teile benötigt werden. Für den Zeitraum vor dem vierten Tag vor Montagestart des Fahrzeugs müssen die internen und externen Lieferanten flexibler und ebenfalls kurzfristiger auf die geänderten Teilebedarfe reagieren. Gewissermaßen als Gegenleistung des Werkes wird aber für die Zeit danach ein absolut stabiler Abrufhorizont geboten, wobei dem Lieferanten nicht nur die Menge, sondern auch der minutengenaue Bedarfszeitpunkt mitgeteilt wird. Bedingt durch die späten Teileabrufe und die damit verbundene kürzere Reaktionszeit für den Lieferanten wird der Datenfluss zum Lieferanten sicherer und schneller. Der dafür aufgebaute Lieferabruf über die BMW-Lieferantenplattform erfüllt diese Anforderungen. Andererseits führt der kürzere Zeitraum zwischen Teileabruf beim Lieferanten und Verbauzeitpunkt früher zu Versorgungsproblemen am Band, wenn es Störungen oder Verzögerungen in der Versorgungskette gibt. Mit einer höheren Transparenz bei den Beständen entlang der Versorgungskette können solche Engpässe früher erkannt werden. Der veränderte Produktionsprozess bietet auch erhebliche Chancen für die Lieferanten. Damit Teile wie zum Beispiel Sitze und Teppiche von den Lieferanten direkt in die Montage abgerufen werden können, gibt es den Standardproduktionsabruf. Der Lieferant erhält vom Standardproduktionsabruf die Sequenz mit dem genauen Bedarfszeitpunkt, bei dem die Teile am Verbauort sein müssen. Dazu muss der Standardproduktionsabruf wissen, welche Kundenaufträge im entsprechenden Zeithorizont produziert werden. Zum Zeitpunkt der Einplanung wird mit der Information über die festgelegte Montagereihenfolge, dem Verbauort und der Taktzeit sowie den Arbeitszeiten des Montagebands der Montagetermin ermittelt. Der Zulieferer kann selbstständig entscheiden, wann er mit der Fertigung seiner komplexen und variantenreichen Teile, wie zum Beispiel der Sitze, beginnt. Auf diese Weise ist BMW in der Lage als Premiumhersteller effizient und effektiv zu produzieren und bis kurz vor Fertigstellung des Fahrzeugs Kundenwünsche und Änderungen in der Produktion zu berücksichtigen. Diese Flexibilität wurde vor allem durch die konsequente Umsetzung des Pull-Prinzips erreicht. Mithilfe des Pull-Prinzips des BMW Produktionssystems wurde es durch die absolut verlässlichen Abrufe bereits sechs Tage vor Montagebeginn leichter, flexibel auf Änderungswünsche reagieren zu können. Es mussten sowohl die Lieferanten als auch die Werke ihre Lagerbestände optimieren. Der Abgleich von Beständen in der Versorgungspipeline mit den Teilebedarfen wird aufgrund der feststehenden Abrufe genauer. Die Lieferanten können zeitlich unabhängiger produzieren und liefern. Sie realisiere beispielsweise Just-in-Time-Belieferungen in Sequenz und aus Entfernungen bis zu mehreren hundert Kilometern. Dadurch ergeben sich weitere Optimierungspotenziale. Aufgrund der Veränderungen vom Push- zum Pull-Prinzip, der späten Auftragszuordnung sowie der erhöhten Reihenfolgestabilität konnten Veränderungen im Bereich der Termintreue, Durchlaufzeit sowie Flexibilität für Kundenänderungen erreicht werden. Zusätzlich reduzierte sich das Umlaufvermögen durch reduzierte Material- und Fahrzeugbestände bei BMW sowie auch bei den Zulieferern. Das BMW Produktionssystem ist eines der flexibelsten und wertstromorientiertesten Produktionssysteme in der Automobilindustrie. Mitarbeiter aus den direkten und indirekten Bereichen werden in die Verantwortung genommen, die Prinzipien und Methoden konsequent und eigenverantwortlich umzusetzen. Bereits in der Planung wird die Wertstromorientierung über die gesamte Wertschöpfungskette berücksichtigt. Fertigung, Einkauf, Logistik, Technologieentwicklung und Qualitätssicherung arbeiten Hand in Hand, um das Lieferantennetzwerk (intern und extern) zu integrieren, Innovationen und Kostenpotenziale zu realisieren und stabile Null-Fehler-Prozesse zu erreichen. Nachhaltigkeit ist ein festes Gestaltungsprinzip der Prozesse und Abläufe. Das Produktionssystem von BMW bedient sich dabei unterschiedlicher Bausteine und berücksichtigt gleichzeitig die altersgerechte Gestaltung von Arbeitsplätzen. Ein weiterer Erfolgsfaktor des BMW Produktionssystems ist die Integration des Cost Engineering in die Prozesskette.

2.5 Anforderungen an Produktionssysteme der Zukunft

Die Produktionssysteme innerhalb der Automobilindustrie basieren auf dem Toyota Produktionssystem und haben mit ihren Prinzipien und angewendeten Methoden einen Überdeckungsgrad von über 80 %. Sie weisen Unterschiede und damit einhergehend individuelle

Stärken und Abweichungen auf, die je nach Marktumfeld und Unternehmensphilosophie variieren und geprägt sind von den Unternehmenszielen und der Unternehmenskultur. Zudem sind Charakteristika der Produktionssysteme auf die Produktstrategie oder die spezifischen Rahmenbedingungen im Heimatland zurückzuführen. Häufig erfolgt die Betrachtung der Produktionssysteme mit dem Blick auf harte Faktoren wie Strukturen und Methoden. In Bezug auf die weichen Faktoren und die Menschen im Produktionssystem gibt es durchaus noch offene Fragen und Potenzial. Auch bezüglich der Durchgängigkeit der Prozesse und Wertschöpfungsketten gibt es noch beträchtlich brachliegende Potenziale. Die Produktionssysteme konzentrieren sich meist auf den Produktionsprozess und die Logistikprozesse bis zum Tier-1- oder Tier-2-Lieferanten. Die Vernetzung oder Verzahnung von Produktionssystemen mit Entwicklungs- und Planungsprozessen hat nur ansatzweise stattgefunden. Teilaspekte und Prinzipien der etablierten Produktionssysteme können jedoch für ein mögliches „Produktionssystem der Zukunft" genutzt sowie adaptiert werden. Aus diesem Grund werden aus dem durchgeführten Benchmark Hypothesen für die Anforderungen an die Produktionssysteme der Zukunft abgeleitet, um durch ein flexibles Produktionssystemnetzwerk auf die Volatilität der globalen Märkte angemessen, wirtschaftlich und prozesssicher antworten zu können. Aus der Betrachtung der bestehenden Produktionssysteme lassen sich zahlreiche Erkenntnisse für Anforderungen an Produktionssysteme der Zukunft ableiten. Diese Erkenntnisse sowie bestehende Vorarbeiten (vgl. Wildemann 2010b) führten zur Formulierung von Anforderungen an die Zukunftsfähigkeit der Produktion. Diese lassen sich beschreiben durch Attribute wie mitarbeiter-, kunden-, produktivitäts-, qualitäts-, kompetenz- und wachstumsorientiert, global und lokal, nachhaltig, innovativ, flexibel und flexibel und wertschöpfungskettenoptimiert.

Abbildung 2-6:   Anforderungen an Produktionssysteme der Zukunft

Die Anforderungen gliedern sich, bezogen auf die Modularisierung der Produktion, in drei Kategorien. Diese sind Basisanforderungen, welche sich aus den Zieldimensionen Qualität, Kosten und Zeit ableiten, Anforderungen, die den Entwicklungsrahmen aufspannen, sowie die direkten Treiber der Modularisierung der Produktion (vgl. Abbildung 2-6).

Produktivitätsorientierung

Die Produktivitätsorientierung umschreibt die wirtschaftliche Zielsetzung der Produktion. Ziel der Produktionstheorie ist, funktionelle Zusammenhänge zwischen dem quantitativen Faktoreinsatz und der daraus resultierenden Ausbringungsmenge zu zeigen. Die Gesamtproduktivität setzt sich dabei aus Material-, Personal- und Maschinen-/Anlagenproduktivität zusammen. Die Produktivität bezeichnet dabei das Verhältnis zwischen hervorgebrachter und verbrauchter Leistung, beispielsweise das Verhältnis von Ausbringungsmenge (mengenmäßiger Ertrag) und Einsatzmengen der Produktionsfaktoren (Material, Personal, Maschinen-/Anlagenkapital). Dabei drückt die Produktivität die Ergiebigkeit der betrieblichen Faktorkombinationen aus. In der Praxis werden zur Beurteilung der einzelnen Produktionsfaktoren Kennzahlen für Teilproduktivitäten errechnet. Dabei handelt es sich um Kennzahlen, bei denen das mengenmäßige Ergebnis der Faktorkombinationen auf die Einsatzmengen nur einer Art der Produktionsfaktoren bezogen ist. Dadurch wird die fehlende Vergleichbarkeit der qualitativ unterschiedlichen Faktoren vermieden. Als Einsatzmengen werden Materialeinsatz, Arbeitsstunden und Maschinenstunden in die Berechnung mit einbezogen. Der Materialeinsatz zur Ermittlung der Materialproduktivität ist maßgeblich gekennzeichnet durch den Preis für den Rohstoff, der produzierten Gutteilemenge sowie der Ausschuss- und Nacharbeitsmenge und der hierfür benötigten Durchlaufzeit. Die bekannteste und meistbenutzte Faktorproduktivität ist die Arbeitsproduktivität. Dies liegt vorwiegend daran, dass die Menge an eingesetzter Arbeit leichter zu ermitteln ist als etwa die Abnutzung oder der Bestand des eingesetzten Kapitals, also von Maschinen, Gebäuden und (bei gesamtwirtschaftlichen Produktivitätsbetrachtungen) Infrastruktureinrichtungen. Zur Ermittlung der Kapital- und Anlagenproduktivität sind hingegen Maschinenstunden entscheidend für die effektive Nutzung der Anlagen durch optimale Belegung und geringe Stillstands-, Liege-, Warte-, Leerlauf-, Instandhaltungs-, Wartungs- sowie Rüstzeiten. Die Optimierung der Kapital- und Anlagenproduktivität setzt die konsequente Minimierung sämtlicher Verlustquellen voraus. Ergänzt wird diese Input-/Output-Betrachtung der Produktionstheorie durch die Kostentheorie, bei der es um die funktionellen Zusammenhänge zwischen den Kosten, die durch den Faktoreinsatz entstehen und den erreichten Output, respektive der Höhe der Ausbringung, geht. Die Kostenwirtschaftlichkeit ist allgemein definiert als der Wert der erzeugten Güter (Leistung) im Verhältnis zum Wert der dafür eingesetzten Produktionsfaktoren (Kosten). Ziel der Kostentheorie ist die Kostenminimierung der Produktionsfaktoren. Die Kombination der Produktionsfaktoren lässt sich nach ihrer technischen und ökonomischen Effizienz bewerten. Die Produktivität kann sehr hoch sein, während die Wirtschaftlichkeit dabei gering ist, beispielsweise wenn der mengenmäßigen Ausbringung keine entsprechenden Verwendungsmöglichkeiten gegenüberstehen. Eine hohe Produktivität in der Herstellung mündet damit nicht zwangsläufig in geringen Kosten, beschreibt jedoch einen entscheidenden strategischen Vorteil hierfür. Dieser Vorteil kann auch zur strategischen Kostenführerschaft gewertet werden. Eine strategische Kostenführerschaft kann mittels unterschiedlicher Strategien erreicht werden, beispielsweise durch Skaleneffekte, Verbundeffekte, Erfahrungseffekte, Prozesstechnik/Erfahrungskurve, Produkt-/ Prozessdesign, Kapazitätsausnutzung, Input-Kosten (Faktorkosten) und residuale Effekte der operativen Effektivität (natürliche Monopole und Standortvorteile). Die strategische Kostenführerschaft ist nicht nur der Preisführerschaft gleichzusetzen, sondern oft Voraussetzung für diese. Auf Basis einer Technologie, die alle technisch machbaren Kombinationen von Input-Faktoren beschreibt, lässt sich die effizienteste Faktorkombination – für gegebene Preise – herleiten, die sogenannte Gewinnmaximierung. Daraus lässt sich die Nachfrage (Faktoreinsatz) und das Angebot (Output) herleiten. Der Kostenbetrachtung schließt sich die Preistheorie an. Unternehmerischer Erfolg bedeutet, dass ein höherer Erlös als die entstandenen Kosten erwirtschaftet wird. Vereinfacht gilt für den Erlös, dass er sich aus der Multiplikation von Preis und Produktionsmenge errechnet. Der Preis wird in einer Marktwirtschaft dabei durch den Preismechanismus von Angebot und Nachfrage bestimmt. Der zu einem Marktgleichgewicht führende Preis wird als Marktpreis bezeichnet. Ein wichtiges Konzept für das Verständnis des Marktpreises ist die Preiselastizität. Diese gibt an, wie stark sich eine Preisänderung eines Produktes oder einer

Dienstleistung auf die Nachfrage auswirkt, beziehungsweise wie stark sich die Änderung der Nachfrage auf den Preis niederschlägt. Elastizitäten geben also an, wie stark sich ein Wert durch die Veränderung eines anderen Werts verändert. Um bei Preisverhandlungen weiterhin eine positive Marge erwirtschaften zu können, gilt es, neben Verhandlungsgeschick, günstigste Herstellungskosten und eine solide Kalkulationsbasis zu realisieren, beispielsweise durch bereichsübergreifende Produktvor- und Produktnachkalkulation im Unternehmen. Neben dem Produkt sind zusätzliche Preisumfänge wie Serviceverträge oder Ersatzteilversorgung für Reparatur und Wartung zu berücksichtigen. Aus diesen Vorüberlegungen lässt sich schließen, dass Produktionssysteme dann zukunftsfähig sind, wenn keine Verschwendung von Produktionsfaktoren vorhanden ist. Weiterhin werden durch die Differenzierung der Kostenposition in fixe und variable Kosten eine strategische Kostenführerschaft und die Erzeugung von Produkten im Produktionssystem ermöglicht, deren Wert durch den Kunden mit einem Preispremium honoriert wird. Dabei ist Qualität eine Grundvoraussetzung, um im Wettbewerb bestehen zu können.

Qualitätsorientierung

Der Qualitätsbegriff bezieht sich dabei nicht nur auf die Einhaltung von Produktspezifikationen, sondern umfasst alle vom internen wie auch externen Kunden gestellten Anforderungen. Qualität wird als Wettbewerbsfaktor immer wichtiger, da der Markterfolg der Produkte davon abhängt, wie gut es einem Marktteilnehmer gelingt, sich auf die Bedürfnisse eines bestimmten Kundenkreises einzustellen. Qualität hat sich in den letzten Jahren von einer Funktion in der Produktion zu einer Unternehmensphilosophie entwickelt. Dauerhaft können nur Unternehmen erfolgreich sein, die sich diese Philosophie zu Eigen machen und die drei Dimensionen der Qualität, Strategie, Management der Kernprozesse und Mitarbeitermotivation beherrschen. Zur Sicherstellung der Qualität über das gesamte Unternehmen hinweg reicht eine isolierte Qualitätsorientierung auf einzelnen Ebenen nicht aus. Qualität als Unternehmensstrategie ist eine typische Top-down-Aufgabe. Sie muss von der Unternehmensleitung gewollt werden und in den Köpfen der Spitzenmanager ihren Ausgangspunkt finden. Qualität als Unternehmenskultur beginnt dagegen im Kopf eines jeden Mitarbeiters und weist, was ihre Einführung und dauerhafte Implementierung betrifft, einen typischen Bottom-up-Charakter auf. Traditionell lassen sich Qualitätskosten in Fehler-, Prüf- und Fehler-verhütungskosten klassifizieren. Um eine Bewertung des Qualitäts-managements nach Aufwand und Nutzen vornehmen zu können, sind die Qualitätskosten jedoch unter den Kategorien Kosten der Überein-stimmung und Kosten der Abweichung zu subsumieren. Während die Kosten der Übereinstimmung einen Beitrag zum Unternehmenserfolg leisten, kennzeichnen die Kosten der Abweichung die Verschwen-dung von Ressourcen. Zur Optimierung der Qualitätskosten sind zunächst die Abweichungskosten zu untersuchen. Sie lassen sich bereits in den, der Produktion vorgelagerten Bereichen, wie dem Forschungs- und Entwicklungsbereich, der Konstruktion und dem Prototypenbau, beeinflussen. Daneben sind die Kosten der Überein-stimmung zu betrachten, die alle Aktivitäten umfassen, die mit der Fehlervorbeugung in Verbindung stehen, d. h. das dauerhafte Abstel-len von Fehlern und die Vermeidung von Fehlerrisiken. Im Falle einer Gesamtkostenoptimierung führt die Zweiteilung der Kosten zu einer Kostenminimierung bei hundertprozentiger Erfüllung der Kun-denanforderungen. Anschaulich lässt sich dies daran festmachen, dass grundsätzlich die Richtlinie gilt: Je später ein Fehler entdeckt wird, umso höher sind die Kosten. Ziel muss es daher sein, Fehler frühzeitig aufzudecken, um einen Kompromiss zwischen kostenoptimaler Qualität und Qualitätsniveau im Sinne der Kundenanforderungen herstellen zu können. Die Erfahrung aus verschiedenen Industrieunternehmen zeigt, dass die Fehlerkosten in jeder Phase von der Produktdefinition bis hin zum Einsatz beim Kunden um den Faktor 10 steigen. Daraus ableitend reicht es für die Zukunftsfähigkeit nicht mehr aus, die Einteilung der Qualität und deren direkte Kosten zu verwenden, sondern es sind auch die Nonkonformitätskosten (Aufwand zur Nachbesserung, Reklamationsbearbeitung, Schadensersatz) über alle Funktionen einzubeziehen. Mit bisher bekannten Konzepten wie Total Quality Management und Six Sigma wurden nur teilweise Verbesserungen erreicht, aber keine Null-Fehler-Qualität. Dieser ganzheitliche Ansatz kann nur durch Veränderung der Verhaltensqualität erreicht werden. Dies bedeutet auch, dass die Verhaltensqualität der Mitarbeiter über die gesamte Wertschöpfungskette angepasst werden muss. Mögliche Konzepte für eine verbesserte Verhaltensqualität wie Poka Yoke oder Quality Gates stehen mit ihrem Nutzenpotenzial aber erst am Anfang der Entwicklung. Ein Qualitätssystem in der Produktion ist daher erst dann zukunftsfähig, wenn eine Rückübertragung der Qualität auf den Mitarbeiter erfolgt. Das System muss hierbei sicherstellen, dass keine Fehler weitergegeben werden und zum Kunden durchdringen. Dies kann sowohl am Durchdringungsgrad der Methoden festgemacht werden als auch an den organisatorischen Unternehmensregelungen, beispielsweise durch die Rückführung von Fehlern am Entstehungsort bei gleichzeitiger Produkt- und Prozessoptimierung.

Kundenorientierung

Indem Kunden durch die Bedarfe und Kaufkraft Umsatz generieren, wird über den Erfolg von Unternehmen und Produkten entschieden. Die Produktion ist für die Produkterstellung verantwortlich und ist

daher an den Kunden auszurichten, um eine ganzheitliche Kundenorientierung im Unternehmen umsetzen zu können. Kundenorientierung bedeutet, dass eine radikale, auf die Bedürfnisse der Kunden
ausgerichtete Neugestaltung aller Geschäftsprozesse vorgenommen
wird. Hierbei zählt nicht der singuläre Erfolg einzelner Bereiche,
sondern das Gesamtergebnis des Unternehmens. Dies hängt davon
ab, wie zufrieden der Kunde mit den Leistungen des Anbieters ist.
Bestehende Produktionssysteme zeigen häufig Defizite bei der Kun-
denausrichtung. Kundenorientierung wird als Marketingaspekt, nicht
als Bestandteil der Produktion gesehen. Dies zeigt sich darin, dass
Produktionsstätten vom Kunden abgekoppelt werden, indem die Er-
gebnisbeiträge zum größten Teil über die Erfüllung geplanter Kos-
tenbudgets beurteilt werden sowie in der oft fehlenden echten Kun-
den-Lieferanten-Beziehung zwischen verschiedenen Organisationseinheiten. Die einzelnen Elemente des Produktionsnetzwerkes, oder
weitergegriffen der Wertschöpfungskette, verstehen sich als funktionale Einzelteile und nicht als Elemente eines unternehmens- und
organisationsübergreifenden Netzwerks, die nicht vom Markt, sondern über kostenorientierte Verrechnungspreise gesteuert werden.
Wirkliche Kundenorientierung erfordert ein radikales Umdenken. Es
gilt, die Wertsteigerung des Unternehmens mit der Wertgestaltung in
der Produktion durch Produkte und Services für den Kunden gleichzusetzen. Ein subjektiver Mehrwert für den Kunden bedeutet gleichzeitig eine Wertsteigerung des Unternehmens. Durch die Verbesserung werden die Bedürfnisse und Wünsche des Kunden besser berücksichtigt und Kunden an das Unternehmen gebunden. Forschun-
gen zeigen, dass eine hohe Kundenzufriedenheit einen Wiederho-
lungskauf sechs Mal wahrscheinlicher macht. Zwölf positive Erleb-
nisse wiegen hierbei ein negatives auf, wobei 95 % der sich beschwe-
renden Kunden treu bleiben, wenn der Anbieter das Problem inner-

halb von fünf Tagen löst. Der Kunde ist dabei jemand, der seine Wünsche ins Unternehmen bringt. Die Aufgabe der Mitarbeiter ist es, diese gewinnbringend für den Kunden und das Unternehmen zu erfüllen. Der Kunde ist somit nicht vom Unternehmen abhängig, sondern das Unternehmen vom Kunden. Dieser Kundenkontakt wird nicht als „Unterbrechung" des Tagesgeschäfts angesehen, sondern als Hilfe zur Übersetzung der Kundenwünsche. Es gilt die Zielgrößen der Produktion von der klassischen Zielgröße Auslastung hin zu einer optimalen Kombination aus Kosten, Qualität und Zeit zu entwickeln. Mögliche Leistungspunkte sind Liefertreue, Lieferzeit oder auch die Reaktionszeit auf Kundenwünsche. Dabei sollte nicht alleine die Umsetzung der Kundenbedürfnisse im Fokus des Managements liegen, vielmehr die „intelligente" Übersetzung in Produkte und Prozesse. Dies hat Implikationen auf den Ressourcenverbrauch zur Folge, aber auch auf die Art und Weise, wie das System umzusetzen ist (One-Face-to-the-Customer) zur Folge. Hierbei sind Prozesse und die Wertschöpfung von außen nach innen zu gestalten. Für die Erstellung von individualisierten Produkten sollte Ziel sein, eine Standardisierung nach innen zu erreichen, jedoch zeitgleich eine Individualisierung nach außen zu verfolgen. Dabei sind Over Engineering und die damit verbundene Verschwendung zu vermeiden. Hierfür gilt es, vorhandene Komplexität abzubauen, notwendige Komplexität zu beherrschen sowie interaktives soziales Lernen zu ermöglichen. Dieser vom Markt ausgehende Prozess erfordert die frühzeitige Einbeziehung aller an der Realisierung einer Leistung beteiligten Parteien sowie der weitgehenden Parallelisierung von Einzelaktivitäten in Entwicklung, Konstruktion und Produktionsvorbereitung im Sinne eines Reverse Engineering. Durch das Reverse Engineering wird der Produktionsprozess vom Markt aus gestaltet und sichergestellt, dass die Kundenwünsche in Bezug auf Qualität, Zeit und Kosten berücksichtigt werden. Die Produktgestaltung befindet sich im Spannungs-feld zwischen der Erfüllung der Kundenwünsche, der technischen Möglichkeiten und der Kostenminimierung. Das Ziel des Unterneh-mens ist es daher, herauszufinden, für welche Leistung der Kunde bereit ist zu zahlen. Hierbei gewinnen auch Aspekte der Zeit, wie beispielsweise die Erfüllung von Sonderwünschen oder die schnelle Beseitigung von Störungen, an Bedeutung. Neue Technologien kön-nen möglicherweise erst bei Markteinführung einen neuen Bedarf wecken. Auf Funktionen, die dem Kunden keinen Mehrwert bringen oder vom Kunden nicht gewünscht sind, sollte zur Einsparung von Kosten verzichtet werden. Kundenwünsche sollen folglich vor der eigentlichen Produktion untersucht werden und frühzeitig in die Ent-wicklung einbezogen werden. Auch die optimale Wahl des Varian-tenbestimmungspunktes spielt hier eine Rolle, um die interne Kom-plexität möglichst gering halten zu können. Außerdem wird der rich-tige Zeitpunkt für die Markteinführung neuer Produkte in diesem Zusammenhang immer wichtiger, um einen Wettbewerbsvorteil ge-genüber der Konkurrenz erreichen zu können. Wer zu spät kommt, der hat nur wenige Möglichkeiten sich am Markt zu platzieren und dabei Gewinne zu realisieren. Es gilt das richtige Timing zu finden, um zeitoptimal produzieren zu können und eine optimale Time-to-Market zu erreichen. Zeitoptimal kann sich dabei sowohl auf die Produktentwicklung als auch auf die Produktion selbst beziehen. Unter der Prämisse der Kundenorientierung kann es notwendig wer-den die Möglichkeit eines Outsourcings neu zu bewerten. Selbst wenn es finanziell oder organisatorisch gangbar erscheint, Teile der Produktion zu verlagern, kann die Beachtung einer nachhaltigen Kundenorientierung wichtig sein. Dies zeigt sich darin, dass die Schnelligkeit auf Kundenwünsche zu reagieren und ein enger Kon-takt zum Kunden höher bewertet werden. Auch ein Insourcing ist in vielen Fällen zu überprüfen. Die Zukunft der Produktion besteht in vielen Fällen in einer Produktion auf Kundenauftrag (Build-to-Order), da sich Unternehmen eine Produktion auf Lager oft nicht mehr leisten können oder wollen. Die Produktion der Zukunft stellt Güter her, die der Kunde direkt zuvor geordert hat, nicht Güter, die der Kunde eventuell in der Zukunft einmal bestellen wird. Die Liefertreue für Kundenwunschtermine entwickelt sich dabei zu einem Unterscheidungsmerkmal, das für die Kunden kaufentscheidend ist. Auch gilt es zu klären, wie Entkopplungspunkte in der Produktionssteuerung optimal gesetzt werden können. Dies hat einen hohen Einfluss auf die tatsächliche Produktion und die Frage, bis wohin kundenorientiert produziert wird und ab wann prognoseorientiert produziert wird. Hierbei spielt auch die Entscheidung eine Rolle, ob kleine Aufträge anstelle eines großen produziert werden, um Nachfrageschwankungen ausgleichen zu können. Daneben ist die strategische Ausrichtung von entscheidender Bedeutung. Das Unternehmen muss sich entscheiden, ob es die Kosten- oder Qualitätsführerschaft anstrebt. Stuck-in-the-Middle muss vermieden werden. Hierbei kann die Qualität als die Erfüllung von Kundenbedürfnissen beschrieben werden. Für eine Qualitätsführerschaft kann es notwendig sein, Mehraufwand zu betreiben, um bessere Qualität zu erhalten. Das langfristige Überleben am Markt darf aber nicht gefährdet werden. Es gilt, qualitativ besser zu sein als die Konkurrenz, aber dennoch Gewinn zu erzielen. Zukunftsfähige Produktionssysteme schaffen Kundenorientierung durch die Ausrichtung an marktorientierten, intern kalkulierten Verrechnungspreisen sowie der Nachhaltung interner Kunden-Lieferanten-Beziehungen. Diese sollten anstelle einer fehlerursachenorientierten Nacharbeitsverrechnung, die zu hohen Fehlerraten und Fehlerverwaltungskosten führt, auf einem First-Time-Quality-Ansatz basieren. Ein zukunftsfähiges Produktionssystem

erfordert daher nicht nur kundenoptimale, wertschöpfende Produktionsprozesse, sondern auch exzellente administrative Prozesse, die
optimal mit der Produktion synchronisiert sind. Dazu gilt es, Konzepte und Methoden zur Abstimmung von Produktionsplanung und
-steuerung mit zukunftsfähigen Kosten- und Leistungsgrößen der
Produktion abzugleichen.

Mitarbeiterorientierung

Die mikro- und makroökonomischen Auswirkungen von Verlagerun-
gen von Produktionsstätten ins Ausland sind zweischneidig. Generell
erhofften sich Unternehmen eine Reduzierung der Kosten, indem
arbeitsintensive Fertigungsstufen in Niedriglohnländer verlagert wurden. Das größte Potenzial wurde hierbei im Personalbereich mit Kosteneinsparungen bei direkten und indirekten Personalkosten von
durchschnittlich 38 % vermutet. Die Betrachtung aktueller Trends
zeigt, dass sich Unternehmen zurzeit unter Berücksichtigung der
vorherrschenden Einflussfaktoren neu orientieren, Strukturen ver-
schlanken und Prozesse optimieren. Trotz dieser Einschnitte sind die
Innovationsfähigkeit von Unternehmen und damit die Wettbewerbsfähigkeit der Produktion in Deutschland zu sichern. Dafür ist ein
hohes Qualifikationsniveau der Mitarbeiter notwendig, um durch
stetigen Wandel und Erneuerung, den dauerhaften Erfolg eines Unternehmens sicherzustellen. Die Produktionsprinzipien auf der Mik-
roebene hängen stark von der Landeskultur und der Qualifikation der
Mitarbeiter ab. Die Ursache vieler Misserfolge in der Produktion liegt
vor allem darin, dass Führungskräfte und Mitarbeiter langsamer lernen, als sich der Markt und die Konkurrenz verändern. Neben dem
„richtigen" Lernen geht es um das schnelle und pulsartige Lernen.
Durch steigenden Entwicklungsaufwand und kürzere Entwicklungszeiten ist es nicht mehr ausreichend, sich auf lineare Verbesserungs-

prozesse zu berufen, sondern eine Veränderung des Denkens zu erreichen. Soll-Ist-Abweichungen sind zu messen, aber es müssen auch Lernziele formuliert und das unternehmerische Handeln ist auf Kunden- und Wettbewerbsvorteile auszurichten. Unter Beachtung der Besonderheiten der betrachteten Produktionssysteme, ergeben sich Prinzipien und Methoden, die Potenziale der Produktion optimal ausschöpfen. Beispiele sind die Fertigungssegmentierung, die Gruppenarbeit oder auch Total Productive Maintenance, die allesamt eine tendenziell dezentrale und selbstverantwortliche Organisationsform voraussetzen, in der die Mitarbeiter mehr Handlungsspielraum als bei einer reinen Massenfertigung haben. Unternehmen sind daher darauf angewiesen mit der Ressource „Mensch" nachhaltig zu wirtschaften, um das hohe Qualifikationsniveau vollständig zu nutzen und lösungsorientierte, generalistisch orientierte Mitarbeiter anzuziehen und zu motivieren. Mitarbeiterorientierung bedeutet hierbei, das Potenzial der Mitarbeiter im Sinne der Unternehmensstrategie, der Sicherstellung der Qualität und Stabilität des Systems einzusetzen sowie diese kontinuierlich weiterzuentwickeln. Dies setzt auch Autonomie und unternehmerischen Freiraum voraus, wie er im Ansatz des „Unternehmers im Unternehmen" diskutiert wird. Untersuchungen zeigen, dass ein großes Unternehmen mit einfachem Geschäftsmodell verhältnismäßig wenige Unternehmertypen benötigt, wohingegen in kleinen Unternehmen mit komplexem Geschäftsmodell oft jeder Mitarbeiter ein Unternehmer sein sollte. Es stellt sich die Frage, ob ein Unternehmer an der Spitze ausreicht oder zukünftig auch das Mittelmanagement sowie jeder Einzelne unternehmerisch handeln muss? In diesem Kontext liegt der Erfolg im richtigen Zusammenspiel und dem Spagat aus „Können", „Wollen" und „Dürfen". Selbständige Unternehmertypen können sich nur herausbilden, wenn ein ausgewogenes Verhältnis zwischen allen Dimensionen besteht. Ziel jedes

Unternehmens ist es, die drei Faktoren zu optimieren. Auf diese Weise kann durch die hohe Leistungsfähigkeit der Mitarbeiter ein Wettbewerbsvorteil gegenüber der Konkurrenz aufgebaut werden, indem die Qualität der ausführenden Tätigkeiten verbessert und Flexibilität gewonnen wird. „Können" betrifft die Ausbildung des Mitarbeiters und die Versorgung des Mitarbeiters mit den notwendigen Ressourcen wie Informationen oder Material. Dieser ist in die Lage zu versetzen, auf Basis seiner Qualifizierung, die Tätigkeit auszuüben. Das Know-how der Mitarbeiter wird zu einer entscheidenden strategischen Variable zur Steigerung des Unternehmenswerts. Dies gewinnt auch an Bedeutung, indem der Kontakt des Mitarbeiters zum Kunden genutzt wird, um Marktentwicklungen frühzeitig erkennen und die Leistungen des Unternehmens darauf abstimmen zu können. „Dürfen" bedingt die organisatorischen Voraussetzungen, die gegeben sein müssen sowie die notwendigen Freiräume. Diese Thematik zeigt sich insbesondere bei der Aufhebung der Trennung ausführender und dispositiver Tätigkeiten und der Integration indirekter Bereiche in die Produktion. Diese Systeme müssen den Mitarbeiter als entscheidendes Bindeglied in den Mittelpunkt stellen, so dass er nicht nur ausführende Tätigkeiten durchführt, sondern die fertigungsnahen indirekten Tätigkeiten eigenständig übernimmt, darüber hinaus den kontinuierlichen Verbesserungs- und Erneuerungsprozess durchführt, ohne in Monotonie zu verfallen. „Wollen" ist abhängig von der Motivation des Mitarbeiters. Letztlich ist es die Rolle des mittleren Managements als Motivationstreiber und Initiator von Qualifikationsmaßnahmen zu fungieren. Das mittlere Management ist Übersetzer der Vision des Top Managements, um die Mitarbeiter zu motivieren und Neues anzugehen. Diesen wiederum obliegt die Aufgabe zur Erzeugung von Qualität in Produkten und Prozessen. Dazu ist eine strategische Sicherheit auf der oberen Ebene zu gewährleisten. Dies ist Aufgabe des

Unternehmers. Er sollte strategische Sicherheit herstellen und die eigene Position ständig hinterfragen. Nach der Evolutionstheorie sind so Innovationen, Konkurrenzkampf, Eliminierung des Untauglichen und die dialektische Entwicklung neuer Geschäftsmodelle Teil des unternehmerischen Daseins. Der Unternehmer muss sein Unternehmen neu erfinden. Zusätzlich gilt es, die spezifischen Eigenschaften der Produktion optimal durch geeignete Konzepte und Methoden zu unterstützen. Die Kombination von flexiblen Arbeitszeitmodellen beispielsweise durch Arbeitszeitkonten und Arbeitszeitregelungen wie kurzfristige Schichtausfälle mit einer hoch qualifizierten Belegschaft, ist ein wichtiger Stellhebel zur Beherrschung der volatilen Produktion. Der Mitarbeiter kann so noch stärker Teil des Unternehmens werden. Dies führt insbesondere zu mehr Ergebnis- und Leistungsorientierung bei der Entlohnung und höherer Flexibilität bezüglich der Einsatzmöglichkeiten in unterschiedlichen Ebenen, Funktionen und Standorten des Unternehmens.

Ergonomie

Insbesondere in Deutschland stellt der demografische Wandel vor allem personalintensive Unternehmen vor große Herausforderungen. Die zentrale Aufgabe besteht hierbei im Erhalt der Leistungs- und Innovationsfähigkeit auch mit einer im Schnitt älteren Belegschaft. So wird nach einer Prognose bei BMW beispielsweise das Durchschnittsalter der inländischen Mitarbeiter von 43 Jahren in 2010 auf 46 Jahre in 2020 steigen und der Anteil der Mitarbeiter, die älter als 45 sind, wird bei 58 % liegen. Ansatzpunkte sind speziell auf die Mitarbeiter ausgerichtete Programme, die den jeweiligen demografischen Wandel berücksichtigen. Die BMW Group hat deshalb an einem ausgewählten Pilotstandort das Programm „Heute für Morgen" eingeführt, welches auf die Themen Gesundheitsmanagement und

Prävention, Qualifizierung und Kompetenzen, individuelle Lebensarbeitszeitmodelle sowie die Gestaltung des Arbeitsumfelds fokussiert. Besonders im Blickpunkt steht hier die ergonomische Beanspruchung der Mitarbeiter während ihrer Tätigkeit in der Arbeitswelt. Ziel ist es, Arbeitsplatz und Arbeitsorganisation so zu gestalten, dass jegliche Schädigung der Mitarbeiter ausgeschlossen ist, Mitarbeiter mit Einschränkungen an möglichst vielen Arbeitsplätzen eingesetzt werden können und darüber hinaus alle Mitarbeiter durch die Arbeit fit gehalten werden. Hierzu müssen die derzeitigen Beurteilungs- und Bewertungsmethoden wissenschaftlich weiterentwickelt werden, um Verbesserungen gezielt durchführen zu können. Die Einflussgrößen auf die ergonomische Beanspruchung sind sehr vielfältig: Produkt, Fertigungskonzept, Prozessgestaltung, Betriebsmittel, Arbeitsplatzgestaltung, Arbeitsorganisation und sogar individuelle Eigenschaften der Mitarbeiter wie beispielsweise die Körpergröße. Das bedeutet, dass vom Entwickler über Planer, Industrial Engineer, Personalsachbearbeiter bis zum betrieblichen Vorgesetzten alle die Ergonomie beeinflussen. Es müssen neue Regelprozesse innerhalb des Produktentstehungs- und Produktionsprozesses erarbeitet und Bausteine der Produktionssysteme ergänzt oder umgestaltet werden. So gilt es beispielsweise, die Arbeitsinhalte in einem Montagebandabschnitt so zuzuordnen, dass innerhalb eines Teams bei der Rotation über verschiedene Arbeitsplätze die jeweilige Beanspruchung hinsichtlich Art, Körperteil und Zeitdauer wechselt. Auch muss eine Parametrisierung der Arbeitsplätze entwickelt werden, die es dann ermöglicht, mit Hilfe von Personal-Arbeitsplatz-Management-Systemen die individuellen Eigenschaften der Mitarbeiter mit den Charakteristika der Arbeitsplätze zu vergleichen und so sicher zu stellen, dass jeder Mitarbeiter auf Arbeitsplätzen eingesetzt wird, auf denen er auch 100 Prozent Leistung erbringen kann, ohne überlastet zu werden oder nach-

haltige Schädigungen erfährt. Ergonomisch gute Arbeitsplätze vermeiden uneffektive Bewegungen, unsichere Handgriffe, Ermüdung,
Schmerzen, Verschleiß usw. Die Folgen sind höhere Produktivität,
Qualität und schließlich mehr Freude bei der Arbeit. Die Betrachtung
der Mitarbeiter als Quelle für Produktivität und Innovation in Produktionssystemen ist die Voraussetzung zur Adaption zukünftiger
Anforderungen.

Nachhaltigkeit und Ressourceneffizienz

Durch die öffentliche Diskussion und das zunehmende Auftreten von
staatlichen Restriktionen werden Unternehmen verstärkt dazu angehalten, die ökologische, ökonomische und soziale Dimension der
Nachhaltigkeit mehr zu beachten, den Ressourceneinsatz möglichst
schonend zu gestalten und den CO_2-Ausstoß zu reduzieren. BMW
setzt dieses Vorgehen konsequent in eine nachhaltige Gestaltung der
Gelenkwellenfertigung um. BMW berücksichtigt in einer nachhaltigen Fertigung sowohl ökonomische, soziale als auch ökologische
Aspekte. Auf diese Weise wird im Produktionssystem 2017 eine
altersgerechte Fertigung erreicht, die BMW dabei unterstützt, die
Produktivität der Fertigung trotz zunehmender Alterung in der Belegschaft aufrechtzuerhalten. Das Kreislaufwirtschaftsgesetz, das Erneu-
erbare-Energien-Wärmegesetz, die Lkw-Maut oder der Emissions-
schutz durch den Zertifikatehandel sind Beispiele, die die Komplexität des deutschen Umweltrechts verdeutlichen. Indirekt erlegen auch
die Konsumenten den Unternehmen Umweltrestriktionen auf, da sie
sensibler werden, „grüne" Produkte bevorzugt kaufen und hierfür zu
einer Mehrpreisfähigkeit bereit sind. Belegt wird dies auch durch das
hohe Wachstum im Maschinen- und Anlagebau für regenerative
Energien, das zwischen 2004 und 2008 etwa 15 % betrug. Auch ist in
Nachhaltigkeitsberichterstattungen vermehrt nachzulesen, dass die

Einkaufsabteilungen ihren Lieferanten strengere Nachhaltigkeitsforderungen abverlangen. Produktionssysteme sind daher präventiv so zu gestalten, dass sie den Nachhaltigkeitsforderungen der unterschiedlichen Anspruchsgruppen situativ gerecht werden können. Nachhaltigkeit und Ressourcenschonung werden in der Produktion durch drei unterschiedliche Zielsetzungen erreicht, die im Folgenden beschrieben werden. Unternehmen verfolgen die Zielsetzung, extern auferlegte Restriktionen zu erfüllen. Ressourcenschonung und Produktivitätssteigerung zielen auf eine maßgebliche Kosteneinsparung und somit auf höhere Handelsspannen. Auch führt die Ökologisierung der Produktion zu einem besseren Image der Unternehmen in der Gesellschaft und damit auch zu einer Steigerung des Unternehmenswertes. Vor dem Hintergrund der steigenden Energiepreise und der Tatsache, dass etwa 30 % der Energie in Deutschland von der Industrie genutzt wird, besteht hier ein Kosteneinsparungspotenzial. So haben die Energiekosten durchschnittlich etwa einen Anteil von 6 % an den Gesamtkosten, wobei die Varianz von 1 % bis 30 % reicht. Das Ziel für zukunftsweisende Produktionssysteme ist somit die eingesetzte Ressourcenmenge zu minimieren (Ressourceneffizienz). Ein nicht zu vernachlässigender Effekt ist die damit verbundene, niedrigere Abhängigkeit von den Rohstoffmärkten. Ein Indikator für den enormen Handlungsbedarf ist, dass die Energieproduktivität gegenüber der Arbeitsproduktivität ein erhebliches Aufholpotenzial hat. Zwischen 1950 und 1991 stieg die Arbeitsproduktivität in Deutschland um den Faktor 4,2, wohingegen sich die Energieproduktivität im gleichen Zeitraum nur um den Faktor 2,1 erhöhte. Zur Verbesserung der Energieeffizienz gilt es, verschiedene Prozessalternativen auf Betriebsmittel- und Layoutgestaltung zu prüfen und auch in operativen Schritten, wie der Produktionsplanung und -steuerung energieorientierte Kriterien in Entscheidungen einfließen zu lassen.

So bieten viele Hersteller von Produktionsanlagen erste Produktgenerationen mit Energiesparprogrammen an und weisen darauf hin, dass die Produkte wiederum mit energiesparenden Anlagen produziert wurden. Es wird erwartet, dass sich diese positive Korrelation künftig in Wertschöpfungsnetzen weiter ausbreitet, proaktiv nachhaltigere Produkte bevorzugt und sich die Märkte für ressourcenschonende Maschinen, die selbst nachhaltig produziert wurden, deutlich vergrößern werden. Energieflussanalysen stellen eine geeignete Möglichkeit dar, durch die Visualisierung von Haupt- und Nebenzeiten den Energieverbrauch der Produktion zu prognostizieren und darüber hinaus die Kosten für Energiebezug und Emissionsrechte abzuschätzen. Auf Basis dieser Informationen können Einsparungen im Energieverbrauch monetär bewertet und in eine Total-Cost-of-Ownership-Betrachtung integriert werden. Durch eine transparente und nachvollziehbare Kommunikation von tatsächlichen Nachhaltigkeitserfolgen und Ressourceneinsparungen an die Abnehmer können sich die Margen erheblich verbessern. Großabnehmer und OEM gehen vermehrt dazu über, Nachhaltigkeitsforderungen in Ausschreibungen aufzunehmen und in Lieferantenverträgen zu fixieren. Als eines der erfolgreichsten Nachhaltigkeitsrankings hat sich der Dow Jones Sustainability Index herausgestellt. Er fokussiert hauptsächlich auf die Zielgruppe der Investoren und weist branchenspezifische Auswertungen aus. Zielführend vor allem für kleine und mittelständische Unternehmen aus dem produzierenden Gewerbe ist es auch, eine Öko-Zertifizierung etwa nach der ISO 14001 zu erreichen. Auch organisatorisch wird sich das Produktionsmanagement in Hinblick auf die Ressourceneffizienz weiterentwickeln. Wege, Zeiten und Produktionsschritte sollten minimiert und das Potenzial vorhandener Ressourcen optimal ausgenutzt werden. Dem Management stehen hierzu auch stetig bessere technische Lösungen zur Verfügung. So ermöglichen es RFID-Chips mittlerweile, dass Güter im Produktionsprozess genau nachverfolgt werden können und die Ressourcen für den jeweils nächsten Produktionsschritt exakt bereitgestellt werden können. Leerlaufzeiten und vorgehaltene Überkapazitäten können so in der gesamten Wertschöpfungskette proaktiv vermieden werden. Die zeitkritische Elektronikindustrie kann hier stark profitieren. Um die richtigen Investitionen in Nachhaltigkeitsmaßnahmen tätigen zu können, ist es notwendig, herauszufinden, welches das optimale Maß an Nachhaltigkeit in der Produktion ist und welche ressourcenschonenden Maßnahmen priorisiert umgesetzt werden sollen. Hierfür gilt es auch, Methoden zu entwickeln, mit denen man die Nachhaltigkeit in die Investitionsrechnung mit einbeziehen kann. Als Herausforderung wird gesehen, die qualitativen Nachhaltigkeitserfolge, wie etwa höhere Mitarbeiterzufriedenheit, in die quantitative Kosten-/Nutzen-Rechnung mit einzubeziehen. Die Ressourcenschonung ist nicht nur ein punktuelles Entwicklungsfeld von zukünftigen Produktionssystemen, sondern nimmt auf alle Bereiche der Produktion Einfluss. Dies wird bei der Betrachtung von Grundstücken, Gebäuden und Ausstattung von Produktionsstätten deutlich. In diesem Bereich bestehen hohe Energie- und Kosteneinsparpotenziale, die etwa durch flexible und wandlungsfähige Raumkonzepte gehoben werden können. Ungenutzte Flächen können durch solche Raumkonzepte von der Versorgung abgekoppelt, verbleibende Produktionsstrukturen auf engem Raum zusammengefasst und Transportwege des Materials minimiert werden. Ansatzpunkte für die Erhöhung der Energieeffizienz sind aber auch bei den Bauwerken, der Energieversorgung oder den Grundstücken zu identifizieren. Die genaue Herkunft von Materialien ist sowohl bei den Produktionsstätten als auch den Produktionsgütern zu berücksichtigen. Mögliche Parameter für die Entwicklungsstufen der ressourcenschonenden Nachhaltigkeit sind etwa die

Quote der klimaneutralen Energieversorgung, der CO_2-Footprint oder die Ressourceneffizienz. Nur wenn solche definierten Elemente in die Reifegradbestimmung mit aufgenommen werden, wird die notwendige Berücksichtigung der Nachhaltigkeit auch gewährleistet. Höchste Entwicklungsstufe ist die Klimaneutralität. Neben der Sicherstellung der nachhaltigen Entwicklung im eigenen Unternehmen gewinnt auch die Umsetzung von Ressourcenschonung in gesamten Produktionsnetzwerken stärker an Bedeutung. Da jeder Partner einer Wertschöpfungskette für den Nachhaltigkeitsgrad des Endproduktes verantwortlich ist, gilt es alle Unternehmen mit einzubeziehen. Zukunftsfähige Produktionssysteme weisen daher standardisierte Nachhaltigkeits-Schnittstellen auf, anhand derer verbindliche Vereinbarungen mit den Wertschöpfungspartnern getroffen werden können. In diesem Sinne ist „Green" gleich „Lean" und hilft die Effizienz von Produktionssystemen zu steigern.

Innovationen im Produktionssystem

Genau wie Innovationen, die von der Entwicklung bis zur möglichen Marktreife kontinuierlich, beispielsweise mit Cost Engineering oder Komplexitätsmanagement, weiterentwickelt werden, sind Produktionssysteme weiterzuentwickeln. Die Weiterentwicklung oder Neuerung der Produktionssysteme im Sinne einer stetigen Verbesserung mit höherer Effizienz und Effektivität ist Aufgabe der Produktion. Innovationsfreudig bedeutet dabei, Produkte, Prozesse, Organisationen und Maschinen so zu gestalten, dass Innovationen unterstützt, Kundenanforderungen schnell adaptiert und die Time-to-Market möglichst kurz gehalten werden können. Zur Steigerung der Wettbewerbsfähigkeit sollten das technische System, die Organisation und die Mitarbeiter als Stellgrößen im Optimierungsprozess berücksichtigt werden. Das technische System und die Organisation definieren sich vor allem durch das Produkt und die Produktionsprozesse sowie durch vorhandene Netzwerkstrukturen. Ein Wettbewerbsvorteil entsteht dadurch, dass das Produktionssystem befähigt wird, Ideen und Innovationen zu realisieren und die Experimentierfreudigkeit zielgerichtet zu fördern und weiter zu stärken. Bei der Betrachtung der Stellgrößen der Herstellkosten eines Produktes wird deutlich, dass die produktionsgerechte Produktgestaltung mit einem Anteil von 50 % die größte Auswirkung auf die Fertigungskosten hat. Eine Optimierung kann mittels einer Produktklinik erfolgen und die Herstellkosten um bis zu 25 % gesenkt werden. Umsatzsteigerungen lassen sich durch einen intelligenten Service erzielen. Hierbei gilt es, einen Rückfluss des Produktions-Know-hows in die Produktentwicklung zu gewährleisten, der die Produktion optimal am Produktionsprozess ausrichtet. Die Optimierung der Produktionsprozesse führt zu einer Verbesserung der Kostensituation um 25 % und kann vom Unternehmen beeinflusst werden. Hierbei zeigt sich die hohe Bedeutung der Standardisierung und der ständigen Weiterentwicklung der Produktionsprozesse. Zur Steigerung der Innovationskompetenz ist insbesondere das Konzept der Lead Factory in einem globalen Wettbewerb von Bedeutung, um bei flachen Entscheidungshierarchien im internationalen Produktionsnetzwerk, einheitliche Standards in primären Bereichen wie der Qualität durchzusetzen. Dies hängt stark mit den Fähigkeiten der Mitarbeiter, die einen wesentlichen Anteil an der Entwicklung neuer Ideen haben, zusammen. Der Austausch und die standardisierte Zusammenarbeit der Mitarbeiter für einen Global Footprint ist dabei erfolgsentscheidend. Das Unternehmen muss mit Hilfe eines erfolgreichen Innovationsmanagements innerhalb einer Lead Factory Abläufe installieren, die die Kreativität der Mitarbeiter zu Tage fördern. Hierbei ist auf die Stärken des Standorts Deutschland hinzuweisen. Enge Kooperationen mit Universitäten im Bereich der angewandten Forschung helfen, neueste Erkenntnisse aus der Forschung im Unternehmen zu implementieren und Know-how-Cluster zu bilden. Dieses Know-how kann auch für Zulieferanten verfügbar gemacht werden. Generell nimmt die gemeinsame Wertgestaltung mit Lieferanten eine immer bedeutendere Rolle in der Zukunftssicherung einer Produktion am Standort Deutschland ein. Neue Fertigungstechnologien im Unternehmen oder bei Lieferanten eröffnen Potenziale. Die Prozessoptimierung bei Lieferanten erfordert eine Offenlegung, die nicht grundsätzlich erwartet werden kann. Hier sind Motivation und partnerschaftliches Arbeiten von großer Bedeutung. Die Analyse der Kostenstruktur, inklusive der Deckungsbeiträge bei den Lieferanten, ist in der Automobilindustrie im Rahmen einer Open-Book-Strategie häufig praktiziert worden. Es erleichtert den partnerschaftlichen Umgang der Unternehmen miteinander, viele Zulieferer zeigen jedoch große Zurückhaltung in der Offenlegung der Kosten. Die Quersubventionierung von Produkten soll keine ineffizienten Strukturen verdecken, sondern als Möglichkeit einer ausgewogenen Berechnung zur Herstellkostensenkung dienen.

Wachstumsorientierung

Wachstum wurde in der Vergangenheit häufig mit Investitionen in neue Anlagen zur Erhöhung der Fertigungskapazität gleichgesetzt. Durch die Verlagerung von Wachstumsfeldern insbesondere in die BRIC-Staaten, ergeben sich neue Anforderungen an die Produktion und an die Nutzung der Kapazitäten im Bereich des Personals, wie der Verfügbarkeit von Rohmaterialien. Ein intelligentes und profitables Wachstum ist unumgänglich, um im Wettbewerb nicht zurückzufallen. Konzepte, die in Wachstumszeiten mit Erfolg eingesetzt wurden, haben in Krisenzeiten oft positive Wirkung verloren. Für nachhaltiges Wirtschaften ist Wertsteigerung optimal zu adressieren. Die

Gegenentwürfe zum quantitativen Wachstum sind qualitatives Wachstum durch differenzierte Strategien, wie Produkte durch Service ergänzen, um Kundenprobleme zu lösen, Wertsteigerung durch Kostenmanagement in der gesamten Wertschöpfungskette durchführen, Modularität erreichen, um flexibel, störungsfrei und kundenindividuell werden zu können und Investitionen in Zukunftstechnologien, die am Standort Deutschland wirtschaftlich zu erzeugen sind. Durch die Einbeziehung von Serviceleistungen als Wachstumstreiber in die Planung, kann „intelligentes" Wachstum erreicht werden. Hierfür ist eine enge Anbindung an die Fertigung notwendig. Dies sollte optimal im Produktionssystem abgebildet und durch eine Gleichberechtigung von Produkten und Services ausgestaltet werden. Indem Services in der Produktion analog zu traditionellen Produkten behandelt werden – die Produktion von Services – lässt sich eine zunehmende Professionalisierung der Service-Bereitstellung erreichen. Dies zeigt sich insbesondere in einer kontinuierlichen Rückkopplung von Service/Sales mit der Produktion. Im Mittelpunkt steht die kundenorientierte Entwicklung neuer Technologien und Produkte. Durch optimale Produkt-Service-Kombinationen in Form von hybriden Leistungsbündeln lassen sich neue Umsatzpotenziale erschließen und die Kundenbindung verstärken. Das Unternehmen steht vor der Herausforderung, eine enge „Verzahnung" zu gewährleisten, um einen optimalen Vertrieb zu unterstützen und bei Abweichungen gegensteuern zu können. Im Zuge der Zukunftssicherung ist es von großer Bedeutung, die zunehmend volatile Nachfrage zu beherrschen, die Fixkosten zu reduzieren und Wachstum nicht auf Kosten der Produktivität zu erzielen. Hierfür ist es wichtig, sich die mit Wachstum verbundenen Wettbewerbsvorteile vor Augen zu führen. Es sollte ein strukturierter Prozess verfolgt und anschließend in das Produktionssystem implementiert werden, der erst interne Prozesse verbessert, Wettbewerbsvorteile generiert und anschließend Wachstum anstrebt. Ein wichtiger Hebel ist der Aufbau einer modularen Organisation im Kontext adaptiver Produktionskapazitäten. Ziel ist es, eine Fabrik so zu segmentieren, dass einige Segmente wachsen können und andere zusammengeführt werden. Ein modularer Aufbau der Produktion durch die Implementierung flexibler Fabriklayouts ermöglicht eine erhöhte Volumenflexibilität der Fertigung. Dabei spielt die Bildung von Fertigungssegmenten und ein abgestimmtes Out- und Insourcing-Konzept eine entscheidende Rolle. Es stellt sich die Frage, zu welchem Zeitpunkt sich ein Outsourcing bestimmter Bereiche der Fertigung anbietet oder notwendig ist. Eine weitere Möglichkeit profitables Wachstum zu unterstützen, ist die optimale Abbildung und Lokalisation der Produktvielfalt im Produktionssystem, um auch Nischen bedienen zu können, aber keine überproportionalen Mehrkosten zu verursachen. Zur Realisierung dieses Ziels gilt es, auch das Zeitverhalten zu verbessern, also kurzfristig Aufträge realisieren zu können. Dies ist ein weiterer Vorteil einer optimalen Abbildung der Produktvielfalt. Möglichkeiten hierzu liegen in der Etablierung eines One-Piece-Flow, um eine Gesamtoptimierung des magischen Dreiecks Zeit, Kosten und Qualität zu erreichen sowie eine Standardisierung der Teile, um Kosten zu sparen. Hierbei bietet sich auch die Anpassung des Produktionsnetzwerkes an, um die Einführung neuer Produkte weltweit simultan zu ermöglichen und damit Wettbewerbsvorteile zu generieren.

Wertschöpfungskettenoptimierung

Die weltweiten, sich ständig neu knüpfenden Verflechtungen der Wirtschaft und die Vernetzung von Produktionsstätten verlangen von einem Unternehmen die Fähigkeit, ein internationales Wertschöpfungsnetzwerk zu gestalten, zu führen und die richtigen Funktionen der Wertschöpfung an die richtigen Standorte zu delegieren. Dies betrifft sowohl die Beschaffungs- als auch die Absatzmarktseite. Im globalen Wettbewerb der Automobilindustrie hängt die Wettbewerbsfähigkeit eines einzelnen Automobilherstellers inzwischen nicht mehr nur von traditionellen Faktoren ab, wie zum Beispiel der Produktivität oder der Innovationsfähigkeit, einer kostensparenden Produktion oder der schlanken Prozessgestaltung, sondern auch von der Gestaltung weltweiter Wertschöpfungsketten. Im Mittelpunkt steht dabei die Frage, wie die geographische Verteilung der Wertschöpfungsaktivitäten aussehen sollte, um gegenüber der Konkurrenz wettbewerbsfähig zu sein. Gleichzeitig ergibt sich aus der grenzüberschreitenden Durchführung von Wertschöpfungsaktivitäten der Bedarf, diese Aktivitäten aufeinander abzustimmen und in das gesamte Unternehmensnetzwerk zu integrieren. Automobilhersteller stehen also mit zunehmender Globalisierung vor der Herausforderung, ihre internationalen Wertschöpfungsketten möglichst vorteilhaft zu konfigurieren und zu koordinieren. Konfiguration, also die geographische Verteilung der Wertschöpfungsaktivitäten, und Koordination, also die Abstimmung dieser Aktivitäten, stellen gemeinsam die zwei Hebel dar, mit denen Unternehmen ihre internationalen Wertschöpfungsketten gestalten können. Durch die Tendenz zur Konzentration auf Kernkompetenzen (Outsourcing, Verringerung von Fertigungstiefe im Unternehmen) entwickeln sich zunehmend differenziertere und somit arbeitsteiligere Lieferketten. Scharfer Wettbewerb in globalen Märkten, kurze Produkteinführungszeiten (Time-to-Market), kurze Produktlebenszyklen und hohe Kundenerwartungen haben Lieferketten ins Zentrum betriebswirtschaftlicher Entscheidungen gerückt. Im Ergebnis konkurrieren auf den jeweiligen Zielmärkten nicht vertikal integrierte Einzelhersteller, sondern stattdessen komplex strukturierte alternative Lieferketten, die sich aus systemisch verbundenen, aber autonom agierenden unternehmerischen Einheiten zusammensetzen.

Wettbewerbsvorteile erlangen solche dezentral organisierten Systeme insbesondere durch eine marktadäquate Konfiguration ihrer Struktur sowie durch eine überlegene Koordination und Integration der autonom gesteuerten Aktivitäten in der Lieferkette. Bei der Wertschöpfungskettenoptimierung befasst man sich nicht nur mit dem System „Unternehmen", sondern mit dem System „Lieferkette". Die besonderen Eigenschaften des Gesamt-Systems „Lieferkette" ergeben sich aus dem spezifischen, dynamischen Zusammenwirken der Lieferkettenglieder. Diese Systemeigenschaften lassen sich nicht aus der Summe der Eigenschaften der beteiligten Einzelglieder ableiten, vielmehr treten als Ergebnis komplexer dynamischer Prozesse neue Eigenschaften des Gesamtsystems hervor. Schlüsselfaktor zur Optimierung des Gesamtsystems ist die Schaffung transparenter Informationsflüsse und Offenheit im Netzwerk. Als früher Ausdruck der Hinwendung der Industrie zu Wertschöpfungsketten-Management kann die etwa 1980 einsetzende Just-in-time-Produktion (JIT) angesehen werden. JIT zielt auf eine zeitlich eng koordinierte Kopplung der Produktionsprozesse von Hersteller und Lieferant. In einem weiteren Schritt wurde JIT zu JIS (sequenzierte Anlieferung von Teilen in der Produktionsreihenfolge) weiterentwickelt. Voraussetzung für eine erfolgreiche Umsetzung des JIT-/JIS-Gedankens waren neben der gezielten Flexibilisierung und qualitativen Stabilisierung der Leistungsprozesse auf der Lieferseite insbesondere die logistische Kopplung der Produktionsprozesse von Lieferant und Hersteller über die Verbrauchsermittlung, unter weitgehendem Verzicht auf Lagerbestände als Problempuffer sowie unter Verwendung standardisierter Ladungsträger und Prozesse. Die Herausforderung aller Automobilhersteller wird es in der Zukunft sein, stabile, nachhaltige, flexible, prozesssichere und global agierende Wertschöpfungsnetzwerke vom OEM bis zum Tier-3-Lieferant aufzubauen. Jeder Lieferant ist wiederum für seine Wertschöpfungskette verantwortlich. In diesen Wert-schöpfungsketten sind erhebliche Effizienzpotenziale identifizierbar, aber auch Risiken. Um diese Risiken zu erkennen und entsprechende Notfallpläne zu erarbeiten, bedarf es des Risk Managements der Wertschöpfungsketten und Wertschöpfungsnetzwerke. Dazu werden mittels einer Risikoanalyse des Unternehmens und seiner Wertschöp-fungskette, die Strategie, die Praktiken sowie die Ressourcen und Fähigkeiten, welche im Unternehmen aktuell vorzufinden sind, ana-lysiert. Aufgrund der Interdependenz von JIT-/JIS-Lieferanten und deren Partnern entlang der Lieferkette konzentriert sich die Analyse nicht lediglich auf das eigene Unternehmen, sondern dehnt sich auf die Partner in der Lieferkette aus. Es geht dabei darum, potenzielle Konflikte innerhalb der eigenen Organisation und zwischen den Or-ganisationen der Lieferkette zu identifizieren. Weiterhin werden Umweltfaktoren des Unternehmens und deren mittel- bis langfristige Entwicklungen berücksichtigt. Dadurch werden potenzielle Risiken und Möglichkeiten ausgelotet. Eine solche Risikoanalyse ermöglicht die Einordnung von Zulieferern in Risikogruppen und die Entwick-lung eines geeigneten Managementansatzes. Ziel des Risk Manage-ments ist es, Lücken in den Wertschöpfungsketten zu identifizieren und Ansätze zu entwickeln, um Risiken zu mindern.

Kompetenzentwicklung

Die Mitarbeiter sind das Herzstück des Unternehmens und demzufol-ge das wichtigste Gut. Nur wenn jeder Mitarbeiter mit den richtigen Kompetenzen ausgestattet ist und am für ihn richtigen Arbeitsplatz eingesetzt wird, erzielt das Unternehmen den maximalen Nutzen für sich und den Mitarbeiter. Da sich das Umfeld und die Anforderungen an ein Unternehmen permanent ändern, muss die Veränderung proak-tiv gestaltet werden. Dadurch ändern sich auch permanent die Anforderungen an das Wissen und die Qualifikation aller Mitarbeiter. Die sich kontinuierlich weiterbildenden Mitarbeiter und ein für sie zur Verfügung stehendes strukturiertes Netz aus Maßnahmen, Einrichtungen und Personen bilden die Lernende Organisation im Unternehmen. Im Rahmen der Lernenden Organisation gilt es, im Unternehmen ein weltweites Netz von Experten und Fachkompetenzen aufzubauen. In modernen Organisationen und Unternehmen spricht man von der Einführung der Schwarmintelligenz. Schwarmintelligenz im Unternehmen basiert auf vernetzter Kompetenz. Im Vergleich zu einzelnen Spezialisten besitzt der Schwarm ein erweitertes Gesichtsfeld. Schwärme sind empfänglicher für neue Trends und offener für Innovationen, die mehr sind als nur die Vorstellung von Altbekanntem in neuem Kleid. Schwarmintelligenz bewirkt eine einzigartige Ergebniskultur. Die inner- und außerbetriebliche Kundenorientierung steigt. Empfänger-gerechte Produkte mit Alleinstellungsmerkmal entstehen, effizientere Abläufe werden möglich. Mitarbeiter-Entrepreneurship wird stimuliert, Reibungsverluste werden abgebaut, Reaktionszeiten sinken. Zur Umsetzung der Lernenden Organisation und Schwarmintelligenz bedarf es einer Prozessanalyse auf Basis der Unternehmensprozesse und Teilprozesse, welche die notwendigen Kompetenzen in den einzelnen Teilprozessen und auf den jeweiligen Arbeitsplätzen ermittelt. Dabei ist es wichtig, nicht nur den internen Prozess zu analysieren, sondern auch innerhalb des Unternehmensverbunds und außerhalb des Unternehmens nach Prozesskompetenz und Best Practice zu suchen. Basierend auf den Ergebnissen der Prozessanalyse wird mittels der Kompetenzanalyse festgelegt, welches Know-how und somit welche Kompetenz in dem jeweiligen Teilprozess oder an dem jeweiligen Arbeitsplatz notwendig sind, damit der Mitarbeiter seinen Job perfekt ausführen kann. Abgeleitet aus Kunden- und Wettbewerbsanforderungen und der

Prozessanalyse werden systematisch Kompetenzprofile erstellt. Diese wiederum werden mit dem Wissen und den Fähigkeiten des Mitarbeiters gespiegelt. Aus dieser Spiegelung ergibt sich, welche Lerninhalte dem Mitarbeiter innerhalb des Teilprozesses vermittelt werden müssen und wie der Lernprozess und die Lerninhalte gestaltet und in welchem Zeithorizont diese vermittelt werden. Zum Abschluss erfolgt eine Effizienzanalyse zwischen den Verantwortlichen der Lernenden Organisation, dem Mitarbeiter und dem Vorgesetzten, zur Klärung, ob der Prozess und die Trainingsmaßnahmen erfolgreich waren. Effektives Training erfordert die Ausrichtung an geschäftlichen Anforderungen und Prozessen. Der Fokus liegt auf der Kompetenzausbildung der Mitarbeiter entlang der Prozesskette, da hiermit Prozess- und Durchlaufzeit, Kosten sowie Qualität positiv beeinflusst werden können. Zusammenfassend sind die Ziele der Kompetenzentwicklung und der Lernenden Organisation für das Unternehmen, den Mitarbeitern Lernmöglichkeiten auf allen Ebenen verfügbar zu machen, eine konstruktive Problemlösekultur im Streben nach ständiger Verbesserung zu implementieren, einen selbständigen und freien Fluss von Wissen über alle Ebenen zu ermöglichen, Wissenstransfer und Vernetzung fachspezifischen Know-hows sicherzustellen und die Organisation anpassungsfähig zu machen für äußere Veränderungen.

Globalisierung und Lokalisierung

Die anhaltende Globalisierung der Wirtschaft führt in der Konsequenz zu einer Internationalisierung von Wertschöpfungsfunktionen der Unternehmen. Dies erfolgt, um nahe an den Absatzmärkten zu sein und Währungsschwankungen auszugleichen, aber auch um Kostenvorteile auszuschöpfen oder Know-how und Kompetenzen zu erschließen. Gleichzeitig ist im Zuge der Internationalisierung auch

eine Regionalisierung und Lokalisierung der Wertschöpfung zu be-
obachten, die spezifisch an den regionalen Besonderheiten sowie
Markt- und Kundenanforderungen ansetzt. Die ansteigende Dynamik
sowie das schnelle Marktwachstum in China sind Gründe, die einen
Wandel bei der Fertigungsverteilung herbeiführen und Unternehmen
dazu zwingen, neue globale Produktionsstandorte zu erschließen. Die
Standortwahl bedeutet für ein Unternehmen, die eigenen Produkti-
onsziele klar zu definieren, die finanziellen und personellen Möglichkeiten abzuschätzen und sich über die eigene Flexibilität im Klaren zu sein. Dies ist die Basis, um auf Trends und Umfeld- und
Marktveränderungen reagieren zu können. Bei der Betrachtung der
historischen Entwicklung sind klare Tendenzen hinsichtlich der
Standortwahl zu identifizieren. Im letzten Jahrzehnt hat sich das Pro-
duktionsvolumen vor allem in Europa und Asien verdoppelt, wohingegen die Wachstumsraten in Japan, Südkorea und dem Rest der
Welt zwar ebenso gestiegen sind, jedoch nicht so rasant. Als wichtige
Einflussfaktoren für die Wahl eines neuen Standorts gelten spezifische Standort- und Prozessfaktoren. Von Relevanz sind die Arbeitskosten, die Größe des zu erschließenden Marktes, sein Wachstumspo-
tenzial und Faktoren wie Logistikkosten, Zölle und Steuern. Wurden
diese Aspekte überprüft, muss sich ein Unternehmen mit der Perso-
nalverfügbarkeit und den lokalen Arbeits-, Material- und Kapitalkosten auseinandersetzen. Ziel ist immer, im richtigen Moment nicht nur
am richtigen Ort einen neuen Standort aufzubauen, sondern auch den
besten Zeitpunkt für den Eintritt in den neuen Markt zu erkennen.
Daneben ist die Neugestaltung von Standort- und Unternehmens-
netzwerken in die Unternehmenszielsetzung aufzunehmen. Für die
Erschließung eines neuen Marktes sowie die Wettbewerbsfähigkeit
und die kontinuierliche Senkung der Fertigungskosten, bieten Produktionsnetzwerke eine gute Basis. Ein zuvor beschlossenes Stand-

ortkonzept, welches die oben genannten Entscheidungsfaktoren berücksichtigt, bietet einem Unternehmen die Möglichkeit, seine Produktionsnetzwerke strategisch zu planen und die globale Ausbreitung sowie das wirtschaftliche Wachstum zu maximieren. Zum Aufbau effektiver Netzwerke sind hinsichtlich des Standortkonzepts die Fertigungsprozesse und der Aufwand sowie die Entscheidung zwischen interner oder externer Fertigung mit unterschiedlichen Faktorkosten und die Planung von Liefer- und Transportbeziehungen zu berücksichtigen. Dadurch wird eine positive Synergierealisierung für das gesamte Netzwerk erzielt. Das Konzept der Lead Factories nimmt hierbei eine entscheidende Rolle ein. Erfahrene Mitarbeiter aus dem F&E-Bereich entwickeln in den Stammwerken neue Produkte oder effiziente Fertigungsprozesse, die nach ausreichender Stabilisierung und Testphase dann an alle globalen Produktionsnetzwerke weitergegeben werden. Während durch die neuen Netzwerke und globalen Standorte die Internationalisierung des Unternehmens stetig voranschreitet, lässt sich gleichzeitig auch ein Trend zur Regionalisierung von Produktion und Entwicklung verzeichnen. Zwar sind neue Produktionsstätten außerhalb des Heimatlandes immer noch an die Leitlinien der Fertigung des Stammwerks gebunden, allerdings zeigt das Beispiel Volkswagen, dass der Trend, ganze Fertigungsprozesse zu den neuen Standorten zu verlagern, stetig zunimmt. Volkswagen produziert beispielsweise in den fahrzeugbauenden Standorten in China Modelle, deren Einzelteile fast ausschließlich in China hergestellt werden.

Flexibilität und Wandlungsfähigkeit

Angesichts volatiler Märkte und zunehmender Planungsunsicherheit sind Produktionssysteme zukunftsfähig, sofern Wandlungsfähigkeit besteht. Wandlungsfähigkeit bezeichnet die Fähigkeit zur aktiven, schnellen Anpassung der Strukturen auf zeitlich nicht vorhersehbar wechselnde Aufgaben. Bei der Flexibilität reicht es aus, wenn die Erkennung von Veränderungsbedarf sowie Möglichkeiten von Änderungen von außen kommen. Bei der Adaptivität hingegen erkennt das System den Änderungsbedarf selbst, etwa bei der Lernenden Organisation. Wandlungsfähigkeit ist notwendig, da es hundertprozentig prognostizierbare Kundenbedarfe in der Realität nicht geben wird. Das Unternehmen und speziell die Produktion muss sich also immer auf eine sich stetig veränderte Marktnachfrage ausrichten. Diese Anpassungen über Produktmengen und Varianten sowie Maschinen und Ressourcen gilt es, so einfach wie möglich zu gestalten, um schnell auf Veränderungen reagieren zu können. Dies ist Leitgedanke in vielen Unternehmen, aber gleichzeitig auch Hemmnis. Bei saisonal volatilen Bedarfsmengen sind in Produktionssystemen sowohl Bedarfsspitzen (quantitative Flexibilität) abzuschöpfen als auch die geforderten Produktvarianten (Produktprogramm-Flexibilität) abzudecken. Zusätzlich besteht der Bedarf Neuanläufe effizient „hochzufahren" und Ausläufer schnell „herunterfahren" zu können. In der Vergangenheit hat sich dieses Spannungsfeld fast ausschließlich auf das Bearbeitungs- und Materialflusssystem bezogen, um beispielsweise schnellere Produktwechsel in der Produktion durch kürzere Umrüstzeiten, schnellere Durchlaufzeiten sowie kürzere Lieferzeiten zu realisieren. Über die letzten Jahre hat sich dies vor allem auf das Personalsystem ausgeweitet. In hohem Maße wurden Tarifverträge und gesetzliche Regelungen an den höheren Flexibilisierungsbedarf angepasst, beispielsweise durch elastischere Arbeitszeitkonten, Gleitzeit, Lebensarbeitskonten, Vertrauensarbeit und Telearbeit sowie durch verstärkten Einsatz von Leiharbeitern in der Produktion. Die Flexibilität und deren Anpassungsfähigkeit stellt somit eine wichtige Voraussetzung zum Einsatz selbststeuernder und wandlungsfähiger Einheiten dar. Das gesamte Produktionssystem ist jedoch auch strukturell flexibel auszulegen. Die strukturelle Flexibilität bestimmt die Anpassungsfähigkeit eines Systems an unterschiedliche Situationen. Zu unterscheiden ist hierbei zwischen der langfristigen und kurzfristigen Betrachtung. Die langfristige Flexibilität umfasst die Veränderung des Systems über Investitionen oder Desinvestitionen unter Einschluss der Möglichkeit von Personaleinstellungen. Die kurzfristige Flexibilität zeigt, welche Anpassungsfähigkeit das System unter Beibehaltung der vorhandenen Betriebsmittel und des Personalstandes aufweist. In Krisensituationen ist häufig eine fehlende Wandlungsfähigkeit im gesamten Wertschöpfungsnetzwerk erkennbar. Die Spezialisierung und Optimierung der Produktion bekommt somit eine neue Komponente und zwar die Wandlungsfähigkeit der Netzwerke. Die Wandlungsfähigkeit ist zukünftig auf alle Teilsysteme des Produktionssystems anzuwenden. Die Teilsysteme sind untereinander abhängig und sind auf das Gesamtziel, nämlich die Reaktionsparameter Time-to-Market, Durchlaufzeit und Lieferzeit auszurichten. Hierbei ist zu berücksichtigen, dass einzelne Teilsysteme der Produktion wachsen, den Status quo beibehalten oder schrumpfen können. Für die Erreichung einer wettbewerbsfähigen Kostenposition im Produktionsnetzwerk ist entscheidend, dass in jeder Produktion die Herausforderung in der Abfederung der hohen Marktdynamik liegt. Wandlungsfähigkeit wird somit zum elementaren Gestaltungsprinzip von Produktionssystemen für den gesamten Industriesektor. Die Potenziale liegen in der zielgerichteten Kombination von Partialansätzen begründet. Zu deren Beurteilung bietet sich die Betrachtung des Wertbeitrags an. Dieser beschreibt analog zur finanzwirtschaftlichen Kenngröße des Return-on-Investment die Rendite einer Investition, bezogen auf das eingesetzte Kapital. So leistet beispielsweise die Einführung der Just-in-Time-Zulieferung einen Wertbeitrag von

19 %, die Einrichtung von Qualitätszirkeln und des kontinuierlichen Verbesserungsprozesses einen Beitrag von 11 % und die Realisierung einer dezentralen Planung und Steuerung einen Wertbeitrag im Schnitt von 17 %. Durch dieses wertorientierte Kostenmanagement wird die Anfälligkeit gegenüber konjunkturellen Schwankungen reduziert und eine nachhaltige Ausrichtung des Unternehmens unterstützt. Diese wird ermöglicht durch die Variabilisierung und Senkung von Fixkosten in den Bereichen Personal und Material. Eine Produktion gilt als zukunftsfähig, wenn die genannten Kriterien im Hinblick auf Wandlungsfähigkeit erfüllt sind.

Standardisierung

Die Kernfrage der flexiblen Standardisierung lautet: Welche Maßnahmen werden benötigt, um die Prozesskosten bei einer maximalen Produktflexibilität zu mindern, ohne dass ein Kleinserienprodukt teurer wird als ein Serienprodukt? Die Lösung dieser Herausforderung basiert auf der Erstellung und Nutzung von Standards, die sowohl komplexitätsreduzierend sowie flexibilitätssteigernd wirken. Dadurch kann auf typische Herausforderungen wie Engpässe und Unregelmäßigkeiten in der Fertigung ebenso wie in der Produktion reagiert werden. Dies erhöht die Wettbewerbsfähigkeit sowie Flexibilität des Unternehmens. Dabei widerspricht die Flexibilisierung bewusst einer kostengünstigen Lösung, da grundsätzlich ein hoher Standardisierungsgrad, ohne Einzelfallbetrachtung, profitabler ist. Mittels einer flexiblen Standardisierung in der Produktion können die Potenziale und Erfahrungen der Mitarbeiter genutzt werden, indem Standards auf Basis der Erfahrungswerte definiert werden. Die entsprechenden Standards können sowohl auf Produkt-, Technologie-, Struktur- sowie Arbeits- und Prozessorganisationsseite in der Produktion eingesetzt werden. Hierbei wird stets zwischen festen Strukturen und lebendiger Vielfalt variiert, um einen geregelten Freiraum zu erzielen und nicht die Erfahrungen sowie das Wissen der Mitarbeiter zu standardisieren. Das autonome Handeln der Mitarbeiter ist ein wesentlicher Erfolgsfaktor der flexiblen Standardisierung. Plattformstrategien werden auf Seiten des Produkts als Standards in der Produktion bei nahezu sämtlichen Automobilherstellern genutzt. Diese erlauben aus identischen Bauteilen divergente Produktvarianten herzustellen. Diese Plattformstrategien dienen nicht nur der Erhöhung von Stückzahlen und somit der Economy of Scale. Plattformstrategien beinhalten Standardisierungsmaßnahmen, mit Hilfe derer die Abläufe verbessert, überschaubarer und beherrschbarer gemacht werden. Mittels einer großen Anzahl an standardisierten Teilen können die Abläufe beherrscht und produktionsökonomische Skaleneffekte erreicht werden. Bei Technologien können Standards in der Produktion sowohl Normen, Anweisungen und Standardabläufe zur Entwicklung und dem Einsatz von Technologien sein. Hier ist meist die Technologieneuheit, -unsicherheit und -vielfalt ein Risikofaktor, der durch Standards minimiert werden soll. Strukturen besitzen grundsätzlich starre Regelungen und sind klar definiert. Dadurch sind entsprechende Verantwortlichkeiten determiniert. Die Arbeits- und Prozessorganisation entspricht der Prozessseite, bei der in der Regel Organisations- und Arbeitsstandards bestimmt sind, um die Komplexität aus den Prozessen und Abläufen zu reduzieren und parallel die Flexibilität zu verbessern. Die Unterschiede in der Aufgabenstellung können lediglich identifiziert werden, wenn eine Betrachtung bis auf die Tätigkeitsebene der Arbeitsprozesse erfolgt. Die Leitlinie der flexiblen Standardisierung findet in sämtlichen Bereichen und Prozessen Anwendung und besitzt stets direkten oder indirekten Einfluss auf den Kunden. Auch wenn Flexibilität und Standardisierung in einer Art Spannungsverhältnis stehen, bilden Sie grundsätzlich keine

Gegensätze zueinander. Darüber hinaus lässt sich feststellen, dass ohne eine definierte Standardisierung in der Prozesslandschaft die Flexibilität im Unternehmen leidet. Die Besonderheit der unterstützenden Leistung der Flexibilisierung durch die Definition von Standards ist auch im Sport anzutreffen, wo Perfektion auf der Beherrschung feststehender Standards und Routine basiert. Das Prinzip ist ebenfalls bei der Beherrschung von Arbeitsprozessen anzutreffen. Dies spiegelt sich darin wider, dass eine hohe Komplexität der Arbeitsprozesse mit einem höheren Bedarf an Standards, Regelungen und Routinen für die Beherrschung der Komplexität einhergeht. Diese geregelten Standards verhindern den Kontrollverlust. Auch bei der Mitarbeiterqualifikation spiegelt sich dies wider. Ein Fachmann entwickelt nach einer gewissen Zeit seine eigenen, individuellen Standards, Regeln und Routinen, die die täglichen Arbeit vereinfachen und seine Kompetenz veranschaulichen. Mittels eines offenen Umgangs mit Standards, Regeln und Routine und der Weiterentwicklung dieser Standards im Rahmen eines kontinuierlichen Verbesserungsprozesses, erhält die flexible Standardisierung eine nachhaltige Wirkung. Der kontinuierliche Verbesserungsprozess hat das Ziel die Qualität sowie Effizienz in einem Unternehmen permanent zu verbessern. Indem das Ziel von sämtlichen Mitarbeitern in gleicher Weise, in einem permanenten Standardisierungsprozess, verfolgt wird, werden höhere Standards erzielt und diese von neuem optimiert. Auch in der unternehmensübergreifenden, technischen Standardisierung ändert sich das Bewusstsein. Es werden bereits sehr früh in der technischen Entwicklung verschiedene Standards bestimmt, die jedoch keine konkreten Lösungen definieren, sondern als Orientierungspunkte und Leitlinien zu verstehen sind. Dadurch werden Anforderungsprofile frühzeitig festgeschrieben. Einerseits wird die technische Vielfalt eingegrenzt, andererseits sind Standards unver-

zichtbar, um technische Fortschritte zu verallgemeinern und zu sichern. Außerdem bilden Standards einen grundsätzlichen Ausgangspunkt für die Bildung neuer Lösungen. Daher ist zwischen der „starren Standardisierung" und der „flexiblen Standardisierung" zu unterscheiden, die durch verschiedene Kriterien voneinander abgrenzbar
sind. Bei der starren, klassischen Standardisierung wird auf die Eliminierung von Komplexität und Produktvielfalt abgezielt. Außerdem
werden Standards lediglich sporadisch verbessert und durch Spezialisten definiert. Die flexible Standardisierung hingegen zielt auf eine
hohe Produktvielfalt und meistert die ebenfalls vorhandene Komplexität, indem die Standards kontinuierlich verbessert werden und die
Definition von Standards durch Spezialisten erfolgt. Oftmals werden
darunter auch die Beschränkung von Kreativität, Innovation und die
Einengung unternehmerischer Dispositionsfreiheit verstanden. Diese
Risiken sind zwar existent, jedoch ist die Produkt- und Prozesskomplexität mit Hilfe einer gezielten, flexiblen Standardisierung auf Basis von Gruppenarbeit zu beherrschen. Unternehmen stellen sich daher der Herausforderung, ein Gleichgewicht zwischen den Flexibili-
tätsnotwendigkeiten und den produktions- und arbeitsökonomischen
Notwendigkeiten zu identifizieren und herzustellen. Auch die über-
durchschnittlich hohen Arbeitskosten in Deutschland zwingen Unternehmen, den Standardisierungsgrad hoch zu halten, um die vorhandenen Leistungs- und Produktivitätsreserven zu nutzen. Die Standardisierung besitzt in den Unternehmen eine ökonomische sowie organisatorische Notwendigkeit und ist in der Regel unternehmensweit
verbreitet. Es sind markt- und produktionsökonomische Notwendigkeiten durch die flexible Standardisierung in ein entsprechendes
Gleichgewicht zu bringen. Außerdem ist ein absolut flexibles Unternehmen nicht lenkbar und es würde zu einem Rationalisierungschaos
führen. Ebenso verhindert eine zu starre Standardisierung auf Dauer

Kreativität und Innovationen. Die Erfüllung der Anforderungen an die Produktion der Zukunft erfordern neue Ansätze, die den Zielkonflikt zwischen Flexibilität und Effizienz durch Standardisierung überwinden. Während die Entwicklung der Produktionssysteme bereits in der Vergangenheit ihren Beitrag zur Überwindung dieses Zielkonflikts geleistet hat, sind als nächster logischer Schritt auch die Produktionsstrukturen zu verändern. Diese hemmen heute die flexible Standardisierung, weil Kapitalbindung und mangelnde Anpassungsfähigkeit bezüglich Volumen oder zu fertigenden Produkten einen zu hohen strategischen und operativen Stellenwert erfahren, Ein Königsweg zur Erfüllung der Anforderungen an die Produktion der Zukunft seitens der Produktionsstrukturen ist jedoch bis heute noch nicht gefunden. Ein vielversprechender Ansatz ist hier die Modularisierung. Durch die Segmentierung der Produktion in Fertigungsmodule und die Standardisierung der einzelnen Module werden ähnliche Erfolge wie bei der etablierten Produktmodularisierung ermöglicht. Im folgenden Kapitel wird daher ein Modell zur Modularisierung der Produktion aufgezeigt und anhand praktischer Ansätze untermauert.

3 Modell zur Modularisierung der Produktion

Produzierende Unternehmen stehen häufig vor der Herausforderung, sich schnell an drastische Veränderungen der marktwirtschaftlichen Rahmenbedingungen anzupassen. In der Vergangenheit haben viele Unternehmen mit einer Komplexitätsreduktion in der Produktion und einer Konzentration auf Kernkompetenzen reagiert. Dies trifft insbesondere auf amerikanische Automobilhersteller zu. Dabei sind teilweise Abschnitte der Produktion ausgelagert worden, die zu den Kernbereichen zählen, aber einen zu geringen Kundenwert generieren. Dies führt dazu, dass die Unternehmen und insbesondere die Produktion nicht mehr schnell und flexibel auf Änderungen am Markt reagieren können. Zudem führte die Auslagerung durch die Fokussierung auf Kernkompetenzen auch dazu, dass Differenzierungsmerkmale zum Wettbewerb verloren gingen. Daher zeigen die Anforderungen an die Produktion der Zukunft, dass erfolgreiche Unternehmen heute gleichzeitig flexibel und kosteneffizient produzieren müssen. Als Lösungsweg hierzu bietet sich die Modularisierung der Produktion an. Diese folgt der Idee der Fertigungssegmentierung in einzelne Fertigungsmodule. Als Basisvoraussetzung hierzu bedarf es jedoch auch einer entsprechenden Produktgestaltung, die die Produktionsmodularisierung unterstützt. Erst wenn sich einzelne Produktmodule auch mit gleichen oder ähnlichen Strukturen und Prozessen fertigen lassen, kann eine Produktionsmodularisierung ihre vollen Potenziale entfalten.

3.1 Modulare Fabrikarchitekturen

Die Wandlungsfähigkeit kann als Eigenschaft gesehen werden, sich schnell und effizient prozess- und ressourcenseitig sowie strukturell anzupassen. Dabei ist bei der Gestaltung der Wandlungsfähigkeit darauf zu achten, dass der richtige Grad der Wandlungsfähigkeit entsprechend der Kosten-Nutzen-Relation gefunden wird, da zu hohe Wandlungsfähigkeit Verschwendung bedeutet und zu geringe Wandlungsfähigkeit die Reaktionsfähigkeit des Unternehmens einschränkt. Die Übertragung des Modulgedankens von den Produkten auf die Anlagen- und Organisationsstrukturen wird dabei als Befähiger der Wandlungsfähigkeit gesehen. Dieser Gedanke wurde von Wildemann in dem Ansatz der Modularen Fabrik herausgearbeitet. In diesem Ansatz werden unter anderem die Produktionsbereiche nach Teilefamilien segmentiert. Die Segmentierung der Produktion erfolgt dabei gemäß der Systemtheorie nach dem funktionalen, dem strukturalen und dem hierarchischen Konzept. Das Modell baut auf der Modular Plant Architecture von Schuh auf, klassifiziert die Produktion aber nach den drei Dimensionen Produktionsebenen, Produktionsfunktionen und Planungsbereiche. Zudem wird in der Dimension Produktionsebenen der Tatsache Rechnung getragen, dass immer mehr Unternehmen als Konzerne mit mehreren Marken unter einem Dach agieren. Die Modularisierung der Produktion kann entsprechend der Dimensionen in einer modularen Fabrikarchitektur dargestellt werden (vgl. Abbildung 3-1). Die Hierarchie der Produktionsebenen ermöglicht eine strukturelle Dekomposition der Produktion von der Markenebene über die Bereichs- und Linienebene bis hinunter zum Arbeitsplatz. Weiterhin werden die Planungsbereiche Anlagen, Prozesse und Organisation unterschieden. Die Produktionsfunktionen des Modells geben die Funktionen eines Produktionselementes in der Produktion an. Dabei wird nach den Funktionen Fertigung und Montage, Logistik, IT und Unterstützung unterschieden. Die dreidimensionale Struktur des Modells ermöglicht eine anwenderfreundliche Benutzung der modularen Fabrikarchitektur. Zum Beispiel lassen sich alle Betriebsmittel auf Arbeitsplatzebene dem Modul 1 zuordnen (vgl.

Beispiel 1). Die Dekomposition erfolgt zunächst entlang der Produktionsebenen. Anschließend werden die Elemente entlang der Produktionsfunktionen und der Planungsbereiche auf untergeordneter Ebene weiter differenziert. Greift man in der Funktion Logistik die Werksebene heraus, zählen beispielsweise die Lagerhallen im Bereich Anlage zu den dort zu gestaltenden Modulen (vgl. Beispiel 2). Weitere Beispiele für die Werksebene sind Fertigungssteuerung und Vertrieb. Diese beiden Elemente der Fabrik werden jedoch als Organisation klassifiziert und unter der Funktion Unterstützung eingeordnet. Bei der Erstellung einer solchen Dekomposition ist darauf zu achten, dass die Konsistenz von modularen Fabrikarchitekturen bestehen bleibt.

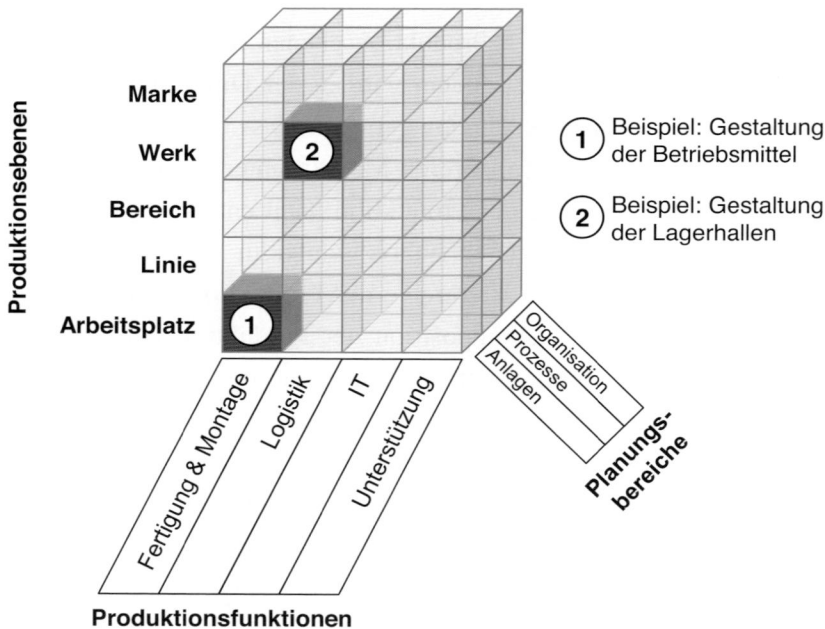

Abbildung 3-1:   Modulare Fabrikarchitektur

Deshalb stützt sie sich auf drei Komponenten. Der Modulkatalog, der die standardisierten Module enthält, bildet die erste Komponente. Er ist die Basis für eine modulare Gestaltung der Fabrik und wird unternehmensindividuell ausgestaltet. Die Module werden verwendet, um einheitliche Produktionsplattformen zu schaffen, die das Standardlayout verkörpern. Es beschreibt dabei unveränderliche Elemente der Produktion. Als weitere Komponente dient das methodische Vorgehen, das die Prozessschritte zur vollständigen Modularisierung der Produktion enthält. Das Vorgehen zur Gestaltung einer modularen Fabrikarchitektur beschreibt sowohl den Prozess zur Entwicklung als auch den zur Bewertung von modularen Fabriken. Weiterhin enthält das Vorgehen verschiedene Methoden und Konzepte zur Unterstützung des Vorgehens. Die dritte Komponente wird durch die Softwaretools gebildet, die zur Realisierung der Modularisierung zur Verfügung stehen. Die Software beschreibt eine Datenbank mit Produktionselementen sowie Programmen zur Gestaltung des Fabriklayouts. Diese Software ermöglicht es, in kürzester Zeit virtuelle Fabrikplanungsmodelle zu erstellen und somit auf Änderungen am Markt zu reagieren. Dieser Ansatz ermöglicht die Gestaltung der unternehmensspezifischen modularen Fabrikarchitektur und vor allem ihre schnelle und effiziente Anpassung.

Produktionsfunktionen

Die durchgängige Objektorientierung sowie die Funktionalisierung der Elemente der Produktion bilden die Voraussetzung für die Implementierung einer einheitlichen Modularisierungsstrategie für Produktionsstandorte. Das zentrale Element des Modularisierungskonzepts bildet die Funktionalisierungslogik, die als Strukturierungsgrundlage fungiert. Die Computer Integrated Manufacturing Open System Architecture (computergestützte integrierte offene Produktionssystem-Architektur) stellt ein prominentes Beispiel eines Strukturierungsmodells dar. Kerngedanke des Modells ist die Zuordnung von Produktionsfunktionen in zwei Kategorien: Generelle Funktionen beschreiben Elemente der Produktion, die jedes Unternehmen unabhängig von seiner Branche oder sonstigen Rahmenbedingungen aufweist. Spezifische Funktionen umfassen Elemente der Produktion, die unternehmensindividuell ausgestaltet werden. Die Zuordnung von Funktionsklassen zu den Elementen der Produktion ermöglicht eine Abstraktion und Klassifizierung realer Unternehmen in einer einheitlichen Nomenklatur. Durch eine einheitliche funktionale Klassifizierung aller Elemente der Produktion wird die Basis für ein standardisiertes Vorgehen im Rahmen des Planungsprozesses geschaffen. Um reale Produktionsszenarios objektorientiert abbilden und funktionalisieren zu können, sind zunächst einheitliche Rahmenbedingungen für das Modell zu definieren: Im Rahmen der objektorientierten Fabrik wird die Produktion nicht als Prozess, sondern als Zustandsänderung von Objekten betrachtet. Diese Zustandsänderung wird durch Interaktionen ausgelöst. Die Fabrikstruktur basiert auf Interaktionen der Subelemente der Produktion (Objekte). Die Subelemente bilden dabei in sich geschlossene Entitäten. Die Objekte können zu (allgemein definierten) Klassen zusammengefasst werden. Die Hierarchiebildung erfolgt durch Vererbung und Assoziation. Entsprechend dieser Gestaltungsrichtlinien kann die zentrale Strukturierungsgrundlage der modularisierten Fabrik im Sinne der Objektorientierung ausgestaltet werden. Die modularisierten Produktionsfunktionen werden durch die drei Dimensionen Modellierungs- und Strukturierungskonzept, Gestaltungskonzept und Architekturen sowie Vorgehensweisen, Methoden und Hilfsmittel unterschieden. Das Modellierungs- und Strukturierungskonzept umfasst das grundlegende Strukturmodell sowie die Hierarchisierung der Fabrikelemente. Alle Anlagen, Prozesse und

Organisationsstrukturen der Fabrik sind für die Hierarchisierung mit entsprechenden Attributen zu versehen. Die hierarchische Ordnung der Systemelemente einer modularisierten Fabrik sieht die Fabrik als Gesamtentität, als gestaltendes Element zwischen den Input- und Output-Faktoren. Auf der dritten Hierarchieebene wird eine Differenzierung zwischen den Hauptfunktionen im Produktionsprozess getroffen. Bereits hier tritt das Modularisierungskonzept in Kraft, um den unternehmensindividuellen Produktionsablauf realistisch abbilden zu können. Jeder Hauptfunktion wird ein Bündel an Unterfunktionen sowie bestimmte Attribute zugeordnet. Im Falle der Produktion sind dies die Fertigung und die Montage. In analoger Weise wird das hierarchische Modell auf allen Differenzierungsebenen bis hin zum einzelnen Arbeitsplatz heruntergebrochen und entsprechend der jeweiligen Attribute funktionalisiert. Die Gestaltungskonzepte und Architekturen umfassen grundlegende Strukturmuster, die als Ausgestaltungsgrundlage dienen. Durch die Definition spezifischer Modulgruppen und Plattformelemente können verschiedene Anforderungen und Wandlungsbedarfe systematisch abgebildet werden.

Fertigung und Montage

Das Bearbeitungssystem bildet das zentrale Element innerhalb der modularisierten Produktion. Es umfasst d für den Transformationsprozess der Inputfaktoren erforderlichen Objekte und Abläufe. Auf der zweiten Hierarchieebene besteht das Bearbeitungssystem in der Automobilindustrie typischerweise aus den Hauptmodulen Umformen (Presswerk), Rohbau, Lackieren, Gießen, Motorenfertigung, Montage und Endkontrolle. Auf den weiteren Hierarchieebenen wird jedes der Hauptmodule weiter differenziert und durch spezifische Attribute und Subelemente definiert. Auf der zweiten Ebene bedeutet dies, dass für jedes der Hauptelemente des Bearbeitungssystems al-

ternative Ausprägungsformen generiert und zu geeigneten Untermo-
dulen zusammengefasst werden. So kann die Motorenfertigung in
weitere Unterfunktionen, wie die Bearbeitung des Zylinderkurbelge-
häuses, des Zylinderkopfs, der Nockenwelle und Kurbelwelle, der
Pleuel und Ventile und der Kolben, aufgeteilt werden. Mit steigendem Differenzierungsgrad erfolgt ein zunehmender Übergang von
einer funktionalen auf eine objektorientierte Sichtweise. Während auf
der Ebene des Bearbeitungssystems mit dem Subsystem der Motorenfertigung noch eine abstrakte Funktion umschrieben wird, mündet der
Modularisierungsprozess für die Tätigkeit „Laserhonen" auf Arbeitsplatzebene in einer konkreten Auswahl hierzu geeigneter Maschinen.

Logistik

Das Materialflusssystem beinhaltet alle für die Verknüpfung der Bearbeitungsstationen notwendigen Elemente und Prozesse. Auf der
zweiten Hierarchieebene wird hierbei zwischen externem und inter-
nem Materialfluss unterschieden. Die dritte Hierarchieebene fokussiert auf die gebäudeübergreifende Logistik innerhalb eines Produkti-
onsstandortes. Die vierte Hierarchieebene differenziert die Lo-
gistikstrukturen innerhalb einzelner Produktionsgebäude aus. Sie
beinhaltet alle Transport- und Lagerprozesse zwischen den einzelnen
Bearbeitungsstationen. Als Organisationskonzept können den Lo-
gistiksystemen dieser Ebene verschiedene Methoden wie Kanban,
Just- in-Time oder das Supermarktkonzept zugeordnet werden. Die
fünfte Hierarchieebene umfasst alle Transport- und Lagertätigkeiten
auf Arbeitsplatzebene.

IT

In einer ganzheitlichen Modularisierungsstrategie sind neben den
direkt wertschöpfenden Instanzen auch indirekte Bereiche im Rahmen der Strukturbildung des Modularisierungskonzepts zu berück-

sichtigen. Dies betrifft insbesondere die Funktionen des Qualitätssystems, des Planungs- und Steuerungssystems sowie des Personalsystems. Im Gegensatz zu den direkt wertschöpfenden Subsystemen bilden die Unterstützungsfunktionen als Metafunktionen eine eigene Objektklasse im Modularisierungskonzept. Obwohl sich die Elemente nicht eindeutig räumlich abgrenzen lassen, können diese durch die Zuweisung individueller Attribute eindeutig definiert und klassifiziert werden. Allgemein lassen sich die IT und andere Unterstützungsprozesse unterscheiden. Im Anschluss an die Beschreibung der Produktionsfunktion IT wird die Funktion Unterstützung beschrieben. Die Entwicklung der Informationstechnologie hat zu einem starken Bedeutungsanstieg der IT-Systeme geführt. Die Herausforderung hierbei ist die stetige Vernetzung der Produktionslinien und die Nutzung komplexer Steuerungssysteme. Hier kann die Modularisierung einen Beitrag durch die Dezentralisierung der Steuerungsmechanismen leisten. Analog zur Segmentierung der physischen Produktionsstruktur sind auch IT-Systeme zu gliedern. Diese IT-Module lassen sich wiederum über Multi-Agenten-Systeme vernetzen. Dabei sind jedoch Produktions- respektive Steuerungsmodule als ein Agent zu verstehen. Dieser steuert autonom das zugehörige Fertigungssegment. Auch die Informationsbereitstellung und Datenauswertung lässt sich im Zuge dessen dezentralisieren. Untereinander sind diese einzelnen Einheiten durch Informationsflüsse verbunden. Folglich ist jede der Einheiten gleichzeitig Sender, Empfänger und Verarbeiter von Daten. Tritt ein Fehler in einer Einheit auf, lässt sich diese vom System abkoppeln, so dass Rückkopplungseffekte auf andere Module vermieden werden. Diese Steuerungsansätze sind produktseitig in der Automobilindustrie heute schon ausgereift. In den Fahrzeugen kommunizieren Multi-Agenten-Systeme über Bus-Datenverbindungen untereinander. Neben der Vernetzung der Produktionssteuerungssysteme

in einzelnen Steuerungseinheiten, ist bei der Modularisierung auch
die Softwarelandschaft an sich als wesentliche Herausforderung zu
betrachten. Heute wird in verschiedenen Produktionslinien verschiedene Steuerungssoftware eingesetzt. Diese Softwarelösungen haben
teils redundante Funktionalitäten und sind nicht stets kompatibel
zueinander. Hier bietet sich, analog zur Standardisierung der physischen Betriebsmittel, auch die Festlegung von Standard-
Produktionssoftware an. Hier lassen sich, ausgehend von der steue-
rungstechnischen Segmentierung der Fabrik in Fertigungseinheiten,
Standardsoftwarelösungen für die einzelnen Fertigungseinheiten definieren.

Unterstützung

Die Produktionsfunktion Unterstützung enthält vor allem Module
zum Planungs- und Steuerungssystem. Die Modularisierung in dieser
Produktionsfunktion erfolgt unter der Prämisse der flexiblen Ausgestaltung des Produktionsanlaufs und der Sicherstellung einer effizienten Produktion. Mögliche Untermodule umfassen die Steuerung der
Kernaufgaben und die Steuerung von Querschnittsaufgaben. Insbesondere die Netzwerkkonfiguration, Netzwerkabsatzplanung, Netz-
werkbedarfsplanung, Produktionsprogrammplanung, Produktionsbe-
darfsplanung, Fremdbezugsplanung und -steuerung, Eigenfertigungs-
planung und -steuerung, Auftragskoordination, Bestandsmanage-
ment, Controlling und Datenverwaltung bilden mögliche Untermodule, die innerhalb dieser Produktionsfunktion auszugestalten sind. Die
Modulbildung des Qualitätssystems muss neben direkt produktbezo-
genen Aspekten weitere Dimensionen umfassen. Aspekte wie die
Prozessstabilität, die Liefertreue oder die Mitarbeitermotivation und
-qualifikation sind ebenfalls standardisiert abzubilden. Die Auswahl
der Module richtet sich neben der betrachteten Produktionsfunktion

auch nach den Produktionsebenen sowie den Planungsbereichen. Die Produktionsebenen werden im Folgenden beleuchtet.

Produktionsebenen

Die Produktionsebene stellt eine weitere Dimension innerhalb der modularen Fabrikstruktur dar. Je nach Hierarchieebene gilt es für Unternehmen, Wandlungstreiber zu bewerten und entsprechende Wandlungsbefähiger zu implementieren. Aber auch hier gilt die Maxime, dass Wandlungsfähigkeit einen abnehmenden Grenznutzen hat und somit für jede Ebene das richtige Maß an modularer Anpassungsfähigkeit zu identifizieren ist. Es gilt vielmehr, die flexiblen Module so gezielt in der Produktion zu verorten, dass sie sich Ebenen übergreifend ergänzen, ohne unnötige Redundanzen zu schaffen. Auf diese Weise wird analog zur Komplexitätsbeherrschung die externe Wandlungsfähigkeit durch eine ideale Ausgestaltung der internen Wandlungsfähigkeit beherrschbar. Aufgrund der hohen Kosten, die durch das Vorhalten der Wandlungsfähigkeit entstehen, kann die anforderungsgerechte Gestaltung der internen Wandlungsfähigkeit einen wesentlichen Wertbeitrag für das Unternehmen darstellen. Die Marken- und Werkebene, also der Werksstandort als Ganzes, stellt die Rahmenbedingungen für alle nachfolgenden Ebenen dar. Innerhalb dieser vorgegebenen Gesamtgrenze kann die Produktion bedarfsgerecht gestaltet werden. Die Implementierung modularer Bestandteile kann dabei stets auf drei weitere Ebenen heruntergebrochen werden, nämlich auf die Bereichsebene, auf die Linienebene und final auf die Ebene einzelner Arbeitsplätze.

Marke

In zahlreichen Branchen ist festzustellen, dass eine Konzentration von Unternehmen vollzogen wird, die dazu führt, dass verschiedene

Marken unter ein Konzerndach wandern. Gleichzeitig ist es aus Ver-
triebs- und Marketingsicht oftmals empfehlenswert, unterschiedlichen Kundenansprüchen durch Produktdifferenzierung unter Verwendung verschiedener Marken zu begegnen. In der Automobilindustrie sind diese Entwicklungstendenzen seit Jahren ebenfalls zu
verzeichnen. Die Automobilhersteller sind gezwungen, ihre Produktionssysteme konzernweit, über die Marken hinweg zu standardisieren. Für die Modularisierung der Produktion zählt es deshalb zu einer
besonderen Herausforderung, den Markenverbund innerhalb eines
Konzerns als großes Ganzes zu betrachten und die Module konzernweit einzusetzen. Beispielsweise bewirken historisch gewachsene
Produktionsstrukturen in verschiedenen Werken deutlich unterschiedliche Voraussetzungen für die Umsetzung der Modularisierung. Dies
erfordert eine intensive Umsetzungsplanung und möglicherweise
einen erhöhten Anfangsaufwand, der sich aber mittel- und langfristig
in einen weitreichenden Einsparungseffekt drehen wird.

Werk

Die Strukturierungsebene des Werkes beschreibt in der Automobilindustrie einen gesamten Produktionsstandort. Inbegriffen sind dabei
sowohl das Grundstück und die infrastrukturellen Einrichtungen zur
Anbindung des Automobilwerkes an öffentliche Einrichtungen als
auch sämtliche Prozesse zur werksinternen Verknüpfung der einzelnen Hallen und Bürogebäude. Oberste Ebene in der Betrachtung der
Produktion ist die Werksebene, deshalb auch als „Einstiegspunkt"
beschrieben. Im Hinblick auf die Gestaltung einer modularen Fabrikarchitektur gilt es, auf dieser Ebene Stellhebel zu bedienen, die
untergeordneten Ebenen eine gewisse Wandlungsfähigkeit ermöglichen. Als klassisches Beispiel kann hier die Grundstücksgröße und
-lage herangezogen werden. Um im Sinne der flexiblen Modularität

ein Automobilwerk auf die Herausforderungen der Zukunft einstellen zu können, ist es nötig auch entsprechende Flächen zur Expansion bereitzustellen. Dies kann sowohl durch vorgehaltene Flexibilität in Form bereits erworbener, aber nicht genutzter Grundstücke erfolgen oder auch durch die strategische Sicherung von Vorkaufsrechten. Auch umgekehrte Szenarien, also Verkleinerungen eines Werkes, können insofern modular vorgesehen werden, so dass einzelne Segmente des Automobilwerkes leicht von übrigen Strukturen abgekoppelt werden können. Die Lage eines Automobilwerkes ist maßgeblich für die Anbindung an die Umwelt verantwortlich. Eine modulare Verlagerung von Werken ist nur bedingt möglich. Erfordert die wirtschaftliche Entwicklung eines Automobilkonzerns, dass neue Lieferanten angebunden, andere Absatzkanäle bedient oder neue Energiequellen genutzt werden müssen, so gilt es, infrastrukturelle Anbindungskonzepte modular vorzusehen.

Bereich

Unterhalb der Werksebene befindet sich die Bereichsebene. Dabei handelt es sich um inhaltlich getrennte Fertigungsbereiche, die autark funktionieren und ein abgeschlossenes Ergebnis hervorbringen. Übertragen auf ein Automobilwerk ist hier an das Presswerk, den Karosseriebau, die Lackierer oder die Fahrzeugmontage zu denken. Das Presswerk liefert die umgeformten Bleche an den Karosseriebau. Dort werden diese mit anderen Bauteilen aus dem Blechlager und Lieferantenteilen zu einer Karosserie gefügt. Häufigstes Fügeverfahren ist immer noch das Schweißen, aber es werden zunehmend Klebeverfahren angewendet, die signifikant andere Voraussetzungen in der Anlage erfordern. Die Karosserie wird anschließend an die Lackiererei übergeben. Dort werden die Blechteile gereinigt, grundiert und anschließend lackiert. In der sich anschließenden Montage werden in verschiedenen Bandabschnitten die Funktionsbaugruppen und Verkleidungsteile aus dem Lager oder aus vorgelagerten Stationen im und am Fahrzeug montiert. Bei der Betrachtung der Flexibilität und Modularität der Bereichsebene ist stets die Abgrenzung und Abhängigkeit zu den beiden benachbarten Ebenen zu betrachten. Fertigungssegmente können nur innerhalb der Grenzen der Werksebene agieren und geben wiederum die Rahmenbedingungen für die Gestaltung von Fertigungslinien vor. Ein möglicher Wandlungstreiber eines Presswerks ist beispielsweise die Zukunftsfähigkeit der Hallen. Modulare Presswerke zeichnen sich dadurch aus, dass sowohl hydraulische als auch mechanische Pressen die nötigen Bauhöhen vorfinden. Weiter ist ein Bewertungskriterium, ob die modulare Erweiterung um zusätzliche Einarbeitungspressen, Arbeitspressen, Werkzeuglager oder Feinbearbeitungs-Center mit geringem Aufwand möglich ist. Auch die Abtrennbarkeit von einzelnen Bereichen und deren Externalisierung in Form von Betreibermodellen ist zu bewerten. Modularität auf der Bereichsebene bedeutet sowohl effizientes Wachstums- als auch Rationalisierungspotenzial.

Linie

Auf der Ebene der Linie setzt der Modularisierungsaspekt bei der flexiblen und situationsspezifischen Verkettung von einzelnen Arbeitsschritten innerhalb eines Fertigungssegmentes an. Für die Analyse der Flexibilität ist die Produktion in ihre Bestandteile zu zerlegen. Als Grundlage dient das Modell zur Gestaltung modularer Produktionsstrukturen. Dabei wird die Produktion in den Ebenen Werk, Bereich, Linie und Arbeitsplatz abgebildet. Entsprechend sind Konfigurationsänderungen auch hinsichtlich der Reihenfolge, dem Integrationsgrad und der Unabhängigkeit möglich. In der Automobilindustrie werden Produktionselemente exemplarisch für Montagebereiche einer Montagestraße stehen. So könnte die Cockpitmontage mit Instrumententafel (a) und Lenkrad (b) und die Rücksitzbankmontage mit Sitzfläche (a) und Lehne (b) sein. Daneben müssen Wandlungsauslöser definiert werden, die aufzeigen, dass Änderungsanforderungen meist verschiedene Fertigungsschritte betreffen und diese nicht zwingend aufeinander folgen müssen. Möglicher Wandlungsauslöser kann etwa die Produktion eines anderen Fahrzeugtypen sein. Entfällt bei einem Roadster die Rücksitzbank gegenüber einem zuvor gefertigten Cabriolet, so können die Montageschritte für die Sitzplatzgestaltung erheblich reduziert werden. Ebenso kann sich konstruktionsbedingt bei einem Fahrzeugwechsel die Verbaureihenfolge ändern oder sicherheitskritische Teile eine gesonderte Qualitätsprüfung erfordern.

Arbeitsplatz

Die Betrachtung von einzelnen Arbeitsplätzen bildet die Ebene mit dem höchsten Detaillierungsgrad. Eingegrenzt durch die zuvor betrachteten Hierarchieebenen wird hier der Fokus lediglich auf die Modularität eines einzelnen Arbeitsplatzes gerichtet. Zwar ist es von hoher Bedeutung, auch Schnittstellen zu den vor- und nachgelagerten Schritten zu betrachten, die Verkettung und Anordnung sowie die Standardisierung der Schnittstellen der einzelnen Arbeitsplätzen ist jedoch die Aufgabe der Linie. Unter einem Arbeitsplatz ist nicht nur der Wirkungsbereich eines einzelnen Menschen oder eines singulären Gerätes zu verstehen, sondern der Erfüllungsbereich einer Aufgabe. Sobald mehrere Mitarbeiter parallel an der Vorkonfigurierung einer Instrumententafel arbeiten, kann dies als eine Arbeitsstation gesehen werden. Je nach den spezifischen Anforderungen der unterschiedlichen Fahrzeugmodelle ist dabei die modulare Umkonzeption nötig, um einen kostengünstigen Wechsel ermöglichen zu können. So können die Fertigungsschritte getauscht, in der Anzahl verändert oder parallelisiert werden. Die finanziellen Auswirkungen eines einzelnen Fertigungsabschnitts sind für das Geschäftsergebnis eines Konzerns zwar nicht entscheidend, in Summe über alle Fertigungsabschnitte in einer Automobilfabrik ist jedoch die enorme Hebelwirkung zu berücksichtigen.

Planungsbereiche

Die Gestaltungsdimension Planungsbereiche zur Modularisierung der Produktion ermöglicht eine Unterteilung der Produktion nach Anlagen sowie aufbau- und ablauforganisatorischen Aspekten. Diese Differenzierung ist notwendig, um die Bestandteile der Produktion sowohl nach physischen als auch nach strukturellen und ablauforganisatorischen Elementen und Relationen trennen zu können. Die Planungsbereiche sind Anlagen, Prozesse und Organisation. Die Ablauforganisation wird dabei in dem Planungsbereich Prozesse abgebildet, um prozessorientierten Gestaltungsansätzen von Produktionsstrukturen Rechnung zu tragen. Die Anlagen, die für die Produktion benötigt werden, bilden ebenso einen eigenen Planungsbereich. Die Aufbauorganisation bildet den dritten Planungsbereich Organisation. Dieser Planungsbereich gewinnt vor allem vor dem Hintergrund zunehmender Wandlungsfähigkeit und Vernetzung verschiedener Bereiche an Bedeutung. In dieser Strukturierung sind vor allem die Anlagen und die Organisation wesentliche Bestandteile zur Beschreibung der Produktionsstruktur. Die Elemente des Planungsbereichs Prozesse bilden die Basis für die Gestaltung der Organisation und Prozesse.

Anlagen

Unter dem Begriff Anlagen werden die Mittel, die zur Erstellung von Gütern und Dienstleistungen benötigt werden, subsumiert. Die Anlagen lassen sich weiter in Potenzial- und Repetitorfaktoren unterteilen. Als Potenzialfaktoren werden Ressourcen bezeichnet, deren Eigenschaften und Menge sich im Produktionsprozess nicht verändern. Potenzialfaktoren wie Personal, Betriebsmittel, Gebäude und EDV stellen zur Befähigung der Produktion ein Potenzial zur Verfügung, ohne einem Transformationsprozess zu unterliegen. Repetierfaktoren wie Kapital und Material sind hingegen Ressourcen, die im Laufe des Produktionsprozesses verbraucht werden. Zusätzlich zu den materiellen Ressourcen werden auch immaterielle Ressourcen wie Patente und Informationen unterschieden. Im Bereich Anlagen lassen sich beispielsweise Anlagen- und Betriebsmittel-Komponenten, die Dimensionierung von Maschinenflächen, die Qualifikation, Steuerungssysteme mit Hard- und Software aber auch der Automatisierungsgrad und die Schnittstellen standardisieren. Die Prozesse innerhalb der Produktion werden in dem Planungsbereich „Prozesse" zusammengefasst.

Prozesse

In dem Planungsbereich Prozesse werden die Prozesse des Unternehmens betrachtet. Gemäß dem Prozessmodell nach Porter werden primäre und sekundäre Prozesse unterschieden. Die primären Prozesse eines Unternehmens unterteilen sich in die Eingangslogistik, Produktion, Vertrieb und Marketing, die Ausgangslogistik und den Service. Die sekundären Prozesse sind Infrastruktur, Personalwirtschaft, Entwicklung und Beschaffung. Ein Prozess wird durch die Input- und Outputfaktoren sowie die Transformationszeit definiert. Die Outputfaktoren können an interne oder externe Kunden weitergegeben werden. Im Fokus der Betrachtung stehen hier vor allem die Fertigung und Montage sowie die indirekten Prozesse. In diesem Planungsbereich lassen sich die Ein- und Ausgangsvariablen der Prozesse sowie die Prozesszeiten standardisieren. Die Systematisierung der einzelnen Produktionsebenen und Produktionsfunktionen erfolgt in dem Planungsbereich „Organisation".

Organisation

Die Organisation fasst in der Produktion die formale Gestaltung der Produktionsstruktur sowie die Beziehung zwischen den einzelnen Elementen zusammen. Im Allgemeinen kann die Organisation in die Aufbau- und die Ablauforganisation unterteilt werden. Die Aufbauorganisation beschränkt sich auf die hierarchische Gliederung der Organisationseinheiten, wohingegen die Ablauforganisation den Ablauf der Prozesse regelt. Im Rahmen der Segmentierung des Planungsbereichs „Organisation" wird weiter in Marken-, Werks-, Bereichs-, Linien- sowie Arbeitsplatzorganisation unterteilt. Im Bereich Organisation lassen sich vor allem die Aufgaben und die Kommunikationswege für einen effizienten und effektiven Ablauf der Produktion standardisieren.

3.2 Ansätze zur Modularisierung in der Automobilindustrie

In den folgenden Unterkapiteln werden analog zu den Gestaltungsdimensionen exemplarisch die Modularisierungsansätze der Automobilunternehmen Toyota, General Motors, Ford, Hyundai-Kia, Mercedes-Benz, BMW und VW aufgeführt. Die Ausführungen sollen einen Einblick in den Modularisierungsfortschritt der Automobilindustrie geben, ohne dabei einen Anspruch auf Vollständigkeit zu erheben.

Modularisierung in dem Planungsbereich „Anlagen"

Der Modularisierungsgedanke von Toyota zielt bei der Ressourcenverwaltung neben einer möglichst flexiblen Einsetzbarkeit von standardisierten Fertigungsanlagen auch auf eine modulare Steuerbarkeit dieser Anlagen. Die Automobilwerke werden nicht als gesamtheitliches System gesehen, sondern als eine Aneinanderreihung von unabhängigen Segmenten. Diese Sichtweise erlaubt auch eine autarke Steuerung. Standardschnittstellen sorgen dabei für eine Hebung von Skaleneffekten. Das System ermöglicht es Fertigungssegmente abzuschalten, sobald keine weiteren Aufträge anstehen, um möglichst wenige Ressourcen zu verschwenden. Diese bedarfsgerechte Steuerung der Fabriken bedarf nur einer relativ kurzen Reaktionszeit. Die autarke Betrachtung der Fertigungssegmente ermöglicht es vor dem Hintergrund der Modularisierung zugleich auch, dass die Konzepte abgeschlossener Bereiche in andere Werke transferiert werden können. Ähnliche Ausstattung erlaubt es darüber hinaus auch, dass sich Werke kurzfristig untereinander bei Kapazitätsengpässen aushelfen können. Entsprechend dem TPS-Leitgedanken „Anlagenverbesserung" berücksichtigt Toyota auch den Transfer von Erkenntnissen. Werden in einem Fertigungsmodul Möglichkeiten zur Optimierung der Anlagen identifiziert, werden die entsprechenden Stellhebel unabhängig vom Standort auch an alle ähnlichen Fertigungsmodule kommuniziert. Aufgrund der modularen Vergleichbarkeit münden die Optimierungsansätze dort meist in einer direkten Umsetzung. Bei der Konzeption des Fertigungslayouts wird ein besonderer Fokus auf den Materialfluss gelegt. Maschinen werden weitestgehend so angeordnet, dass ein effizientes Materialhandling möglich ist. Dazu zählt auch, dass Maschinen mit ähnlichen Inputfaktoren nebeneinander aufgestellt werden, um die Materialbeschickung zu vereinfachen. Toyota hat im Jahr 2011 verkündet, mit dem neuen Greenfield-Werk in der Präfektur von Miyagi ein neues Kapitel seiner Produktionsgeschichte aufgeschlagen und die erste „Low-Cost-Fabrik" der Automobilindustrie realisiert zu haben. Das verhältnismäßig kleine Werk mit 900 Arbeitnehmern und einer Jahreskapazität von 120.000 Fahrzeugen ist für Toyota ein Fabrik-Prototyp und Experimentierfeld in technischer, finanzieller und strategischer Hinsicht. Die dort gewonnenen Erkenntnisse sollen auf andere Standorte übertragen werden. Auffällig ist das Werk vor allem aufgrund seiner extremen Kompaktheit. Die Karosserien liegen schräg auf bodennahen Transportplattformen statt an Deckenträgern zu hängen. Somit konnte die Gebäudehöhe reduziert werden. Die gesamte Produktionslinie ist in U-Form angelegt. Dadurch werden die Linien kürzer und die Monteure müssen nicht so häufig um die Fahrzeuge laufen. Auch wurde die Anzahl großer Roboter verringert, denn diese erfordern häufige Neuprogrammierung und beanspruchen viel Platz. Toyota verspricht sich von dem neuen Fabrik-Design eine um 35 Prozent kürzere Montagezeit. Zudem sollen Umbauten wegen des Verzichts auf viele schwere Werkzeuge wesentlich schneller und mit weniger Spezialisten möglich sein, wodurch sich die Flexibilität erhöht. Die kompakte Produktionslinie mit weniger Förderstrecken ermöglicht darüber hinaus die Senkung des Stromverbrauchs um 35 %. 1993 gründete GM die Tochtergesellschaft Worldwide Facilities Group (WFG), deren ursprüngliche Bestimmung es war, das gesamte Gebäudemanagement von fünfzig nicht produzierenden Einrichtungen zu zentralisieren und Verbundeffekte zu heben. Verpflegungsleistungen gehören genauso zum Leistungsspektrum wie die Bereitstellung von Sicherheitsdienstleistungen. Über 1 Mrd. USD konnten pro Jahr dadurch eingespart werden. Aufbauend auf dieser Erfolgsgeschichte weitete sich das Betätigungsfeld der WFG auch auf den produzierenden Bereich aus. Die WFG wurde in das Konzept der modularisierten Fabrik integriert und ist nun auch für Instandhaltung und Flächenmanagement verantwortlich. Ein standardisiertes Facility Information System wird dabei konzernweit eingesetzt und sichert Kosten und Qualität ab. WFG entwickelte sich zu einem Unternehmen, das selbst die Vorschriften der ISO 9001-2000 einhält. Durch die Externalisierung dieser Leistungen in eine eigene Firma konnte es realisiert werden, dass die Standardtätigkeiten einer Produktion von den individuellen Prozessen abgekoppelt werden. Standardschnittstellen sehen dabei vor, dass die Dienstleistungen an die modularen Fertigungseinrichtungen angekoppelt werden können. Je nach Fertigungsumfang und Fahrzeugmodell können so die Anlagen situativ eingesetzt und Skaleneffekte genutzt werden. Das Produktionspersonal kann sich rein auf die Fahrzeugproduktion konzentrieren und WFG liefert Unterstützungsleistungen in Hinsicht auf Prozesse, Maschinen, Gebäude und Infrastruktur. Der Planungsbereich „Anlagen" enthält die Modularisierungsansätze für die Maschinen und Anlagen, das Material und die Flächen. Ford hat insbesondere im Bereich der Fertigung und Montage sehr hohe Standardisierung realisiert. Durch die Verwendung von flexibel einsetzbaren Werkzeugen im Karosseriebau sowie standardisiertem Equipment in der Lackiererei und der Montage können bei Ford verschiedene Modelle verschiedener Plattformen in einer Fabrik auf derselben Linie gefertigt werden. Im Karosseriebau sind mehr als 80 % der eingesetzten Anlagen für die Bearbeitung modellunabhängig modularisiert. Die Schweißzellen lassen sich flexibel umprogrammieren, so dass Fahrzeuge mit ähnlichen Abmaßen verschweißt werden können. Ebenso sind in der Lackiererei, alle Robotereinheiten flexibel programmiert, so dass für jedes Fahrzeugmodell geringste Mengen an Lack und Wasser benötigt werden. Dies wird in der Lackierstraße mit variablen Skid-Längen und Aufnahmepunkten erreicht. Die enge Verbindung zum Toyota Produktionssystem spiegelt sich bereits im Fertigungslayout des ersten Produktionsstandorts von Hyundai-Kia wider. Für den ersten Serienanlauf im Jahr 1975 wurde für die Anlagen- und Prozessgestaltung Seiyu Arai, ein ehemaliger Mitsubishi Entwickler und Student von Taiichi Ohno, dem Gründer des Toyota Produktionssystems, eingestellt. Im Laufe der Entwicklungsgeschichte kristallisierte sich das heutige Hyundai-Kia Produktionssystem (HPS) heraus, das heute für eine konsequente Umsetzung des Just-in-Sequence-Gedankens und die Optimierung des Produktionsflusses steht. Heute bildet die Flexibilisierung der Produktionsanlagen auf Werksebene die zentrale Erfolgsstrategie der Hyundai-Kia Produktion. Der Einsatz hochvariabler Positionierer, Greifer, Spannsysteme und Schweißzangen in der Produktionslinie ermöglicht eine flexible und damit kosteneffiziente Produktion einer Vielzahl von Modellen auf einer einzigen Fertigungslinie. Ferner ist das HPS im Gegensatz zum Toyota Produktionssystem auf eine maximale Technologisierung der Fertigungsprozesse und Minimierung direkt produktionsbezogener menschlicher Tätigkeiten ausgerichtet. Die technologischen Modularisierungsbestrebungen entsprechen dem technologieorientierten Denken des Unternehmens und werden in der Entwicklung und Produktion mit Nachdruck verfolgt. So konnte das Unternehmen bereits im Jahr 2006 einen Anteil modularer Produktionsanlagen von 40 % aufweisen. Hohe Investitionen in die Fertigungsautomatisierung haben dazu geführt, dass einzelne Produktionsbereiche wie der Karosseriebau heute einen Automatisierungsgrad von über 99 % aufweisen. Die starke Technologieorientierung führt in Verbindung mit den Fortschritten in der Fertigungsrobotik zu einer hohen Flexibilität der Fertigungsinseln. Dies ermöglicht eine gesteigerte Variabilität und kurze Reaktionszeiten in der Fertigungssequenzierung. Durch eine weitgreifende Automatisierung soll insbesondere zufälligen menschlichen Fehlern vorgebeugt werden. Durch die Kombination modularer Teilefamilien mit automatisierten Fertigungsprozessen wird eine hohe Produktions- und Montageeffizienz bei maximaler Sequenzierungsflexibilität angestrebt. Durch die Kombination aus hohem Automatisierungsgrad durch flexible Roboterzellen und dem logistischen Prinzip der Just-in-Sequence-

Anlieferung wird ein effizienter Produktionsfluss erreicht, der Verschwendung vermeidet. Durch die enge Zusammenarbeit mit strategischen Lieferanten und die Nutzung flexibler Roboterzellen wird im Gegensatz zu traditionellen Produktionsstrukturen ein hoher Freiheitsgrad in der Fertigungssequenzierung erreicht, der dem Unternehmen eine hohe Reaktionsfähigkeit auf unvorhergesehene Marktschwankungen ermöglicht. Als Kehrseite der Medaille ist die geringe Toleranz der Produktion gegenüber Engpässen und hohen Variantenzahlen zu nennen. Da jede Produktvariante aufgrund ihrer Geometriedaten und sonstigen individuellen Eigenschaften einen hohen Implementierungsaufwand in den Bearbeitungszentren nach sich zieht, versucht das Unternehmen die Variantenzahl konsequent gering zu halten. Als weitere Stärke ist die enge Zusammenarbeit des Unternehmens in Entwicklungsnetzwerken zu nennen. Durch horizontale und vertikale Entwicklungskooperationen kann die Komplexität der Produktions-, Montage- und Logistikprozesse von Beginn an gering gehalten werden. Die enge Zusammenarbeit mit strategischen Lieferanten und Anlagenherstellern bildet die vitale Basis für eine simultane Produkt- und Prozessentwicklung im Rahmen eines flexiblen Modularisierungskonzepts. Im Rahmen des CORE-Projektes sind zur Modularisierung der Anlagen Arbeitspakete zur Optimierung des Fertigungsmaterials definiert. In Abstimmung mit Experten der Fahrzeugarchitektur werden sämtliche eingesetzte Teile und Materialien bezüglich Kosteneinspar- und Qualitätssteigerungspotenzialen untersucht. Besonderes Augenmerk wird in diesem Zuge multivariaten Einsatzmöglichkeiten zur Erreichung von Skaleneffekten beigemessen. Der Komponentenbaukasten ermöglicht es, Systeme und deren Gesamtarchitektur ebenfalls modular zu gestalten. Mercedes-Benz definiert diese Systeme auf funktionaler Ebene und erreicht damit eine durchgängige Standardisierung der Automatisierungs- und Steuerungstechnik. Mit inbegriffen sind die zur Steuerung notwendigen IT-Systeme, die zur Erhöhung der Kompatibilität mit einem neutralen Datenformat arbeiten. Mitarbeiter werden gezielt geschult und ihre Höherqualifizierung durch bereichsübergreifende Rotationen unterstützt. Da der hohe Standardisierungsgrad des Mercedes-Benz Produktionssystems ebenfalls den Produktions- und Materialfluss regelt, ist eine exakte Vorhersage des Materialverbrauchs möglich. Gleichzeitig bildet die Standardisierung des Produktionssystems die Grundlage von JIT. Effektiv umgesetzt wird das JIT-Konzept durch eine detaillierte Planung der benötigten Ressourcen. Diese werden modular zur Verfügung gestellt. Hierzu sind standardisierte und modular adaptierbare Lagerhaltungskonzepte vorhanden. In den Werken sorgt verbrauchsgesteuerter Routenverkehr für Effizienz in der Materialversorgung. Je nach Art und Umfang des Bedarfs werden alternative Transportmittel zur Verteilung der an die Güter angepassten Transportbehältnisse eingesetzt. Die Modularisierung der Anlagen bei Mercedes-Benz ist in den Bereichen Arbeitsplätze und Linien stark ausgebildet. Auf Bereichs- und Werksebene ist die Modularisierung nur partiell ausgeprägt. Die Fertigung von unterschiedlichen Fahrzeugmodellen auf einer Montagelinie kann als Beispiel für intelligent umgesetzte Flexibilitätskonzepte herangezogen werden. Im Werk Regensburg der BMW Group entstehen der BMW 1er (3- und 5-Türer), 3er Limousine, 4er Cabrio, M3, der Z4 Roadster sowie Allrad- und Individualvarianten in einem Einliniensystem. Neben flexiblen Strukturen und Prozessen in der Produktion gewährleisten zusätzlich innovative Arbeitszeitmodelle mit Mitarbeiter-Zeitkonten Freiräume für eine nachfrageoptimale Fahrzeugproduktion. Die Schwankungsbreiten der Mitarbeiter-Zeitkonten können sich dabei, wie im BMW Werk Leipzig, zwischen 60 und 140 Stunden bewegen, ohne tarifliche Auswirkungen zu zeigen. Im Werk Leipzig ist das Konzept

des variantenneutralen Hauptbandes umgesetzt worden. Die Monta-
geanlagen sind im Werk Leipzig in einer so genannten Fingerstruktur
angeordnet: Im Hauptband stehen investitionsintensive oder automatisierte Stationen an Fixpunkten, von denen die Montagelinie in einzelne Finger abzweigt. Sind aufgrund veränderter Arbeitsinhalte zusätzliche Arbeitsschritte erforderlich, wird ein Finger um die entsprechenden Stationen verlängert, ohne jedoch bestehende Fixpunkte zu
verändern. Die hohe Flexibilität sowie die damit einhergehende hohe
Kapazitätsauslastung zählen zu den zentralen Kernmerkmalen des
Produktionssystems von BMW. Die Verwendung von flexibel einsetzbaren Werkzeugen im Karosseriebau und standardisiertem
Equipment in der Lackiererei sowie der Montage ermöglichen es,
dass verschiedene Modelle auf einer Linie im selben Werk gefertigt
werden. Neben dem schnellen Werkzeugwechsel in den Pressen,
flexiblen Schweißprogrammen im Karosseriebau, wandlungsfähigen
Robotern in der Lackiererei sowie variablen Aufnahmen in der Montage, zeichnen sich die Fabriken von BMW durch einen geringen
Energiebedarf je Fahrzeugmodell aus. Die Anlagen sind bei Volkswagen insbesondere im Bereich der Fertigung und Montage sehr
hoch standardisiert. Durch die Verwendung von flexibel einsetzbaren
Werkzeugen im Presswerk sowie im Karosseriebau und dem standardisierten Equipment in Lackiererei und Montage kann Volkswagen
verschiedene Modelle und Plattformen in derselben Fabrik auf einer
Linie fertigen. Vor allem durch die Realisierung des MPB lassen sich
zusätzliche Optimierungspotenziale in diesen Bereichen heben. Der
MPB standardisiert die Art und Weise, wie die Flexibilität im Karosseriebau im Hinblick auf die Stückzahl, den Mechanisierungsgrad
und die Typenvielfalt erhöht wird. Beispielsweise sind für zusätzliche
Schweiß- und Zuführroboter, die für eine Ausweitung der Kapazitäten benötigt werden, bereits vordefinierte Positionen berücksichtigt.

Dies ermöglicht eine schnelle Anpassung der Anlagen an kurzfristig erhöhte Stückzahlen. Eine markenübergreifend einheitliche Steuerungs- und Bedientechnik vereinfacht zudem den Betrieb und die Instandhaltung der Anlagen. Auch in der Lackiererei und der Montage wird durch den MPB die Flexibilität erhöht. Der Modulare Produktions-Baukasten standardisiert die Fertigungsanlagen einer Fabrik durchgehend vom Presswerk bis zur Montage. Einzelne Anlagen und Fertigungsbereiche können zudem nach und nach in bestehende Fabriken implementiert werden oder als Grundlage für neue Fabriken dienen. In den Funktionen Logistik und Unterstützung birgt die Modularisierung vor allem in Bezug auf einheitliche Ladungsträger und Transportmittel große Vorteile.

Modularisierung in dem Planungsbereich „Prozesse"

Der Produktionsprozess von Toyota sieht vor, dass sämtliche Teilmodule eines Fahrzeuges exakt in der Reihenfolge gefertigt werden, in der diese später bei der Fahrzeugkomplettierung benötigt werden. Die Teilmodule werden der Endmontage im Fluss, analog eines Fischgrätenmodells, beigestellt. Zwischen Modulfertigung und tatsächlichem Verbau vergehen etwa zwei Stunden. Geringer Lagerbedarf ist ein positiver Nebeneffekt dieser kurzen Durchlaufzeiten. Ein besonders hoher Wert wird auch auf die Qualifizierung und Integration von Lieferanten gelegt. Aufgrund der kurzen Taktzeiten und der Modulvielfalt ist für einen reibungslosen Produktionsprozess äußerst hohe Qualität in Verbindung mit höchster Liefertreue unabdingbar. Lieferengpässe würden wegen JIT und JIS Anlieferungen sowie geringen Lagerbeständen nämlich schon nach kurzer Zeit zu einem Stopp der Produktion führen. Im TPS wird der Modularisierungsgedanke von Prozessen durch die Leitlinien „Prozesssynchronisation" und „Prozessstandardisierung" aufgegriffen. Unter der Standardisierung versteht Toyota dabei die Vereinheitlichung von Prozessen, die vergleichbare Produktionsschritte abbilden. Neben einer Vereinheitlichung des Prozesses an sich, ist vor allem die Definition von einheitlichen Prozessschnittstellen für den modularen Charakter verantwortlich. Durch definierte Anfangs- und Endpunkte können einzelne Prozesse ausgetauscht oder parallelisiert werden. Mit der Prozesssynchronisation verfolgt Toyota den Anspruch, Arbeitsschritte weitestgehend unabhängig voneinander zu machen und durch gleichzeitige Durchführung kürzere Durchlaufzeiten zu ermöglichen. Durch die Modularisierung der Fahrzeuge und Plattformen verlagert sich die Variantenvielfalt von der Gesamtfahrzeugmontage hin zur kleineren und besser überschaubaren Modulmontage. Bei der Modulmontage achtet GM dabei darauf, dass konzernweit die gleichen Montageinhalte je Modul abgedeckt sind. Der Montageprozess von alternativen Modulen ist jeweils so aufeinander abgestimmt, dass alle Module den gleichen Grad der Komplettierung erfahren und die definierten Schnittstellen eingehalten werden. Es soll ermöglicht werden, dass alternative Module weltweit mit dem gleichen Integrationsaufwand in andere Baugruppen integriert werden können. Bei der Gestaltung von neuen Produktionslinien setzt General Motors auf eine C-MORE-gestützte Analyse der Durchlaufzeiten. Im C-MORE-System sind Erfahrungswerte der letzten Jahrzehnte hinterlegt, die eine möglichst zeiteffektive Anordnung der Fertigungsmodule ermöglichen. Szenarien werden simuliert und das optimale Fertigungslayout identifiziert. Das System ergänzt sich dabei mit dem Modularisierungsanspruch insofern, dass standortunabhängig vergleichbare Parameter ausgewertet werden können und ein Höchstmaß an Erfahrungstransfer ermöglicht wird. Ford hat in dem Planungsbereich „Prozesse" ebenso diverse Ansätze zur Modularisierung. Beispielsweise sind in der Montage alle Prozesse auf Arbeitsplatz- und Linienebene so standardisiert, dass eine Vielzahl an Modellen auf verschiedenen Plattformen effizient montiert werden können. Durch die Standardisierung der Montageprozesse müssen sich die Mitarbeiter lediglich Besonderheiten der verschiedenen Modelle aneignen und keine neuen Prozessschritte erlernen. Dies kann Ford vor allem durch die hohe Verbreitung der Virtual Verification erreichen. Die virtuelle Simulation aller Prozesse von der Werksebene bis hinunter zur Arbeitsplatzebene erlaubt es Ford, schnell und flexibel neue Modelle und Prozesse in einem Werk zu etablieren oder Änderungen in einen bestehenden Prozess einzufügen. Weiterhin können die verantwortlichen Planer in der digitalen Umgebung Werkzeuge und Schnittstellen prüfen, bevor kostenintensive Investitionen getätigt werden. Diese hohe Standardisierung in den Unterstützungsprozessen führt zu einer schnellen Durchführung des Anlaufs sowie zu einer erhöhten Anlaufqualität. In enger Anlehnung an die Ausgestaltung der Produktionsanlagen werden die direkten und indirekten Produktionsprozesse im Rahmen des Hyundai Produktionssystems definiert. Dabei stehen dieselben Leitlinien der Fertigungsautomatisierung und der Vereinfachung der Prozessschritte durch einen modularen Aufbau im Vordergrund. Das Modularisierungskonzept umfasst auf der Prozessebene das Outsourcing von Sequenzierungsprozessen im Rahmen einer durchgängigen Just-in-Sequenz Orientierung. Die Bereiche Fertigung und Montage sowie Logistik weisen daher einen hohen Modularisierungsgrad auf. Die Prozesslandschaft der Produktions- und Montagelinien ist so ausgestaltet, dass die Hauptproduktionslinie möglichst schlank bleibt und einen hohen Anteil an variantenunabhängigen Prozessschritten aufweist. Strukturierte und transparente Vorgaben hinsichtlich aller Produktionsprinzipien befähigen die Mitarbeiter zur Anwendung von standardisierten Verfahren und Maßnahmen im Produktionssystem von Mercedes-Benz. Insbesondere in der Fertigung und Montage sind

Prozesse in einem hohen Maße modularisiert. Standardisierte Vorgehensweisen sind in den Bereichen Logistik und Unterstützung hauptsächlich auf Arbeitsaufgaben- und der Linienebene vorhanden. Neben umfänglichen Prozessbeschreibungen und zugehörigen Visualisierungen sind Verhaltensweisen definiert, die eine effektive Umsetzung des Produktionssystems ermöglichen. Strukturell findet eine Vielzahl der durchgeführten Prozesse in Gruppenarbeit statt. Da die Prozessstandards auf sehr niedrigem Aggregationsniveau definiert sind und dementsprechend kleine Arbeitspakete beschreiben, wird der Ansatz als modularer Baukasten interpretiert. Aus der detaillierten Planung der operativen Tätigkeit lässt sich zudem eine zuverlässige Materialflussplanung ableiten. Insgesamt ergibt sich eine Vielzahl an prozessbeschreibenden Richtlinien: Standardarbeitsblätter - Stationsblätter, standardisierte Arbeitsplatz-Dokumentation, standardisierter Materialbestand, Kennzahlentafeln und Vorort-Kennzahlenverfolgung, standardisierte Schichtübergabe, standardisierte Einrichtungen/Ausrüstung sowie Quality Gates zur Schnittstellendefinition. BMW legt einen großen Fokus auf die Prozess-Modularisierung in allen Funktionen und Hierarchieebenen. Durch ein einheitliches und durchgängiges Kanban-System sind die logistischen Prozesse sowie die Materialbereitstellungen in den Funktionen Logistik und Unterstützung auf Arbeitsplatz, Linie und Bereich weitgehend einheitlich. Die Modularisierung in dem Planungsbereich „Unterstützung" ist aufgrund der virtuellen Simulation aller Prozessschritte über fast alle Hierarchiestufen hoch. Die Simulation ermöglicht es BMW, schnell und flexibel neue Modelle in einem Werk zu etablieren, Änderungen einzufügen und einen schnellen Anlauf zu realisieren. Um Bauteile und vormontierte Module zur rechten Zeit (Just-in-Time) und in der exakt benötigten Reihenfolge (Just-in-Sequence) ans Band zu bringen, wurden Lieferanten in der Vergangenheit bevorzugt direkt auf dem Werksgelände oder in der Umgebung angesiedelt. Volkswagen erreicht mit Hilfe des Modularen Produktions-Baukastens (MPB) eine hohe Modularisierung in dem Planungsbereich „Prozesse". Im Karosseriebau lässt sich die hohe Flexibilität am Beispiel der Framingstationen für Unterbau und Aufbau verdeutlichen. Die Unterstützungsprozesse sind auf allen Hierarchieebenen stark modularisiert. Dies erreicht Volkswagen vor allem durch die intensive Nutzung der virtuellen Simulation. Die frühe Produkt- und Produktionsprozesssimulation im PEP erlaubt es, schnell und flexibel neue Modelle im Werk zu testen und Änderungen zu initialisieren. Damit können die Verantwortlichen in der digitalen Umgebung kostengünstig Änderungen prüfen und entstehende Kosten abschätzen. Dies führt zu schnelleren Entscheidungen im Fahrzeugprojekt, geringeren Risiken für Fehlinvestitionen sowie einer schnelleren Durchführung von Anläufen.

Modularisierung in dem Planungsbereich „Organisation"

In dem Planungsbereich „Organisation" setzte Toyota hinsichtlich der Modularisierung vorwiegend auf die Strategiefelder Mitarbeiterqualifizierung und Fehlervermeidung. Die Philosophie der Mitarbeiterführung besagt, dass jeder Mitarbeiter einen aktiven Beitrag zum Unternehmenserfolg leistet. Nur wenn jedes Glied höchste Qualität liefert, kann auch die gesamte Produktionskette fehlerfreie Fahrzeuge ausbringen. Dieser Ansatz erfordert auch von Mitarbeitern an vermeintlich anspruchslosen Wirkungsstätten Weitsicht. Durch aufwändige Qualifizierungsmaßnahmen werden die Mitarbeiter deshalb darauf geschult, mehrere Aufgabenbereiche übernehmen zu können. Die flexible Einsetzbarkeit jedes Mitarbeiters stärkt nicht nur das Selbstbewusstsein der Angestellten, sondern verhilft auch dem Gesamtunternehmen zu einer enormen Flexibilität. In Verbindung mit dem modularen Aufbau der Produktionsprozesse können Mitarbeiter so nicht nur variabel am ursprünglichen Standort eingesetzt werden, sondern je nach Kapazitätslage auch in anderen Werken. Die organisatorische Leitlinie der Fehlervermeidung geht mit dem Modularisierungsgedanken insofern einher, dass ein umfassendes Wissensmanagement Erkenntnisse auf alle ähnlichen Produktionsmodule überträgt. Tritt in einem Produktionsmodul ein Fehler auf, werden Maßnahmen zur Vermeidung auch in andere Module übernommen. Standardschnittstellen sorgen dabei für die nötige Vergleichbarkeit. Fabriken werden so konzipiert, dass artverwandte Module unabhängig von der Detailausführung mit denselben Anlagen gefertigt werden können. Aus diesem Grund sind die Werke von Toyota sehr ähnlich aufgebaut. Haben sich Produktionsprozesse und Maschinen in einem Fertigungsmodul bewährt, so können diese an anderen Standorten reproduziert werden. Um die Vorteile einer modularen Produktarchitektur auch in der Produktion konzernweit nutzen zu können, definiert General Motors modulabhängig konkrete Fertigungsumfänge. Implementierungspläne werden für jedes Werk und Modul entwickelt sowie alle organisatorischen Schnittstellen exakt festgelegt. Modulabhängig wird ebenfalls dekliniert, ob internes oder externes Personal eingesetzt wird. Alle dazu nötigen Parameter werden jeweils beim Umbau oder Neubau von Fabriken als auch bei Produktneuanläufen auf den aktuellen Konzernstandard gebracht. Somit wird eine organisatorisch hohe Vergleichbarkeit aller Konzernstandorte gewährleistet und zugleich die Weiterentwicklung nicht gehemmt. Schnittstellen zwischen General Motors und Lieferanten werden in Hinsicht auf Logistik, Übergabepunkte, Instandhaltung, Qualitätssicherung und Ausschusshandling einheitlich definiert. In fünf Stufen ist eindeutig definiert, in welchem Umfang externe Dienstleister in die Modulproduktion integriert werden können. Neben einer reinen Eigenmontage

bei General Motors und einem absoluten Outsourcing an den Lieferanten sind weiter drei Stufen der Teilintegration möglich. Die
schwächste Integrationsform bilden Logistikdienstleister ab, die lediglich für die zum Produktionstakt passende Bereitstellung der Module verantwortlich sind. Unter Inhouse Assembler werden Lieferanten verstanden, die darüber hinaus in den Werkshallen von General
Motors die Montage der Module inklusive Qualitätssicherung übernehmen. Die höchste Integrationsstufe, ohne gesonderte Einkaufs-
und Entwicklungstätigkeiten, stellen die Value Added Assembler dar.
Sie steuern und verantworten den gesamten Montageprozess auf eigenen Maschinen und liefern die Module fertig zum Verbau an. General Motors strebt nicht zuletzt aufgrund seiner Mehrmarkenstrategie ein möglichst hohes Maß an Modularisierung in der Produktion
an. Durch definierte Lieferumfänge und in der Entwicklung festgelegte Standardschnittstellen wird eine einfache Adaption von neuen
Fahrzeugmodellen in eine bestehende Fabrik ermöglicht. Bei Ford
konzentriert sich die Modularisierung der Produktion vor allem auf
Anlagen und Prozesse auf Arbeitsplatz- und Linienebene. Die Organisationseinheiten auf Arbeitsplatz- und Linienebene sind in allen
Werken gleich, so dass von einer hohen Ausprägung der Standardisierung gesprochen werden kann. Weiterhin ist in der Funktion Fertigung und Montage die Organisation auf der Ebene der Bereiche modularisiert. Die technologieorientierte Ausrichtung der Produktions-
mittel und Prozessabläufe im Hyundai Produktionssystem hat weitreichende Auswirkungen auf die Organisationsstruktur. Das Organisationskonzept beruht dabei, wie viele andere Aspekte des Produktionssystems, auf den Grundsätzen des Toyota Produktionssystems
und wurde an die spezifischen Anforderungen einer hoch automatisierten, flexiblen Produktion angepasst. Im Gegensatz zum TPS liegt
der Fokus des Innovationsprogramms nicht auf der kontinuierlichen

Verbesserung und der Steigerung der Arbeitsproduktivität auf Ebene des Produktionsmitarbeiters. Stattdessen geht das Innovationsprogramm bei Hyundai-Kia von der Ebene des Bereichsmanagements aus und schließt die Ebene der direkten Produktionsmitarbeiter nicht mit in den Prozess ein. Die organisatorische Entscheidungsbefugnis im Rahmen der Aufbau- und Ablauforganisation des Produktionsprozesses liegt damit in der Hand studierter Ingenieure. Damit ist auch der Grad der Ablaufstandardisierung als Grundlage für modulare Organisationskonzepte auf dieser Ebene am stärksten ausgeprägt. Das Anreizsystem ist auf die konsequente Förderung einer hohen Innovationsleistung in diesem Bereich ausgelegt. Die durch diesen Ansatz induzierte hohe Innovationskraft schlägt sich in den Innovationsstatistiken nieder. So konnte Hyundai-Kia im Jahr 2005 im Gesamtdurchschnitt vier Patente pro Ingenieur ausweisen. Durch die Aufteilung des Fahrzeugs in Einzelmodule ist die Fertigung in wesentlich kleineren Fabrikeinheiten, dezentral an unterschiedlichen Standorten, realisierbar. Jedoch erfordert und ermöglicht das Konzept eine Revolution in der Fabrikplanung. Schlüssel des Erfolgs ist die umfängliche Fertigungssegmentierung. Die bisherigen volumenstarken und zentralisierten Produktionsstandorte sollen durch kleine flexible Fertigungseinheiten zur Produktion der Einzelmodule ersetzt werden. So kann für jedes Modul je nach Beschaffungs- oder Umweltsituation eine Make-or-Buy Entscheidung getroffen werden. Der hohe Standardisierungsgrad auf dem Niveau einzelner Prozessschritte ermöglicht deren modulare Kombination. Geregelt wird deren Einsatz durch Integration in das durchgängig vorhandene Pull-Prinzip. Durch intensive Schulungsmaßnahmen, Job-Rotations, Job-Enlargement und ähnliche Ansätze können sogar die Mitarbeiter entlang der wertschöpfenden Tätigkeiten modular eingesetzt werden. Dabei gibt das MPS den Mitarbeitern durch standardisierte Regeln Rahmenbedingungen vor, die jedoch ausreichend Freiräume zur persönlichen Entfaltung und Weiterentwicklung der Standards zulassen. Mercedes-Benz definiert den Modularisierungsansatz in den operativen Bereichen über das Spannungsfeld hoher Standardisierung und zahlreicher Freiheitsgrade. Die Definition geeigneter Schnittstellen ist primärer Erfolgsfaktor. Agilität und Wirtschaftlichkeit sind die obersten Prämissen im weltweiten BMW-Produktionsnetzwerk. Sogenannte „atmende" Strukturen ermöglichen es BMW, agil auf die jeweiligen Kundenwünsche und Marktgegebenheiten zu reagieren. Dazu gehören flexible Arbeitszeitmodelle und Arbeitszeitkonten sowie die modellübergreifende Flexibilität der Fertigung. Die Organisationseinheiten bei BMW sind in allen Werken standardisiert. Bei Volkswagen wird in allen Werken eine einheitliche Grundstruktur verwendet, die entsprechend des werksspezifischen Bedarfs angepasst wird. Die Bezeichnungen der einzelnen Organisationseinheiten sind vergleichbar. Auf diese Weise stellt Volkswagen sicher, dass ein Best-Practices-Transfer einfach umgesetzt werden kann und zugleich die spezifischen Anforderungen beachtet werden können. Volkswagen treibt im Rahmen des MPB die Standardisierung der Organisation weiter voran, um Anpassungen und Vereinheitlichungen über alle Werke zu realisieren und damit die Verluste in der Zusammenarbeit von unterschiedlichen Standorten zu reduzieren und kontinuierlich zu verbessern. Volkswagen fokussiert sich bei der Modularisierung der Produktion vor allem auf Anlagen und Prozesse auf Arbeitsplatz- und Linien- sowie Bereichsebene.

3.3 Anforderungen an die Modularisierung in der Praxis

Ausgehend von den exemplarischen Einblicken in die Modularisierungsfortschritte unterschiedlicher Automobilproduzenten lassen sich Anforderungen an die Modularisierung in der Praxis herauskristalli-

sieren. Grundgedanke einer modularen Produktion ist es, autark agierende Einheiten zu schaffen, die situationsspezifisch unter geringem
Aufwand zu einem Gesamtoptimum kombiniert werden können.
Dieser Anspruch kann aber nur erfüllt werden, wenn die einzelnen
Module in der strategischen Zielsetzung aufeinander abgestimmt
sind. Die Optimierung von Einzelmodulen ist nur insoweit gewünscht, wie sie der Effektivität der gesamten Produktion nicht ent-
gegenwirkt. Hierzu ist ein gemeinsamer Zielbildungsprozess notwendig. Obwohl die Bereitstellung von Standardschnittstellen für Einzelmodule oft einen Mehraufwand darstellt, wirkt sich diese dennoch
positiv auf das Gesamtsystem aus und ermöglicht eine aufwandsarme
Wandlungsfähigkeit. Modularisierung kann tiefgreifende Änderungen in Prozessen, Wertschöpfung, Verantwortlichkeiten und Liefe-
rantenbeziehungen nach sich ziehen. Daher steht vor der Erstellung
eines Modularisierungskonzeptes immer eine Definition der strategischen Ausrichtung (Kernkompetenzen, Sourcingstrategie bei Anlagen, interne Dienstleistungsverrechnung, Rollenverständnis der
Fachbereiche). Aufgrund der übergreifenden Reichweite solcher Pro-
jekte ist eine umfassende Abstimmung mit der Unternehmens- und
Geschäftsbereichsstrategie unumgänglich. Zum einen gilt es abzuste-
cken, welche Rolle der Geschäftsbereich Produktion im Gesamtunternehmen einnehmen soll und zum anderen abzuleiten, welche Implikationen die Entwicklungs- und Absatzziele des zentralen Managements auf die Produktion haben. Optimierungsprojekte anderer
Fachbereiche sind zu synchronisieren und Verbundeffekte zu suchen.
Alle Interessenvertreter sind in den Zielfindungsprozess einzubinden,
und ein klarer Projektauftrag ist abzuleiten. Unter einer gemeinsamen
Zielbildung als Erfolgsfaktor der Modularisierung ist somit ein Prozess zu verstehen, bei dem alle Teilmodule der Produktion auf einer
übergeordneten Ebene auf ein Gesamtoptimum hin abgestimmt wer-

den. Hierzu sind Rahmenbedingungen festzulegen, gemeinschaftliche Ziele zusammenzustellen und Erfolgsparameter zu definieren. Unter Rahmenbedingungen sind dabei Grenzen zu verstehen, innerhalb derer sich Module autark organisieren dürfen. Eine absolute Standardisierung wäre aufgrund der vielfältigen Rahmenbedingungen und lokalen Gegebenheiten nahezu undenkbar. Dennoch sollten für Module einheitliche Grenzen vorgegeben werden, die konzernweit einzuhalten sind. Hierzu zählt auch die Schnittstellengestaltung zu anderen Modulen und zum Produkt. Schnittstellen sollten unabhängig von individuellen Rahmenbedingungen immer genormt sein, um einen konzernweiten Austausch gewährleisten zu können und einheitliche Qualitätsniveaus zu halten. Gemeinschaftliche Ziele ermöglichen eine einheitliche Fokussierung auf ein gewünschtes Endprodukt. Ohne gemeinschaftliche Ziele verfallen Modulverantwortliche leicht in eine Optimierung des eigenen Betrachtungsbereiches und vernachlässigen deren Folgen auf andere Prozesse. Trotz separater Module in der Produktion zeigt sich der Erfolg eines Unternehmens aber erst im Gesamtfahrzeug vor dem Kunden. Den Kunden interessieren weder die Produktionsschritte noch deren Teilleistungen. Entscheidend ist lediglich das produzierte Gesamtpaket. Zur Steuerung der gemeinsam entwickelten Modularisierungsziele liegt es nahe, diese anhand von Erfolgsparametern zu instrumentalisieren und in einem Zielkatalog zu systematisieren. Der ursprüngliche Projektauftrag ist in einem lösungsorientierten Zielkatalog transparent wiederzufinden. Ein erfolgreicher Zielbildungsprozess berücksichtigt Kenngrößen, anhand derer der Zielerreichungsbeitrag von Umsetzungsmodulen gemessen werden kann. Neben Finanzkennzahlen und Durchlaufzeiten zählen dazu auch Normhaltigkeit, Wissenstransferleistungen und Qualitätsstufen. Die Kennzahlen sind dabei so zu gestalten, dass die Module von Teiloptima zu Gesamtoptima geleitet werden.

Konsistenz des Modularisierungskonzepts

Die Konsistenz des Modularisierungskonzepts ergibt sich aus der Zusammenführung von funktionalen, strukturalen und hierarchischen Konzepten. Unterschieden werden die Hierarchie der Produktionsebenen, die Produktionsfunktionen sowie die Planungsbereiche der Produktionselemente. Dieser ganzheitliche Ansatz gewährleistet die Berücksichtigung aller relevanten Bausteine der modularen Produktionsstruktur und eröffnet Potenziale für eine Standardisierung von Produkten und Prozessen an allen Produktionsstandorten. Durch die Konsistenz des Modularisierungskonzeptes wird das Prinzip der flexiblen Standardisierung innerhalb der Produktion vollständig umgesetzt. Konsistenz ergibt sich aus dem Zusammenspiel kohärenter Bausteine oder Module zur Erreichung übergeordneter komplementärer Zielsetzungen. Das Modularisierungskonzept zeichnet sich durch Ganzheitlichkeit und Vollständigkeit aus. Hierdurch wird vermieden, dass produktionsrelevante Elemente unberücksichtigt bleiben und dass keine Widersprüchlichkeiten oder Inkonsistenzen im Modell des Modularisierungskonzeptes auftreten. Dies wird erreicht, indem wechselseitige Einflüsse der Modellparameter untereinander abgeglichen und analysiert werden. Rückkopplungsschleifen bei der Konzeptentwicklung tragen dazu bei, dass negative Auswirkungen einzelner Konzeptbausteine auf andere Bereiche der Produktion unmittelbar erkannt werden. Die Erkenntnisse fließen sodann in die Verfeinerung und Abrundung des Konzeptes ein, um dem Anspruch der Ganzheitlichkeit und Integrität des Konzeptes gerecht zu werden. Bei der Gestaltung eines Modularen Produktions-Baukastens ist die Konsistenz der Module und die Zuordnung eine wesentliche Voraussetzung für die Standardisierung. Die Schaffung von Standards ist auf eine Ordnungslogik angewiesen, innerhalb derer keine undefinierten Lösungsräume bestehen. Die Schnittstellen zwischen Produktionsfunktionen, Produktionsebenen und den Planungsbereichen „Organisation", „Prozesse" und „Anlagen" sind in den Modularisierungsansätzen in der Produktion beschrieben. Alle Bestandteile stehen zueinander in einem eindeutig definierten Verhältnis. Über die Wirkungszusammenhänge der einzelnen Elemente in der modularen Produktionsstruktur herrscht völlige Transparenz. Die Gestaltung von Produktionsfunktionen führt zu mess- und bewertbaren Ergebnissen. Die in betrieblichen Organisationen häufig beschriebene Form der Black Box wird explizit ausgeschlossen. Alle Maßnahmen werden dokumentiert und die Auswirkungen bewegen sich innerhalb der Grenzen des zulässigen Lösungsraumes. Die betriebswirtschaftlichen Effekte des konsistenten Gestaltungsansatzes manifestieren sich in Kostenreduzierungen, Zeitverkürzungen und Qualitätsverbesserungen. Ebenso wird die erforderliche Flexibilität der Produktion gesteigert. Die Konsistenz des Modularisierungskonzeptes ist ein Schlüsselfaktor für die Realisierung der betriebswirtschaftlichen Potenziale.

Skalierbarkeit

Die Anforderungen, die das globale Wettbewerbsumfeld an die Produktionsprozesse der Automobil-OEMs stellt, lassen sich unter dem Sprichwort „Das einzig Beständige ist der Wandel" zusammenfassen. Die Volumenheterogenität und die wachsende Dynamik der globalen Absatzmärkte verlangen der Serienentwicklung und -produktion ein Höchstmaß an Anpassungsfähigkeit ab. Divergente Marktvolumina, spontane Nachfrageschwankungen, eine wachsende Varianten- und Versionsvielfalt und steigende Anlaufzahlen in den Märkten außerhalb Europas lassen die Volumen- und Produktflexibilität in der Produktion von Serienfahrzeugen immer wichtiger werden. Während kurzfristige Volumenschwankungen in der Regel innerhalb der bestehenden Produktionskapazitäten abgebildet werden können, stellen marktbedingte Änderungen oder notwendige Verschiebungen von Produktionskapazitäten die Automobilhersteller vor erhebliche Herausforderungen. Um ein modulares Produktionskonzept weltweit einsetzen zu können, müssen die Produktionsmodule so ausgestaltet sein, dass sie unter den Rahmenbedingungen der Produktionsstandorte wirtschaftlich eingesetzt werden können. Änderungen der Produktionsstruktur müssen effizient abgebildet werden. Dies umfasst Änderungen des Funktionsumfangs und im Mengengerüst. Änderungen des Funktionsumfangs ergeben sich in der Regel aus dem Anlauf neuer Fahrzeugserien oder der Durchführung von Facelifts innerhalb einer bestehenden Produktion. Da der Grad der Wiederverwendbarkeit der vorhandenen Anlagen und Prozessstrukturen eine direkte Kostenwirkung auf diesen Bereich ausübt, gilt es, die langfristige Nutzbarkeit der Produktionsmodule zu berücksichtigen. Erwartete und unerwartete, kurzfristige und langfristige Nachfrageänderungen im Produktprogramm führen zu Änderungen der benötigten Produktionskapazität und -struktur. Um diese Änderungen im Rahmen einer modularen Produktion wirtschaftlich abbilden zu können, gilt es, insbesondere folgende Handlungsbereiche zu berücksichtigen: Anzahl und Flexibilität der Anlagen und Maschinen, Adaptionsfähigkeit der Logistikprozesse (Extralogistik, Intralogistik, Lagerung, Puffer), Anzahl, Qualifizierung und Polyvalenz der Einsetzbarkeit der Produktions- und Montagemitarbeiter, Anzahl, Skalierbarkeit und Adaptionsfähigkeit der Schnittstellen im Material- und Informationsfluss sowie Leistungsfähigkeit, Skalierbarkeit und Adaptionsfähigkeit der informationstechnischen Strukturen (Software und Hardware).

Flexibilität und Wandlungsfähigkeit

Zu den Kernaufgaben der Produktion zählt, das Gleichgewicht von Marktnachfrage und Produktionsfluss im Sinne eines kybernetischen

Regelkreises möglichst verzögerungsfrei und ressourcenschonend herzustellen. In diesem Prozess gilt es, interne Störgrößen durch Maßnahmen des Total Quality Management wie robuste Prozesse, ein umfassendes Qualitätssystem und ein wertstromorientiertes Risikomonitoring präventiv zu beseitigen. Externe Störgrößen, wie die steigende Marktvolatilität, der wachsende Anteil komplexer Elektronikmodule in den Fahrzeugen und die zunehmende Fragmentierung der regionalen Anforderungsprofile für neue Fahrzeugserien, sind durch das einzelne Unternehmen nicht direkt beeinflussbar und können teilweise nur schwer antizipiert werden. Bei saisonal volatilen Bedarfsmengen muss die Produktion sowohl Bedarfsspitzen (quantitative Flexibilität) abschöpfen als auch die geforderten Produktvarianten (Produktprogramm-Flexibilität) decken können. Zusätzlich müssen die Produktbedarfe an Neuanläufen effizient „hochgefahren" und Ausläufer schnell „heruntergefahren" werden können. Um unter diesen anspruchsvollen Rahmenbedingungen eine hohe Reaktionsgeschwindigkeit und ein hohes Adaptionspotenzial der Produktion sicherzustellen, ohne Effizienz- und Wirtschaftlichkeitskriterien außer Acht zu lassen, ist eine hohe strukturelle Flexibilität der Fertigungsmittel sowie des Organisations- und Personalsystems erforderlich. Die strukturelle Flexibilität aller Elemente der Produktion stellt somit eine wichtige Voraussetzung zum Einsatz selbststeuernder und wandlungsfähiger Einheiten dar. Die langfristige strukturelle Flexibilität umfasst die Veränderung des Systems über Investitionen oder Desinvestitionen unter Einschluss der Möglichkeit von Personalanpassungen. Die kurzfristige Flexibilität fokussiert auf die Anpassungsfähigkeit des Systems unter Beibehaltung der vorhandenen Betriebsmittel und des Personalstandes. Der zentrale Unterschied zu traditionellen Flexibilisierungsstrategien liegt in der Wahl des Begründungsanspruchs der Flexibilität und der Wandlungsfähigkeit. Während in klassischen Ansätzen die Anpassung der Produktionsanlagen und Fertigungsmittel eine hinreichende Grundlage der Flexibilisierung darstellen, fließt diese Betrachtungsdimension im Rahmen einer zukunftsfähigen, modularen Produktion als notwendige Grundlage mit ein. Sie bildet jedoch keine hinreichende Begründung der Flexibilität. Das größte Potenzial zur Steigerung der Flexibilisierung und Wandlungsfähigkeit zukünftiger Produktionsstrukturen liegt in der zielgerichteten Kombination aller am Produktionsprozess beteiligten Elemente. Im Handlungsfeld der Logistik kann dies der simultane Einsatz unterschiedlicher Anliefer- und Lagerkonzepte sein. Die Einrichtung von Qualitätszirkeln, des kontinuierlichen Verbesserungsprozesses und die gezielte Qualifizierung der Mitarbeiter in den globalen Entwicklungs- und Produktionsstandorten sichern die Potenziale im Bereich des Personalwesens. Im Bereich der Ablauforganisationsgestaltung können die Realisierung einer dezentralen Planung und Steuerung und die stärkere Integration indirekter Bereiche in die direkten Produktionsprozesse zielführend sein. Bei allen kapitalintensiven Maßnahmen gilt es, ein besonderes Augenmerk auf die langfristige Nutzbarkeit der Investitionen durch eine hohe Wiederverwendbarkeit zu legen, um die Wirtschaftlichkeit der flexiblen Produktion langfristig zu gewährleisten.

Investitionen

Eine zunehmend schnellere Marktreife geht mit einer Verkürzung der Produktlebenszyklen einher. Mit Hilfe von modernen Materialien und Technologien sowie verstärkten Bemühungen in der Instandhaltung von Maschinen und Anlagen wird die Lebensdauer der eingesetzten Produktionsbetriebsmittel immer länger. Sowohl ökonomisch als auch ökologisch ist dementsprechend eine lange Nutzungsdauer sinnvoll. In der Produktion bietet es sich an, eine Anlage produktlebenszyklusübergreifend zu nutzen, um die Betriebsmittel in eine weitere Nutzungsphase zu überführen. In der Automobilindustrie werden bereits 70-80 % der Investitionen nach dem Lebenszyklus eines Modells für die Fertigung anderer Produkte wiederverwendet. Ein weiterer Erfolgsfaktor der Modularisierung ist es jedoch, die Betriebsmittel so auszulegen, dass die Investitionen nicht nur nach Ablauf eines Produktlebenszyklus wiederverwendet werden können, sondern bereits vorher flexibel einsetzbar sind. Bei der Investition in die Betriebsmittel ist daher darauf zu achten, dass die Module flexibel für die verschiedenen Produkte innerhalb einer Plattform eingesetzt werden können. Durch standardisierte Schnittstellen und einen modularen Aufbau der Anlagen lassen sich die Kosten stark reduzieren. Beispielsweise lassen sich die Module von einem Modell auf Folgemodelle in kürzester Zeit flexibel anpassen. Auf diese Weise werden die Investitionen nicht nach Ablauf eines Produktlebenszyklus wiederverwendet, sondern bereits während der gesamten Nutzungsphase flexibel eingesetzt. In der Praxis gleichen sich die höheren Investitionskosten in einer Lebenszyklusbetrachtung der Anlage wieder aus und tragen maßgeblich zum Erfolg der Modularisierung und Standardisierung der Produktionsanlagen bei.

Anlaufstrategie

Die Automobilindustrie verfolgt die Absicht, im Markt angekündigte neue Fahrzeugbaureihen nach einer zeit- und kosteneffizienten Anlaufphase termin- und qualitätsgerecht auszuliefern. Die Automobilhersteller zielen vornehmlich darauf ab, Produktinnovationen schnell auf den Markt zu bringen (Time-to-Market) und die Nutzungszeit der Produktionsanlagen zu maximieren (Time-to-Volume). Dies bedingt eine enge Abstimmung der an der Leistungserstellung beteiligten internen wie externen Akteure. Allgemein ist festzustellen, dass die

Entwicklungs- wie auch die Fertigungstiefe bei den Herstellern sinken. Daher ist die Formulierung und konsequente Einhaltung einer Anlaufstrategie auf Unternehmensebene wie auch deren Ausweitung auf sämtliche am Serienanlauf beteiligten Unternehmen notwendig. Zusätzlich hat das Verhalten eines Automobilherstellers im Serienanlauf direkte Auswirkungen auf seine Lieferanten. Eine Verkürzung der Anlaufperiode fordert, dass die Automobilhersteller und Lieferanten die Bedarfe ihrer Kunden im eigenen Netzwerk abbilden, um die Gesamtperformance des Serienanlaufs nicht zu beeinträchtigen. Neben der Sicherstellung der Verfügbarkeit der Komponenten spielen die Einhaltung der Qualität und die Minimierung der Kosten eine entscheidende Rolle. Eine weitreichende Komplexität entsteht durch zahlreiche konstruktive Änderungen in der Entwicklungsphase sowie während des Anlaufs, die in der Regel eine enge Koordination mit den eigenen Lieferanten erfordern. Auf den Anlauf wirken neben der Produktvielfalt, deren Komplexität sowie die Standortentscheidung ebenso die Beschaffenheit und Auslastung der Anlagen sowie die logistischen Prozesse der Produktion. Die Produktion sollte durch den Aufbau von anlauferprobten Anlagen und Koordinationsmechanismen in der Anlauf- und Serienphase anstreben, das Risiko bei auftretenden Störungen oder Veränderungen in der Anlauf- und Kammlinienphase zu vermeiden oder zu kompensieren. Es zeigt sich, dass Produktionsstrukturen, welche früh und insbesondere schnell bei auftretenden Störungen und Änderungen in der Anlaufphase reagieren konnten, deutlich besser in Bezug auf Anlaufkosten und Anlaufqualität abschneiden. Auch bei der strategisch wichtigen Erfolgsgröße Zeit konnten die flexibleren Produktionsstrukturen bis zu 25 % der Gesamtzeit bis zur Kammlinienerreichung einsparen. Daher ist es ein wesentlicher Erfolgsfaktor der Modularisierung, die Produktionsfaktoren Kosten, Zeit, Qualität und Flexibilität im Anlauf zu verbessern.

3.4 Erfolgsfaktoren für die Umsetzung des Modells

Durch die ganzheitliche Betrachtung der Anlagen-, Prozess- und Organisationsebene wird der technische Modularisierungsansatz in ein ganzheitliches Modularisierungskonzept überführt. Erst durch die Ausgestaltung der Aufgaben- und Verantwortungsbereiche im Rahmen der Organisationsplanung wird eine Entkoppelung der einzelnen Produktionsmodule in selbstständige Subeinheiten möglich. Die Zielsetzung der Rollendefinition liegt in einer klaren Abgrenzung organisatorischer Funktionseinheiten, die in Kongruenz zu den technischen Produktionsmodulen stehen und innerhalb der Produktion eigenständige Module bilden. Durch die Integration indirekter Bereiche kann die Schnittstellenkomplexität minimiert werden. In Verbindung mit klar definierten Informationsflüssen, Eskalationsprozessen und Entscheidungsgremien wird somit die Komplexität bei der Skalierung und Adaption der Produktion an die jeweiligen Rahmenbedingungen minimiert. Im Gegensatz zur traditionellen Funktionsorientierung bedeutet diese Form der Arbeitsorganisation, die den Gestaltungsraum zur Definition der Aufgaben- und Kompetenzumfänge umfasst, dass der gesamte Lebenszyklus der Produktion und damit sowohl die Aufbau- als auch die Ablauforganisation berücksichtigt werden kann. Eine klare Schnittstellendefinition zwischen Entwicklung und Produktion stellt einen weiteren Erfolgsfaktor bei der Ausgestaltung der Ablauforganisation dar. In traditionell organisierten Produktionsstrukturen nimmt die Entwicklung oftmals eine Sonderstellung in der Definition neuer Plattformen und Modulkonzepte ein. Der Restriktionsgrad nimmt dabei unidirektional von der frühen Entwicklungsphase bis hin zum Serienanlauf zu. Als Folge dieses einseitig gerichteten Prozesses steht die Produktion in der Verantwortung, die technischen Vorgaben des Fahrzeugserienkonzepts in ein Produktionslinienkonzept zu überführen. Diese Vorgehensweise führt zu Schnittstellenproblematiken und einer Verlagerung von Abstimmungsschleifen in die späten Phasen des Produktentstehungsprozesses. Eine stärkere Einbindung der Unternehmensbereiche, die der Entwicklung nachgelagert sind, insbesondere der Produktion, führt zu einem bidirektionalen Informationsfluss und zu einer Vorverlagerung von Konzeptanpassungen in die frühen Entwicklungsphasen. Auf der organisatorischen Ebene wird diese Schnittstellendefinition durch eine klare Abgrenzung der Kompetenzen und Rollen erreicht.

Crossfunktionale Modulverantwortung

Während die Ausgestaltung der Ressourcenverteilung insbesondere die Aufbauphase der modularen Produktionsstruktur betrifft, steht bei der Definition der Modulverantwortung die Umsetzungsphase der modularen Produktion im täglichen Betrieb im Vordergrund. Wie auch bei modularen Produktkonzepten wird bei modularen Produktionskonzepten eine Harmonisierung des Zielsystems aller an den jeweiligen Modulen beteiligten Interessensgruppen angestrebt. Traditionelle Produktionskonzepte basieren in der Regel auf einer funktionalen Sichtweise, die Abläufe nach inhaltlichen und hierarchischen Gesichtspunkten strukturiert. Diese Ausgestaltungsform der Ressourcenverantwortung ist für modulare Produktionsstrukturen ungeeignet, da ihre stark hierarchisch geprägten Strukturen nicht die nötige Flexibilität für eigenständige Produktionsmodule bieten. Durch eine durchgängige Prozessorientierung können hierarchische Strukturen in dezentrale Verantwortungseinheiten überführt und Verrichtungen im Ablaufverbund zu Prozessen verknüpft werden. Eine Dezentralisierung der Verantwortung durch eine Reduzierung der hierarchischen Ebenen ist die Grundlage eines prozessorientierten Produktionsablaufs mit autonomen, eng verknüpften Produktionsmodulen. Die Prozessorientierung erfordert eine Restrukturierung der Ressourcenverantwortung von einer vertikalen hin zu einer horizontalen Perspektive. Da ein Produktionsmodul zahlreiche direkte und indirekte Funktionen in sich vereint und alle Ebenen der Produktion berührt, stehen alle Bereiche in der Verantwortung, ihr Handeln kontinuierlich abzustimmen. In der Praxis haben sich crossfunktionale Verantwortungsstrukturen als geeignete Organisationsform für modulare Produktionsstrukturen herauskristallisiert, da diese eine Parallelisierung von Abläufen ermöglichen und die Informationsbarrieren zwischen den Fachbereichen minimieren. Es gilt, die Modulverantwortung so auszugestalten, dass zentrale Planungsprozesse des täglichen Produktionsablaufs wie die Variantensequenzierung, Arbeitsplanung und Materialbedarfsplanung bereichsübergreifend erfolgen. Somit werden Abstimmungsschleifen minimiert und das Risiko von Fehlplanungen reduziert. Die kontinuierliche Abstimmung der verschiedenen Fachbereiche birgt ein hohes Risiko von Zielkonflikten. Von besonders hoher Relevanz ist daher die klare Ausgestaltung von Abstimmungs- und Eskalationsprozessen sowie den jeweiligen Gremienstrukturen.

Einbindung von Promotoren und Multiplikatoren

Promotoren und Multiplikatoren zeichnen sich dadurch aus, dass sie Wissen und Informationen in Organisationen weitertragen und somit zu einer beschleunigten Informations- und Wissensdiffusion beitragen. Da sie das Verhalten der Organisationsmitglieder durch ihr Wirken aktiv beeinflussen und zielgerichtet steuern können, nehmen sie in Organisationen einen wichtigen Stellenwert ein. Weiterhin tragen sie dazu bei, Willens- oder Fähigkeitsbarrieren von Mitarbeitern zu überwinden. Promotoren beschleunigen bei Einführungen von neuen Konzepten die Durchdringung der Konzeptinhalte innerhalb der Organisation und können Änderungswiderständen entschiedener entgegentreten. Kraft ihrer Position im Unternehmen, zeichnen sich Pro-

motoren durch ihre Entscheidungsgewalt aber auch durch ihre Fach-
kompetenz und dem detaillierten Methodenwissen aus. Andere Organisationsmitglieder lassen sich in ihrem Verhalten durch Promotoren
beeinflussen. Bei der Einführung der modularen Produktionsstruktur
gilt es in erster Linie, die Entscheidungsträger mit den Konzeptinhal-
ten vertraut zu machen. Hier sind die beabsichtigten Zielsetzungen
deutlich herauszuarbeiten und zu kommunizieren. Durch eine zielgerichtete Kommunikation der Inhalte wird Transparenz geschaffen, die
zu einer erhöhten Akzeptanz in der Organisation beiträgt. Die Akzeptanz ist erforderlich, damit die Umsetzung der Konzeptinhalte störungsfrei und planbar verläuft. Es ist von entscheidender Bedeutung,
in einer frühen Phase mögliche Irritationen, ungeklärte Sachverhalte
und vor allem Unsicherheiten bei der Belegschaft zu vermeiden. Diese speisen sich aus unterschiedlichsten Quellen. Die Konzepteinführung hat vielfältige Auswirkungen auf das Arbeitsumfeld, die Ar-
beitsaufgaben der Mitarbeiter und deren Rollenverständnis innerhalb
der Organisation. Durch die Einwirkung auf die Arbeitsumgebung
wird in den persönlichen Bereich von Mitarbeitern eingegriffen. Um
Missverständnissen, unklaren Kompetenzregelungen oder nicht ein-
deutigen Prozessinhalten vorzubeugen, ist eine zielgerichtete Kom-
munikationspolitik sicherzustellen. Die Aufgabe der Promotoren liegt
in der Verstärkung der Kommunikationsinhalte zur Erreichung der
gewünschten Zielsetzungen. Im Allgemeinen werden Macht- und
Fachpromotoren unterschieden. Machtpromotoren haben kraft ihrer
Funktion Entscheidungsgewalt und nehmen in der Regel Führungsfunktionen wahr. Fachpromotoren zeichnen sich durch überragendes
Wissen in Bezug auf bestimmte betriebliche Sachverhalte aus. Ein
Idealzustand ist erreicht, wenn Macht- und Fachpromotoren kombi-
niert auftreten und sich gegenseitig in Bezug auf die zu erreichenden
Zielsetzungen abstimmen.

Gremium zur Aussteuerung von Konflikten

Neben einem standardisierten Produktentstehungsprozess und klarer Ressourcenzuordnung ist es nötig, im Rahmen der bestehenden Organisation eine Projektorganisation mit eigenen Eskalationswegen zu etablieren. Bei vielen Automobilherstellern existieren aufgrund verschiedener Produktentwicklungen, deren zeitlicher Versetzung sowie der verschiedenen Werke und Verantwortlichen eine Vielzahl von Gremien mit und ohne Vorstandsbeteiligung. Auch im Anlaufmanagement sind solche Gremien mit unterschiedlichen Eskalationswegen und Entscheidungsstrukturen vorhanden. Ein wichtiger Erfolgsfaktor ist eine fahrzeugspezifische und übergreifende Gremienlandschaft zur Aussteuerung von Konflikten und der transparenten Kommunikation von getroffenen Entscheidungen. Die Berücksichtigung unterschiedlicher Bereichsinteressen bereits in der Planungsphase eines Automobils bildet die Grundlage für einen effizienten Entwicklungs- und Produktionsprozess. Im Produktentstehungsprozess der Automobilindustrie haben sich Standardprojektorganisationsstrukturen etabliert. Dazu zählt das Simultaneous Engineering (SE). Ziel des SE ist die enge, offene, konsequente und parallele Zusammenarbeit aller am Produktplanungs- und Produktentstehungsprozess beteiligten internen sowie externen Partner. Die Grundprinzipien, welche hierbei verfolgt werden, sind die Vorverlagerung von Erkenntnisprozessen, die Erhöhung planbarer Prozessanteile, die Parallelisierung organisatorischer Prozesse und die Integration sowie Beschleunigung von Aktivitäten. In der Automobilindustrie ist häufig eine Produktlinien-Bereichsmatrix etabliert. Die größte Herausforderung für diese Organisationform liegt in der Vermischung von disziplinarischer und prozessualer Führung. In den bestehenden Standardorganisationsformen der Fahrzeugprojekte müssen Informations- und Eskalationswege für Belange der Modularisierung in der Produktion definiert werden.

Messbarkeit des Umsetzungsgrades und Berichtswesen

Entsprechend der Projektziele ist es empfehlenswert, ein Steuerungs-Cockpit zu etablieren, das anhand des Zielkataloges den aktuellen Umsetzungsgrad darstellen kann. Aufgrund der hoch dynamischen Prozesse und Projektfortschritte hat es sich bewährt, einheitliche Berichtswege mit definierten Ansprechpartnern zu etablieren und für eine hohe Aktualisierungshäufigkeit zu sorgen. Es sind aussagekräftige Messgrößen zu wählen, die auch eine schnelle Bestandsaufnahme und eine Abstraktion für die nächst höhere Berichtsebene ermöglichen. Zudem ist der Messwert so zu wählen, dass eine Steuerung der Modularisierung möglich wird. Das Ziel ist die Etablierung eines transparenten Steuerungs-Cockpits, in dem alle nötigen Informationen für die wesentlichen Interessensgruppen zusammengefasst sind. Je nach Projektfortschritt und erreichtem Meilenstein können die Kernparameter der Erfolgsmessung dabei angepasst werden.

Kommunikation

Ausgangspunkt und zentraler Erfolgsfaktor der Umsetzung ist die umfassende Information aller Interessensvertreter. Nur wenn die Zielsetzung und der Gesamtrahmen des Projektes verdeutlicht werden, wird auch ein zielgerichtetes Arbeiten ermöglicht. Alle Beteiligten müssen ihren Beitrag zum Gesamtoptimum verstehen und den Nutzen des individuellen Handelns sehen. Die transparente Aufklärung kann als Katalysator für die intrinsische Motivation gesehen werden. Um diese Herausforderung bewältigen zu können, bietet sich die Entwicklung eines eigenen Kommunikationskonzeptes an. Ein solches Konzept bietet neben der Aufklärung der Zielpersonen den weiteren Vorteil, dass durch den Erarbeitungsprozess des Kommunikationskonzeptes die Projektinhalte nochmals von einer anderen Seite durchleuchtet werden. Feinjustierungen werden vor der Kommunikation möglich. Der Erfolg des Kommunikationskonzeptes hängt stark von der Verständlichkeit der Sachverhalte und des nachhaltigen Medienmixes zur Informationsverbreitung ab. Bewährte Methoden sind die Gestaltung von projektbezogenen Präsentationen und Vorträgen. Vorträge und Präsentationen sind jedoch lediglich punktuelle Formen einer zielgerichteten und visuellen Kommunikation, die durch dauerhafte Elemente erweitert werden müssen. Dauerhafte Formen stellen Handbücher zur Vermittlung der Konzeptinhalte der modularen Produktionsstruktur dar. In einem Handbuch sind zunächst die Vision und die strategischen Zielsetzungen des Modularisierungskonzeptes zu formulieren. Nach der Schaffung allgemeiner definitorischer Grundlagen werden die Modulbeschreibungen der modularen Produktionsstruktur vorgenommen. Strukturen, Prozesse und das Berichtswesen sind ebenfalls integriert.

Risikomonitoring

Mit den Freiheitsgraden der Produktion nehmen auch die Wahrscheinlichkeit für Fehlentscheidungen und die Anzahl der zu berücksichtigenden, schwer prognostizierbaren Störgrößen aus Umwelteinflüssen überproportional zu. Durch die Flexibilisierung der Fertigungsmittel und Prozesse ergeben sich neue Risikopotenziale und ein größerer Spielraum für zufällige Fehler. Insbesondere treten die folgenden Risiken in den Vordergrund: Fehlentscheidungen bei der Ausgestaltung und Dimensionierung modularer Fertigungslinien (Volumenkapazität und Modellkompatibilität), zu hohe Lebenszykluskosten von Produktionsmodulen oder Fabriken aufgrund von Fehlprognosen bezüglich der Produktionsvolumina von Fahrzeugmodellen, unerwartete Schnittstellenprobleme bei bestimmten Modulkonfigurationen, spontane und strukturelle Probleme in der logistischen Anbindung bei stark variierenden Sequenzmustern und Probleme bei der Ressourcenverteilung und Entscheidungsfindung, insbesondere bei der simultanen Entwicklung von Produkt- und Produktionsstrukturen. Gleichzeitig ermöglichen die flexiblen Modulstrukturen in Verbindung mit einem umfassenden Risikomonitoring-System eine schnellere Reaktionsfähigkeit auf unerwartete Störquellen sowie ein schnelles Durchlaufen der Lernkurve und robustere Prozesse. Ein umfassendes Risikomonitoring-System bildet daher ein notwendiges Element modularer Produktionsstrukturen, das es simultan mit der Strukturierungssystematik auszuarbeiten gilt. Der Nutzwert eines Risikomanagementsystems ergibt sich jedoch erst durch die Kombination einer umfassenden Früherkennung mit effektiven Reaktionsmechanismen. Diese können auf die Reduzierung der Eintrittswahrscheinlichkeit, eine Reduzierung des Schadensausmaßes oder die Übertragung der Risiken ausgerichtet sein. Hierfür ist ein für das jeweilige Produktionsumfeld passendes Risikokennzahlensystem zu erarbeiten.

Roll-out-Strategien

Der Roll-out in Pilot-Fabriken setzt Maßstäbe, die auf das ganze Produktionsnetzwerk mit den vielfältigen Standorten ausstrahlen. Nach der erfolgreichen Pilotierung können Lern- und Erfahrungskurveneffekte an den anderen Standorten wesentlich schneller realisiert werden. Für die Implementierung und den Roll-out der modularen Produktion bietet sich die Kombination aus werks- und themenorientierter Vorgehensweise an (vgl. Abbildung 3-2). Bei der werksorientierten Vorgehensweise werden die Systemelemente zusätzlich nur in einem Pilotbereich eingeführt, während bei der themenorientierten Vorgehensweise die Elemente eines Themenbereichs an allen Standorten eingeführt werden. Die Vorteile der werksorientierten Pilotierung liegen im Aufbau von Show-Cases mit Vorführeffekten und

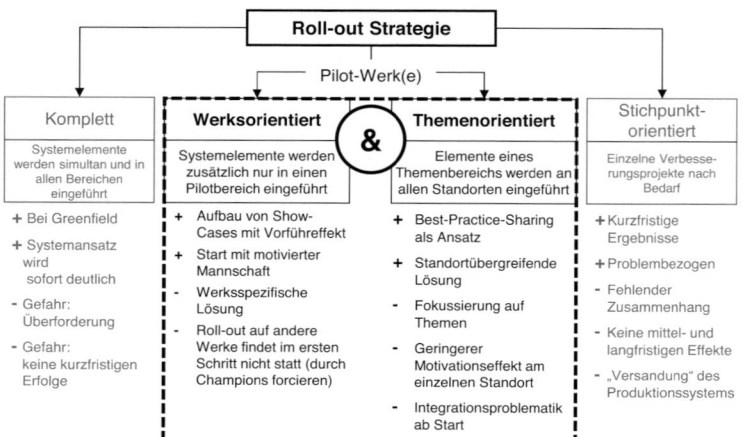

Abbildung 3-2:　Roll-out-Strategien

dem Start mit motivierten Mannschaften. Nachteile hierbei sind die ausschließlich werksspezifische Lösung sowie der fehlende Roll-out auf andere Werke im ersten Schritt. Daher kann die Kombination mit der themenorientierten Pilotierung eine ideale Ergänzung darstellen. Die Themenorientierung ermöglicht ein Best-Practice-Sharing als Grundansatz, in dem standortübergreifende Themen behandelt werden können und eine Fokussierung auf besonders relevante Themen möglich wird. Im Zuge der kombinierten Vorgehensweise aus werks- und themenorientierter Einführung spielt die interne und externe Kommunikation des Modularisierungsprojektes eine tragende Rolle. Die Kommunikationsinhalte müssen darauf ausgerichtet werden, vollständige Transparenz über die Konzeptinhalte und den betriebs-wirtschaftlichen Nutzen für interne und externe Anspruchsgruppen herzustellen. Allein die Kommunikation der Inhalte ist nicht ausrei-chend, denn die Konzeptbausteine sind weiter zu detaillieren und zu verfeinern. Durch enge Einbindung der betroffenen Funktionen und zielgerichtete Schulungsprogramme können Mitarbeiter zu Multipli-katoren aufgebaut werden. Sie tragen das Wissen über die modulare

Produktion in Form eines selbsttragenden Lernprozesses weiter. Durch die Schaffung einer Lernenden Organisation wird ein wichtiger Schritt in Richtung einer konsequenten Organisationsentwicklung gemacht. Der Erfolg der modularen Produktion ist somit vor allem darauf zurückzuführen, dass interne und externe Kapazitäten eine umfassende Kenntnis der Konzeptbausteine erlangen. Der Roll-out in Pilot-Fabriken hat darüber hinaus weitere wesentliche Vorteile. Durch den eingegrenzten Implementierungsbereich können die Konzeptbausteine schnell in Standards überführt werden. Klare Prozessbeschreibungen, eindeutige Verfahrensanweisungen und geklärte Verantwortlichkeiten erleichtern im Anschluss die sukzessive Einführung des Konzeptes an weiteren Standorten. Ein wesentlicher Aspekt ist die Beherrschung der möglichen Fehlerverschleppung. Durch die Fokussierung auf den Pilotbereich können auftretende Fehler und Komplikationen schneller behoben und somit das Risiko von Fehlschlägen wesentlich reduziert werden. Dies sichert nicht nur den nachhaltigen Erfolg der Konzeptimplementierung, sondern trägt auch zu einem optimalen Ressourceneinsatz bei. Dem möglichen ineffizienten Einsatz von Projektressourcen wird somit frühzeitig Einhalt geboten. Nicht zuletzt sind die Aspekte der Durchgängigkeit und Vollständigkeit der Konzepteinführung zu benennen. Beim Pilotstandort werden alle Bausteine und Inhalte der modularen Produktionsstruktur vollständig implementiert. Auf diese Weise können Interdependenzen zwischen einzelnen Bausteinen des integrierten Konzeptes detailliert analysiert werden. Etwaig auftretende, konkurrierende Zielbeziehungen und negative Beeinflussungen zwischen Modulen werden frühzeitig identifiziert. Mögliche Schwachstellen der modularen Produktionsstruktur werden zu Beginn der Implementierung eingegrenzt und können zeitnah eliminiert werden. Damit wird sichergestellt, dass das integrierte Konzept der modularen Produktion auch vollständig eingeführt wird. Insellösungen, Bereichsoptima oder isolierte Teileffekte zulasten der ganzheitlichen Kosten- und Nutzen-optimierung werden vermieden. Dies sichert auch die Akzeptanz des Konzeptes bei Führungskräften und Mitarbeitern. Ebenso können die Potenziale und der Wertbeitrag nur dann transparent gemacht wer-den, wenn die Durchgängigkeit und Vollständigkeit der Konzeptein-führung gegeben ist. Eine in sich abgeschlossene Einführung verbes-sert die Transparenz über die modulare Produktionsstruktur in ihrer Gesamtheit und eröffnet die zügige Ausschöpfung der betriebswirt-schaftlichen Potenziale. Der Roll-out in Pilot-Fabriken ist somit ein wesentlicher Erfolgsfaktor bei der Einführung der modularen Produk-tion.

3.5 Potenziale der Modularisierung

Die modulare Fabrikarchitektur bietet über zahlreiche Stellhebel die Chance, einen signifikanten Wertbeitrag für ein Unternehmen zu bewirken und somit die Wettbewerbsfähigkeit auszubauen, um den nachhaltigen Erfolg des Unternehmens zu sichern. Die Potenziale werden an mehreren Stellen sichtbar. Es besteht eine große Wirkung auf die Flexibilität der Anlagen und Betriebsmittel aber auch auf die Investitionen für die Produktion. Zudem werden die Fabrikkosten positiv beeinflusst, beispielsweise über die Abschreibung der Anla-gen aufgrund der geringeren Investitionen, die Anlauf- und Instand-haltungskosten oder den Aufwand für Qualifizierung. Vor dem Hin-tergrund der Herausforderungen aus dem Markt stellt die Modulari-sierung einen der wichtigsten Ansätze dar, um hohe und zunehmende Produktvielfalt wirtschaftlich zu produzieren. Beispielsweise sind Plug-in-Hybrid- und reine Elektrofahrzeuge heute bereits über die gleichen Linien zu produzieren wie die Verbrennungsmotor-Fahrzeuge. Gleichzeitig werden die Möglichkeiten ausgebaut, eine steigende Anzahl von Anläufen pro Jahr effizient und aufwandsarm zu realisieren. Es lassen sich dadurch nicht nur die bestehenden Standorte wirtschaftlicher betreiben, sondern es können Märkte schneller erschlossen werden. Der Volatilität im Absatz bei Volumen und Produktmix kann durch schnelleres Reagieren begegnet werden, wenn die Mehrmarken- und Multiproduktflexibilität auf einer Produktionslinie gegeben ist. Damit lässt sich eine bessere Auslastung der Fabriken erzielen. Die Flexibilität in einer modularen Fabrikarchitektur deckt die Möglichkeiten ab, auf die unterschiedlichen Rahmenbedingungen und Anforderungen der Regionen mit Hilfe standardisierter Module reagieren zu können. Beispielsweise können Low-Cost-Standorte mit Modulen ausgestattet werden, die über einen geringeren Automatisierungsgrad verfügen. Mit der Verkürzung der Produktlebenszyklen werden die Automobilhersteller in die Lage versetzt, den Wechsel von einer Fahrzeuggeneration zur nächsten oder eine Modellpflege schneller und aufwandsärmer durchzuführen. Durch das Verkürzen der Zeit von SOP bis Kammlinie und ein mögliches paralleles Produzieren von Vorgänger- und Nachfolgerfahrzeug auf derselben Linie führt zu weniger Fahrzeugverlusten in der Umstiegsphase. Die Modularisierung unterstützt also wirksam bei den Anstrengungen die Time-to-Market zu reduzieren. Mit der Modularisierung wird auch die zunehmende Standortvielfalt effizienter und aufwandsärmer realisierbar. Dabei sind zudem die Herausforderungen besser zu bewältigen, auch markenübergreifend effizient zu fertigen. Durch die Einbeziehung der Wertschöpfungs- und der Betreiberprozesse wie beispielsweise der Instandhaltungsprozesse werden die Grundlagen geschaffen, durch Standardisierung und Modularisierung der Prozesse sowohl die Prozessqualität in Anlauf und Serie als auch die Wirtschaftlichkeit zu erhöhen. Dies lässt sich beispielsweise bei der Reduzierung des Instandhaltungsaufwands und der

Ausfallzeiten feststellen. Das Wissen über Prozesse und Hardware ist durch die Standardisierung weltweit nutzbar, so dass sich verschiedene Vorteile daraus ergeben. Der Schulungsaufwand reduziert sich, weil Kompetenzen und Qualifikationen vereinheitlicht werden und global einheitlich gefordert sind. Wenn beispielsweise ein weiterer Standort aufgebaut oder ein Fahrzeug an einem bestehenden Standort eingerüstet wird, lässt sich durch standardisierte Module ein zusätzlicher Schulungsaufwand vermeiden. Die Ersteinrüstung hebt signifikante Potenziale, der große Hebel wirkt jedoch bei der Einrüstung der Nachfolgegeneration unter Beibehaltung der Produktprämissen. Der größte Hebel ist die Wiederverwendung von Modulen bei Nachfolgegenerationen. Es können Module bei der Zweit- oder Folgeeinrüstung an einem Standort wiederverwendet werden. Mit diesen Effekten sind signifikante Investitionseinsparungen verbunden. In die gleiche Richtung wirken Skaleneffekte in der Beschaffung. Skaleneffekte lassen sich auch in der Planungsphase realisieren. Durch weitreichende Modularisierung sind hohe Anteile der Betriebsmittel oder Anlagen duplizierbar. Somit wird der Planungs- und Konstruktionsaufwand reduziert. Die Potenziale in der Produktion ergeben sich durch die Minimierung von Fertigungs-, Material- und Kapitalkosten und beziehen sich auf die Fertigungsstruktur und den Fertigungsprozess, den Materialfluss und das Anlagenmanagement. Die Modularisierung der Produktion unterstützt das Unternehmen, optimale Kostenstrukturen in diesen Bereichen zu realisieren. Zur Darstellung des Wertbeitrags moderner Produktionskonzepte hat sich der Economic Value Added (EVA) oder der Geschäftswertbeitrag (GWB) als Messgröße etabliert (vgl. Abbildung 3-3). Der EVA ist das Residualergebnis, das nach Abzug der realen Kapitalkosten im Unternehmen verbleibt. In empirischen Analysen hat sich gezeigt, dass eine Wertvernichtung zu 80 % durch sinkende Verkaufspreise, zu 5 % aus einer Verschiebung des Mengen-Mix und zu 26 % aus anderen Effekten herrührt. Im Gegenzug kann eine Wertsteigerung zu 38 % durch eine Optimierung der Materialpreise und zu 64 % durch eine Kostenverbesserung eingeleitet werden. Der konkrete Nutzen lässt sich mit dem Bewertungsmodell zum Wertbeitrag der Produktion erfassen. Die Potenziale in der Produktion ergeben sich durch die Minimierung von Fertigungs-, Material- und Kapitalkosten und beziehen sich auf die Fertigungsstruktur und den Fertigungsprozess, den Materialfluss und das Anlagenmanagement. Die Modularisierung der Produktion unterstützt das Unternehmen, optimale Kostenstrukturen in diesen Bereichen zu realisieren. In den letzten Jahren wurden im Rahmen der Shareholder-Value-Diskussion neben den Kapitalkosten für Anlagevermögen auch die Kapitalkosten für Umlaufvermögen zunehmend berücksichtigt, was den Erfolgspfad der bestandsoptimalen Produktionskonzepte weiter geebnet hat. Während in der Vergangenheit viele Produktionssteuerungskonzepte auf der Bündelung von Aufträgen bei gegebenen Auftragswechselzeiten basierten, erreichen neue Produktionssteuerungskonzepte Minimalkostenkombinationen durch Umsetzung des Fluss-Prinzips, der Losgröße Eins und des Null-Bestände-

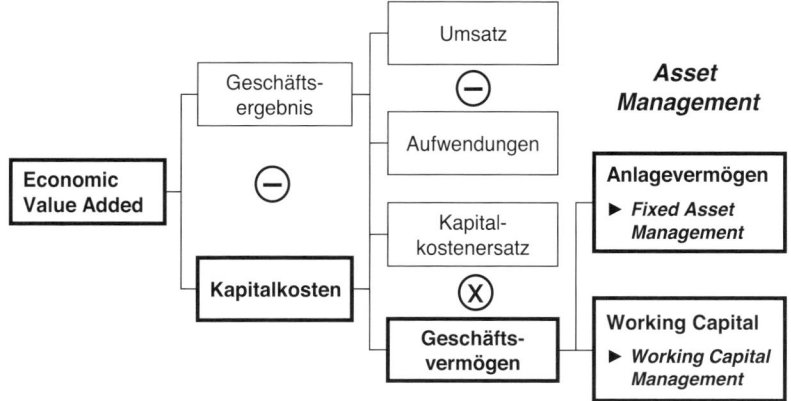

Abbildung 3-3:   Asset-Light Strategie

Konzeptes in der Produktion. Der Wertbeitrag der Produktion kann an einem Rechenbeispiel vereinfacht dargestellt werden. Ein exemplarisches Unternehmen aus dem produzierenden Gewerbe hat einen Anteil der Produktion an den Gesamtkosten von 50 %. Dieser setzt sich zu 40 % aus Personalkosten und 10 % aus Kapitalkosten zusammen. Durch Optimierung der Produktionsstruktur und der Produktionsprozesse können in der Annahme 30 % der Kosten reduziert werden. Das neue Kostenniveau stellt sich damit bei 70 % ein. Bei einem beispielhaften Umsatz von 100 Mrd. EUR eines Produktionsunternehmens betragen die Kosten 85 Mrd. EUR und das Ergebnis 15 Mrd. EUR. Bei einem Ergebnismultiple eines Unternehmens in Höhe von 6 ergibt sich ein Unternehmenswert von nahezu 90 Mrd. EUR. Unter der Annahme, dass die Kosten um 5 Mrd. EUR reduziert werden, erhöht sich das Jahresergebnis auf 20 Mrd. EUR. Über den Ergebnismultiple ergibt sich dann in der Beispielrechnung eine Erhöhung des Unternehmenswerts um ein Drittel auf 120 Mrd. EUR. (vgl. Abbildung 3-4). Die Wertgestaltung der Produktion unterliegt den drei Erfolgsmustern Zukunftsbezogenheit, ganzheitliche Realisierung der Nutzenpotenziale sowie Berücksichtigung des methodischen Rüstzeugs. Für die wertorientierte Gestaltung der Produktion ist die Zukunftsbezogenheit des unternehmerischen Handelns oder der unternehmerischen Leistung maßgeblich. Der langfristig erzielbare Free Cash Flow soll eine dem Risikokapital entsprechende Verzinsung der effektiven Eigenmittel ermöglichen. Dies lässt sich am erfolgreichsten realisieren, wenn die Kernkompetenzen des Unternehmens strategisch gezielt eingesetzt und vor allem für den Ausbau der unternehmerischen Leistung genutzt werden. Diese sollte aufgrund des erzielbaren Wertsprungs risikoreiche Situationen wie Konsolidierungsprozesse oder Wertvernichtungsphasen überstehen helfen. Die Zukunftsbezogenheit des Modularisierungsansatzes lässt sich insbesondere

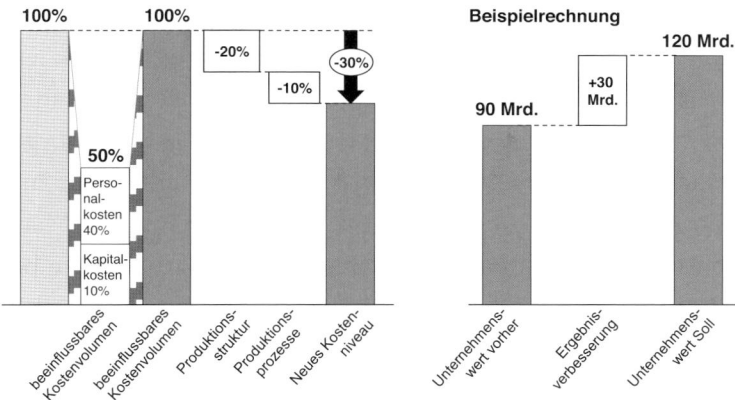

Abbildung 3-4:   Beispielhafte Berechnung des Wertbeitrags

durch die Kombination mit einer standardisierten und modularisierten Produktarchitektur verwirklichen. Die Entwicklung zukünftiger Produkte unter Berücksichtigung der bestehenden Anlagen, Prozesse und Organisationseinheiten steigert die Flexibilität der Produktion und den Weiterverwendungsgrad der Anlagen und Betriebsmittel, so dass auch Phasen der Konsolidierung ohne wertvernichtende Folgen überstanden werden. Das zweite Erfolgsmuster konzentriert sich darauf, die Nutzenpotenziale unvoreingenommen, flexibel und nachhaltig zu erschließen. Know-how, Fähigkeiten, Wissen der Mitarbeiter, Lieferanten und Kunden sind Ressourcen, die essentielle Bestandteile erfolgreicher Unternehmen darstellen und oftmals Überlegungen notwendig machen, die abweichend von den meist stark gefestigten Denkstrukturen und -mustern ablaufen müssen. Das Handlungsprinzip basiert auf der kontinuierlichen Verbesserung des Modularisierungsansatzes durch die Mitarbeiter. Diese sind permanent dazu aufgefordert, bestehende Standards zu hinterfragen, deren Gültigkeit zu prüfen und gegebenenfalls zu verbessern. Die Nutzenpotenziale der Anpassung bestehender Standards sind anschließend zu bewerten und umzusetzen. So werden die Potenziale der modularen Produktion erkannt und umgesetzt. Nutzenpotenziale zu erschließen, erfordert nicht nur, anders zu denken oder bereit zu sein, sich mit anderen Überlegungen auseinander zu setzen, sondern heißt auch, mit dem traditionellen Planungsparadigma der graduellen Steigerung von Umsatz und Gewinn zu brechen. Es gilt, die zunehmende Markt- und Organisationsreife mit wertsteigerndem Methodeneinsatz zu bekämpfen, dabei Kreativität freizusetzen und rein produktbezogene Aktivitäten zu überwinden und methodisches Rüstzeug in unkonventioneller Kombination anzuwenden, vor allem auch aus anderen Bereichen, die nicht in erster Linie in Konkurrenz zum Unternehmen stehen. Statistische Analysen von Best-Practice-Ansätzen haben gezeigt, dass durch die Einführung von kontinuierlicher Verbesserung lediglich zwei bis drei Prozent der zu aktivierenden Potenziale eines Produktionssystems realisiert werden können. Erst durch die Kombination von schnellem Engineering, flexibler Automation, Digital Engineering sowie von modularen Produktionsstrukturen lassen sich zweistellige Potenziale umsetzen (vgl. Abbildung 3-5).

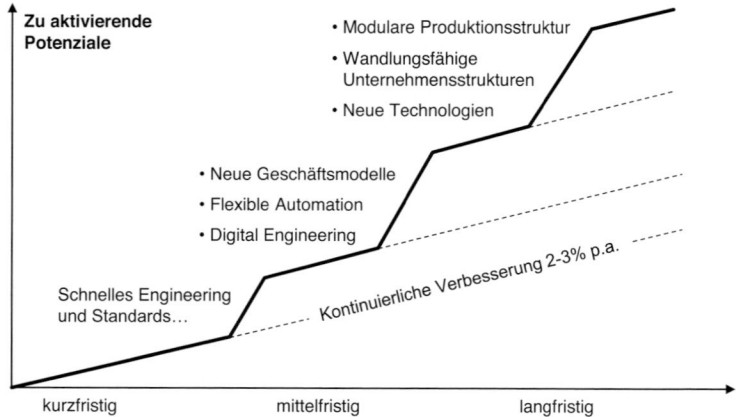

Abbildung 3-5:   Wertsteigerungspotenziale

4 Der Modulare Produktions-Baukasten von Volkswagen

Der Volkswagen Konzern sieht sich produkt- und produktionsseitig mit einer steigenden Modell- und Variantenvielfalt konfrontiert. Im Rahmen der ehrgeizigen Unternehmensziele treibt Volkswagen die Internationalisierung voran und erschließt erfolgreich neue Märkte. Eine entscheidende Grundlage dieses Erfolgs bildet die Anpassung der Produkte an die lokalen Bedürfnisse. So zeichnet sich etwa der lokal gefertigte Passat für den nordamerikanischen und chinesischen Markt durch einen verlängerten Radstand gegenüber dem europäischen Schwestermodell aus. Begleitet werden die Auffächerung des Produktprogramms und die Ausweitung des globalen Produktionsnetzwerks durch die Verkürzung der Produktlebenszyklen. Im Resultat bedeutet dies mehr Fahrzeugprojekte, welche zu einer steigenden Anzahl an Fabrikplanungsprojekten und Modellanläufen führen. Vor diesem Hintergrund ist Volkswagen zum Vorreiter der Modularisierung in der Automobilindustrie geworden. Ausgehend von einheitlichen Konstruktionsprinzipien der Fahrzeuge wird die Modularisierung der Produktion in Angriff genommen.

4.1 Entwicklung der Modularisierung bei Volkswagen

Die zunehmende Anzahl von Fahrzeugen innerhalb des Volkswagen Konzerns führte bereits in der Vergangenheit zu einer Mehrfachnutzung von Plattformen und Modulen, die innerhalb einer Fahrzeugklasse markenübergreifend genutzt wurden (vgl. Abbildung 4-1). Die Erweiterung des Produktportfolios mit spezifischen Fahrzeugeigenschaften, die Vorbereitung auf neue Antriebstechnologien und die Schaffung von Synergien in Entwicklung, Einkauf und Produktion machten eine Weiterentwicklung von der Plattform- über die Modul- zu einer Baukastenstrategie notwendig. Dies führte zur Entwicklung

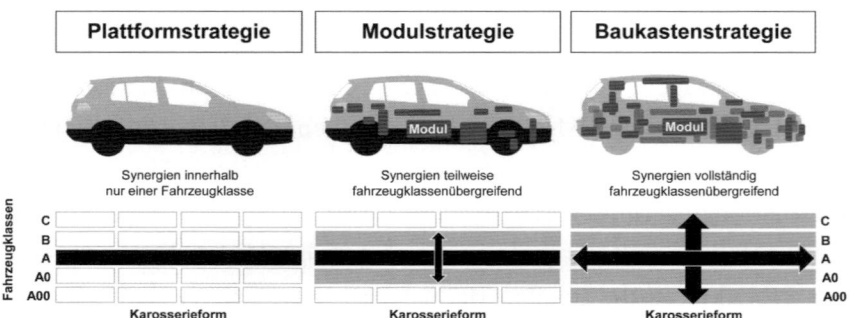

Abbildung 4-1:   Von der Plattform- zur Baukastenstrategie

von drei Produktbaukästen für die Pkw-Marken des Konzerns, die fahrzeugklassenübergreifend zum Einsatz kommen. Das größte Fahrzeugvolumen basiert auf dem *Modularen Querbaukasten (MQB)*, der für quer verbaute Motoren bei mehr als vierzig Modellen von Volkswagen, Audi, Seat und Skoda Anwendung findet und entwicklungs- und produktionsseitig von der Marke Volkswagen verantwortet wird. *Der Modulare Längsbaukasten (MLB)* ist die Basis für alle Fahrzeugmodelle mit Front- oder Allradantrieb mit längs verbautem Antrieb. Die Entwicklungsverantwortung liegt bei der Audi AG. Der von der Porsche AG verantwortete *Modulare Standardantriebsbaukasten (MSB)* beinhaltet das Produktkonzept für die Sportwagen und Fahrzeuge der Luxusklasse mit Heckantrieb des Konzerns. Die einzelnen Baukästen im Volkswagen Konzern sind in Abhängigkeit der Fahrzeugklasse und des Preissegments dargestellt (vgl. Abbildung 4-2). Jeder Baukasten basiert auf einer flexiblen Grundarchitektur mit den wesentlichen Technikmaßen, wie den Spurweiten, Radständen, Überhängen und Raddurchmessern. Die Geometrien aus dem Grundraster des jeweiligen Baukastens können zu verschiedenen Fahrzeugtypen (zum Beispiel Kurzheck, Limousine, Cabrio, MPV, SUV) kombiniert werden. Abbildung 4-3 verdeutlicht dies anhand des Modularen Querbaukastens (MQB). Die Grundarchitektur vereinheitlicht

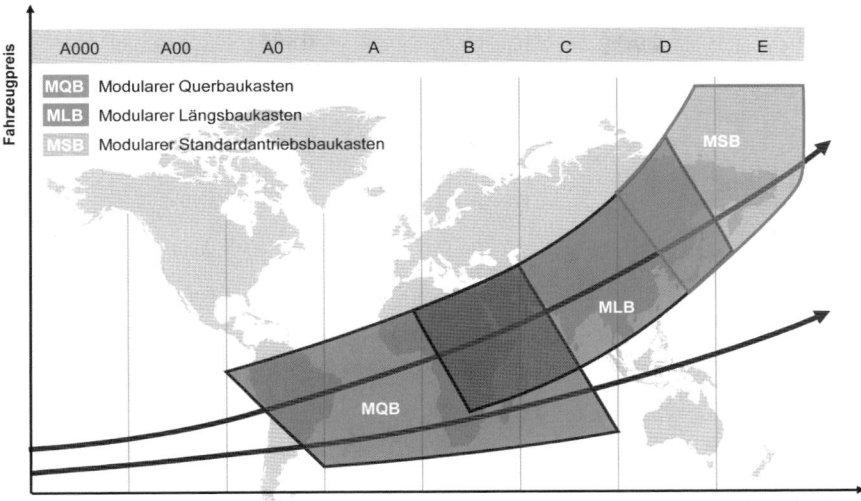

Abbildung 4-2:   Modulare Produktbaukästen bei Volkswagen

die Motorraumsystematik für die Baugruppe Aggregate, Achse, Lenkung und Klimagerät, so dass erhebliche Synergieeffekte entstehen. Feststehend ist lediglich der Bereich zwischen Vorderachse und Pedalerie. Weiterhin sind die Einbaurichtung und der Winkel der Aggregate genau vorgegeben. So ist eine standardisierte Schnittstelle zwischen der Karosserie und dem Antrieb definiert worden, die die Kombination aller Antriebskonzepte mit frei kombinierbaren Karosserien ermöglicht. Neben den herkömmlichen Verbrennungsmotoren können auch alternative Antriebe wie Erdgas-, Hybrid- oder Elektromotoren in der standardisierten Lage verwendet werden. Der Volkswagen Konzern zielt somit auf die flächendeckende Verfügbarkeit von alternativen Antrieben in allen Marken und Modellen ab und kann diese als Derivat in die Produktion der Grundfahrzeuge integrieren. Man grenzt sich dadurch von anderen Herstellern ab, die einzelne Fahrzeuge spezifisch für Hybrid- oder reine Elektroantriebe entwickeln. Darüber hinaus gibt es für besonders aufwändige Module

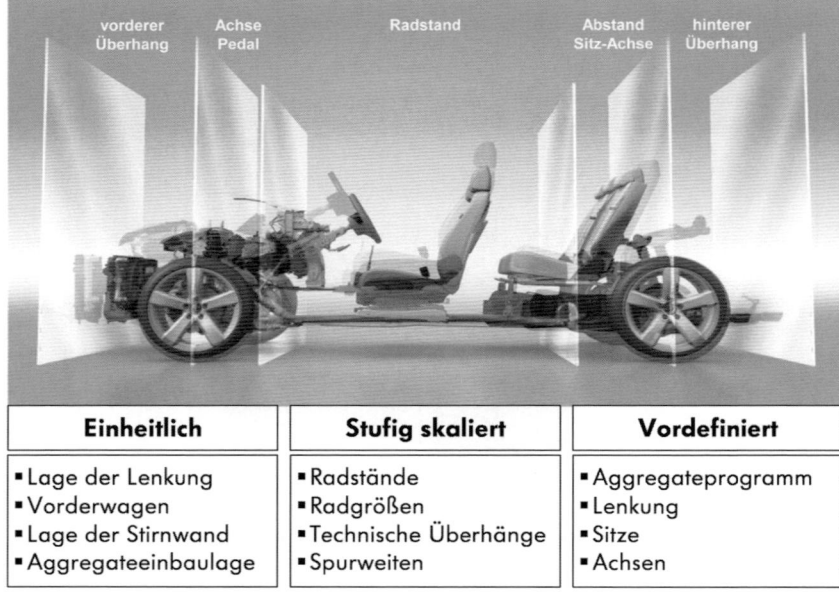

Abbildung 4-3:   Technikmaße des Modularen Querbaukastens

weitere Variantenlogiken, wie beispielsweise den Modularen Infotainment Baukasten (MIB) und den Modularen Dieselbaukasten
(MDB). Durch die Standardisierung von Bauteilen, Maßen und Pro-
duktionsabläufen konnten die Entwicklungs-, Material- und Produktionskosten im Vergleich zur konventionellen Vorgehensweise signifikant gesenkt werden. In Summe führen die markenübergreifenden
Baukästen zu einem verringerten Freiheitsgrad von technischen Ein-
zellösungen, aber zu einer enormen Steigerung von Kombinations-
möglichkeiten für Fahrzeugmodelle und deren Derivate. So besteht
die Möglichkeit, mit einer erweiterten Modellpalette bislang nicht
bediente Marktsegmente wirtschaftlich zu erschließen. Die wichtigsten Volumenmodelle der Marke Volkswagen basieren heute bereits
auf dem MQB oder werden im nächsten Generationswechsel auf
diesen umgestellt. Im Zuge der Entwicklung des MQB wurden nicht

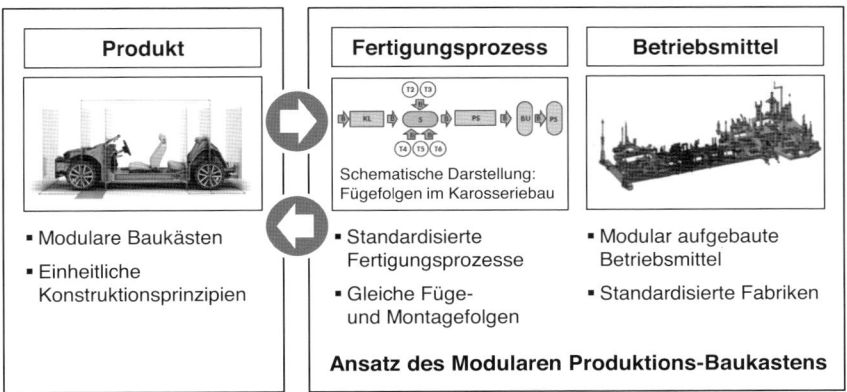

Abbildung 4-4: **Der Modulare Querbaukasten als Basis für den Modularen Produktions-Baukasten**

nur die gleichen Komponenten wie etwa Bodengruppe, Lenkung, Achsen, Elektronikbauteile, Sitzgestelle oder Klimaanlagen modellübergreifend festgelegt, sondern in Zusammenarbeit mit der Produktionsplanung auch die Aufbau- und Montagereihenfolgen als Grundlage für die Fertigungsprozesse. Beispielsweise funktionieren alle MQB-Karosserielinien weltweit nach den gleichen Fügeprinzipien. Auch in der Endmontage ist die Aufbaureihenfolge stets identisch. Es ist damit eindeutig festgelegt, in welcher Station Cockpit, Sitze und Türen durch welchen Prozess montiert werden. Mit den im MQB festgelegten Geometrien für Komponenten, deren Fügeprinzipien und einem konzeptgleichen Fahrzeugaufbau lassen sich folglich die Fertigungsprozesse standardisieren. Als Konsequenz besteht damit die Möglichkeit, auch die Betriebsmittel weltweit zu vereinheitlichen (vgl. Abbildung 4-4). Diese enge Verzahnung zwischen Produkt, Prozess und Betriebsmittel ist die Basis der Produktionsplanung für alle MQB-Standorte und damit auch die Grundlage für den Modularen Produktions-Baukasten. Die konzernweite Nutzung des MQB für zahlreiche Fahrzeuge ergibt neue Möglichkeiten, unterschiedliche

Produkte in Mehrmarkenfabriken wirtschaftlich einzurüsten. Die Anforderungen an die konkrete Ausplanung dieser Fertigungen sind allerdings nicht überall gleich. Im Sinne einer wirtschaftlichen Fertigung gibt es Unterschiede zum Beispiel bei der benötigten Kapazität, des zu realisierenden Mechanisierungsgrades oder der Fertigungstiefe. Zudem kann es in den Regionen spezifische Anforderungen an Prozesse und Betriebsmittel geben, die ebenfalls in der Struktur des MPB Berücksichtigung finden müssen. Analog zur Grundarchitektur des MQB, innerhalb dessen zum Beispiel eine Limousine aus einer Kombination von Radständen, Spurweiten und technischen Überhängen entsteht, stellt der Modulare Produktions-Baukasten eine entsprechende Logik zur Auswahl von Betriebsmitteln und Fertigungsprozessen zur Unterstützung der Produktionsplanung dar. In weiteren Schritten ist der Modulare Produktions-Baukasten auch für die Fahrzeugproduktionen anderer Produktbaukästen einsetzbar, so dass sukzessive weitere Standorte weltweit von der Modularisierung profitieren können.

4.2 Anforderungen, Zielsetzung, Chancen und Risiken

Die Strategie mach18 des Volkswagen Konzerns sieht ein Volumenziel von mehr als 10 Mio. verkaufter Fahrzeuge vor. Daran ausgerichtet sind in den letzten Jahren zahlreiche Standorte zur Lokalisierung der Produktion errichtet worden. So stieg die Anzahl der Standorte alleine der Marke Volkswagen auf nun 25 Fabriken. Aufgrund ihrer positiven wirtschaftlichen Entwicklungen stehen dabei Brasilien, Russland, Indien und China (BRIC), aber auch weitere Wachstumsregionen im Mittelpunkt. Einige Standorte werden bereits heute markenübergreifend genutzt. So produziert beispielsweise das Werk im slowakischen Bratislava derzeit Fahrzeuge von fünf Marken unterschiedlichster Bauart. Die Planungen für die Standorte werden zentral von der Produktionsplanung in Wolfsburg und den jeweiligen Joint Venture Partnern zum Beispiel in China koordiniert. Die Anforderungen an die Produktion und die Produktionssysteme in der Automobilindustrie sind nicht grundsätzlich neu. Dennoch haben diese durch die Unternehmensstrategie von Volkswagen, neue Marktteilnehmer sowie vielfältigere Möglichkeiten bei der Derivatisierung eine neue Dimension (vgl. Abbildung 4-5). Die Produktvarianz vor Kunde zwingt dabei die Produktion zur weiteren Erhöhung der Produktflexibilität, um eine größere Anzahl von Fahrzeugen mit kleinen Volumina wirtschaftlich herstellen können. Dies führt zur Notwendigkeit von Mehrmarken-und Multiproduktfabriken mit hoher Derivatflexibilität und regionalspezifischen Ausprägungen. Die Volatilität der Märkte hinsichtlich der Volumen bedarf einer Erhöhung der bisherigen Flexibilität. Eine Reaktion nur über arbeitsorganisatorische Maßnahmen stößt an wirtschaftliche Grenzen, so dass Konzepte für den Auf- und Rückbau von technischen Kapazitäten mit einem angemessenen Aufwand erarbeitet und umgesetzt werden müssen. Die Rahmenbedingungen im Verlauf des Produktentstehungsprozesses (PEP) und der Planungsphase verändern sich zunehmend dynamisch, so dass die Flexibilität zur kurzfristigen Umplanung erhöht werden muss. Aus diesen Gründen variieren beispielsweise die Stückzahlprognosen im Jahresrhythmus teilweise erheblich. Dies kann zu einer kurzfristigen Veränderung der produktionsseitig geplanten Kapazitäten oder Standortbelegungen im Sinne eines wirtschaftlichen Optimums führen. Als Konsequenz daraus ist die Ausplanungsgeschwindigkeit der Produktionsplanung zu erhöhen. Neue Modelle und Derivate werden zunehmend in bestehende Fertigungen integriert. Die notwendigen Installationszeiträume stehen bei einer laufenden Produktion nur eingeschränkt zur Verfügung. Die Austauschmöglichkeit von Anlagenteilen und deren Wiederverwendbarkeit für die nächste

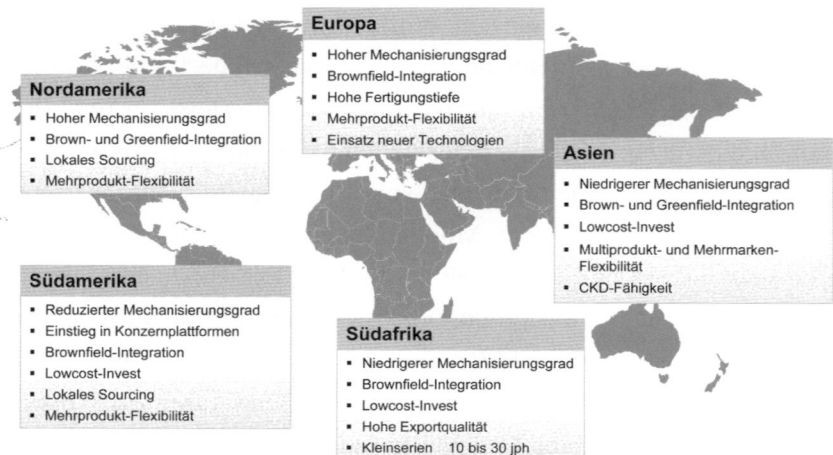

Abbildung 4-5:   Anforderungen an Prozesse und Betriebsmittel

Modellgeneration muss daher erhöht werden. Für einen optimierten Personaleinsatz und eine schnelle Markteinführung von neuen Produkten ist die Beschleunigung der Anlaufphase bis zur Erreichung der Kammlinie anzustreben. Dies erfordert robuste und erprobte Betriebsmittel, die mit dem jeweiligen Standortpersonal angefahren werden können. Dabei findet der Kapazitätsaufbau überwiegend an neuen Standorten außerhalb Europas statt. Sowohl der jeweilige Produktionsanlauf als auch die Betreuung der Serie ist vor Ort zu gewährleisten. Durch Anlagentechnik, die auf das Qualifikationsniveau vor Ort angepasst ist, werden die hohen Qualitätsanforderungen sichergestellt. Zusätzlich ist für ausgewählte Fertigungstechnologien ein standortübergreifender Transfer von Expertenwissen zu gewährleisten. Dazu sind Wissensplattformen zu entwickeln, um die Schwarmintelligenz aller Experten zu vernetzen. Bei den Vorgaben für Fertigungsprozesse für die extrem anspruchsvollen Qualitätsziele sind Betriebsmittel erforderlich, die sowohl an die jeweilige Situation anpassbar sind als auch eine hohe Grundflexibilität für Produkte und

Derivate sowie deren Folgegenerationen beinhalten. Bei einer produktübergreifenden Anwendung müssen diese für den gleichen Prozessschritt mindestens konzeptgleich, idealerweise konstruktionsgleich sein. Dies ermöglicht hohe Synergieeffekte in der Planungsphase und bei der Anlagenbeschaffung. Einer der wichtigsten Synergieeffekte lässt sich bei der generationsübergreifenden Nutzung der Produktionsmodule erschließen. Dazu muss der Ansatz „Design for Manufacturing" in Abstimmung mit der Produktentwicklung auf die vorhandenen MPB-Module (Design for MPB) erweitert werden. Pro Anlagenmodul ist ein prozesstechnischer und geometrischer Freiheitsgrad festzulegen, dessen Überschreitung zu einer Veränderung und damit zu einer Investitionserhöhung führen kann. Im Einzelfall muss die Zulässigkeit dieser Änderung entschieden werden. Aufgrund dieser Anforderungen und der Möglichkeiten des MQB wurde die Entwicklung des MPB mit der folgenden übergeordneten Zielsetzung beauftragt. Analog zum MQB und auf Basis der Konzeptgleichheit der Produktarchitektur soll die Produktionsplanung eine einheitliche Ordnungslogik für die Produktionsstruktur entwickeln, die weltweit nutzbar ist und die relevanten Konzern- und Markenstandards erfüllt. Durch standardisierte Fabrik- und Anlagenmodule soll die Produktion in die Lage versetzt werden, in Mehrmarken- und Multiproduktfabriken unterschiedlichste Fahrzeuge und Derivate fertigen zu können. Grundvoraussetzung für eine kostengünstige Flexibilisierung der Fabriken und Anlagen ist dabei eine ganzheitliche Betrachtung der Aufwandstreiber und der daraus abgeleiteten Verbesserungspotenziale (vgl. Abbildung 4-6). Neben den genannten Chancen werden erhebliche Potenziale durch einen reduzierten Konstruktionsaufwand bei einer größtmöglichen Wiederverwendung von Modulen erwartet. Dadurch entstehen Verbesserungen bei der Beschaffungszeit der Anlagen. Zeitliche Vorteile ergeben sich zudem

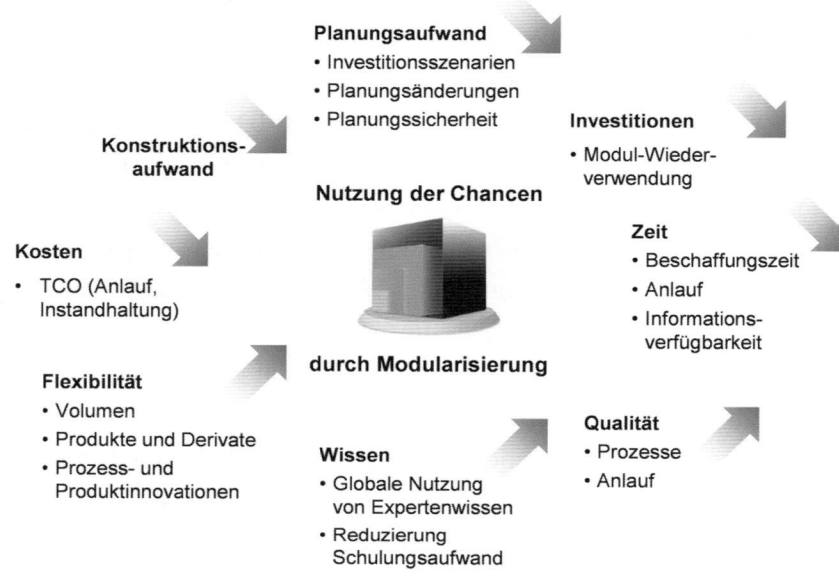

Abbildung 4-6:   Ziele des Modularen Produktions-Baukastens

bei der schnelleren Diagnose von Prozessabweichungen durch einen Informationsaustausch über die Standorte. Dies unterstützt bei der Optimierung von Qualitätsmerkmalen insbesondere in der Anlauf-phase. Das notwendige Detailwissen über die Modulprozesse kann durch Anlaufexperten in die Standorte gebracht werden. Die Ver-wendung gleicher Technik stellt im Serienbetrieb einen vereinfachten Informationsaustausch zwischen den Beteiligten zur Prozessdiagnose sicher. Durch die Modularisierung und Standardisierung der Produk-tion ergeben sich jedoch auch Risiken, für die Vermeidungsstrategien zu entwickelt sind. So ist eine Wieder- oder Weiterverwendung der Betriebsmittel gefährdet, wenn sich Fertigungsverfahren in einer Nachfolgegeneration eines Produkts signifikant verändern oder neue Werkstoffe zum Einsatz kommen, die neue Anlagentechnik erfordern. Beispielsweise kann eine Änderung der Fügeverfahren oder Fügefolgen bereits die Weiterverwendung von Modulen einschränken. Zudem erschweren Brownfield-Standorte möglicherweise eine Folgenutzung aufgrund standortspezifischer Rahmenbedingungen. Beispielsweise bieten räumliche Gegebenheiten in der Fertigungshalle nicht genug Platz für die einzusetzenden Module. Die angestrebte Wiederverwendung von Modulen kann sich zudem negativ auf die Entwicklung innovativer Technologien auswirken – sowohl auf Produktseite als auch auf Anlagen-/Betriebsmittelseite. So wird für eine angestrebte Kosteneinsparung auf vorhandene Konzepte und Module gesetzt, anstatt eine Weiterentwicklung voranzutreiben. Die Ersteinführung der Produktionsmodule kann eventuell Mehraufwendungen gegenüber der Verwendung herkömmlicher Anlagen verursachen und damit ein Implementierungshindernis darstellen. So könnte kurzfristig aus der Renditeperspektive heraus eine nichtmodularisierte Anlage verwendet werden, wenn beispielsweise die Mehrproduktflexibilität in naher Zukunft nicht benötigt wird. Mit einer Nachfolgegeneration oder einer Derivatintegration sind dann jedoch umso höhere Investitionen erforderlich. Im Grundsatz gilt es, die Flexibilisierungskosten durch Modularisierung so gering wie möglich zu halten und damit wirtschaftliche Umsetzungshemmnisse zu beseitigen. Darüber hinaus ist der administrative Aufwand bei der Modularisierung zu berücksichtigen, da die Module vor ihrer Einführung einen Standardisierungs- und Freigabeprozess durchlaufen müssen. Zudem ist eine administrative Betreuung der Module im Serienbetrieb für die kontinuierliche Verbesserung im MPB sinnvoll. Verfolgt der Einkauf bei der Beschaffung der Module weiterhin eine Mehrlieferantenstrategie, so kann sich die Modularisierung negativ auf mögliche Kosteneinsparungen durch Skaleneffekte auswirken. Die Mitarbeiter in der Produktionsplanung stehen ferner womöglich der Modularisierung kritisch gegenüber, wenn sie befürchten, dass ihre planerische Freiheit eingeschränkt wird. Die Chancen/Risiken-Bilanz der Modularisierung in der Produktion ist somit von einer Vielzahl von Rahmenbedingungen abhängig. Es ist daher notwendig, eine ganzheitliche Kosten- und Nutzenbetrachtung mit allen Beteiligten durchzuführen. Ob nun Chancen oder Risiken dominieren, ist für den jeweiligen Einzelfall abzuwägen. Zur erfolgreichen Modularisierung der Produktion bedarf es daher einer frühzeitigen Berücksichtigung möglicher Risikopunkte, bei der Konzeptentwicklung und der Implementierung. Auf diese Weise lassen sich die Chancen der Implementierung bei einer bestmöglichen Absicherung und Minimierung der Risiken realisieren.

4.3 Konzept und Umfang

Zu Beginn der Konzeptfindung für den Modularen Produktions-Baukasten standen folgende Fragen im Vordergrund: Was ist ein Modul? Welche Variationen sollten die Module haben? Welche Zusatzinformationen enthalten Module? Welche Ordnungslogik ist zielführend und zukunftssicher? Wie sieht das spätere Anwendungskonzept innerhalb der Planung aus? Welche Messgrößen können die Anwendung der Module dokumentieren? Angesichts der Größe des Projektes hat sich Volkswagen für einen pragmatischen Ansatz entschieden und auf teilweise vorhandene Systematiken zurückgegriffen. Dazu gehören beispielsweise Modulabgrenzungen gemäß vorhandener Investitionsgruppen und Komponentenlisten, Best-Practice-Anwendungen aus den Standorten sowie definierte Konzern- und Markenstandards. Entscheidend für die Definition und spätere Nutzung von Modulen sind die verschiedenen Anwendungsfälle der zu realisierenden Produktion. Im Folgenden werden die Einflussgrößen für die Planung einer durchgehenden Fahrzeugfertigung beschrieben.

Darauf aufbauend erfolgt eine Diskussion über die Ordnungslogik und die Baukastenstruktur, um im Anschluss auf den eigentlichen Modulaufbau einzugehen.

Einflussfaktoren

Die Kriterien für die Planung von Produktionsstrukturen in den Standorten beziehen sich bei Volkswagen auf die zu installierende Kapazität, den zu verarbeitenden Materialmix, den Mechanisierungsgrad sowie die Fahrzeug- und Derivatflexibilität. Die Ausprägungen dieser Kriterien bilden das Grundgerüst der späteren Ordnungslogik und definieren gleichzeitig die Varianz eines Moduls mit der gleichen Wertschöpfung. Somit beträgt die Varianz eines Grundmoduls maximal die Anzahl der Kombinationen der Einflussgrößen. Je Modul ergeben sich für das nachfolgende Beispiel somit maximal 64 theoretisch mögliche technische Grundvarianten. Da diese Vielfalt nicht zu einem aufwandsgerechten Modularisierungskonzept führt, beschränkt sich Volkswagen darauf, je Modul nur die notwendigen Varianten zu realisieren, aber die Möglichkeit weiterer Ergänzungen vorzuhalten. Das erläuterte Grundmodell der Fabrikmodularisierung mit den drei Dimensionen Produktionsebenen, Produktionsfunktionen und Planungsbereiche dient zur Auswahl des Modellsegments. In Abbildung 4-7 wird die Ebene der „Anlagentechnik" über allen Hierarchieebenen und Produktionsfunktionen im Modularen Produktions-Baukasten abgebildet. Die Produktionsfunktion Fertigung stellt dabei den gesamten Fertigungsfluss dar. Sie bedarf der Charakterisierung durch technische Einflussgrößen, wie beispielsweise der technischen Kapazität und dem verwendeten Werkstoff. Dies macht eine Erweiterung des Modellansatzes erforderlich. In Abbildung 4-7 wird der Zusammenhang in Form einer Morphologie mit drei Auswahlkriterien für das Modellsegment und den vier Einflussgrößen für die

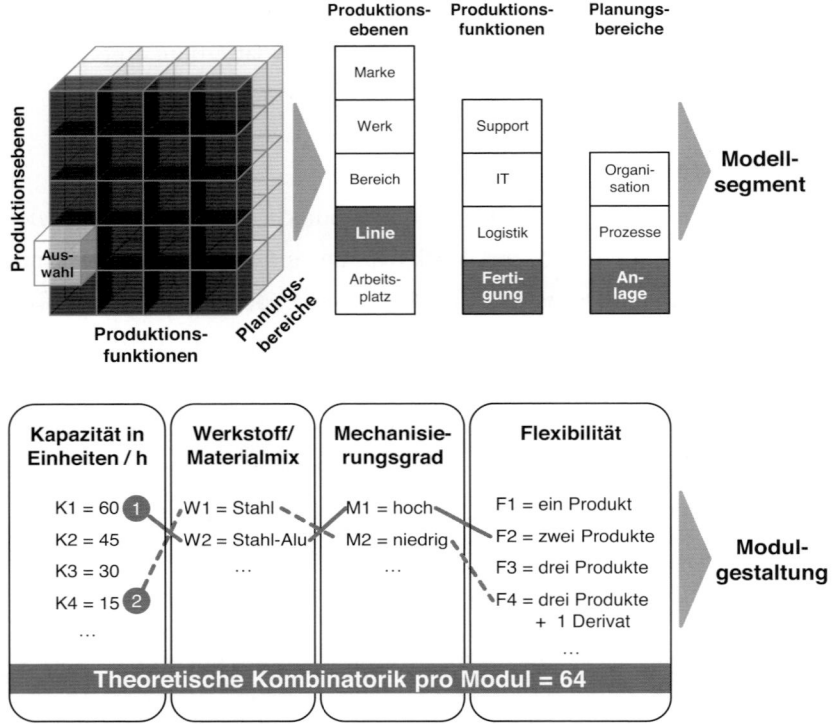

Abbildung 4-7: **Erweiterung des Modellansatzes**

Modulbeschreibung dargestellt. Die Auswahl einer Ausprägung jedes Einflussfaktors bildet den Kern des späteren Produktionsprojektes. Aus dieser technischen Morphologie heraus lässt sich zum Beispiel ein Hochlohnstandort (1) mit einer Leichtbaukarosse und einer hohen Mechanisierung für zwei Fahrzeuge darstellen. Ein Low-Cost-Standort für drei Fahrzeuge mit einer Stahlkarosse wird mit einer geringen Mechanisierung und einer kleineren Kapazität eingerüstet (2). Die Auswahl der Einflussfaktoren und deren jeweiligen Ausprägungen müssen im Detail unternehmensspezifisch ermittelt werden. Die hier dargestellten Faktoren sind üblicherweise in der Automobilindustrie vorzufinden und produktseitig nicht plattformspezifisch. Auch innerhalb des Volkswagen Konzerns lassen sich die meisten Produktanwendungen (MQB, MLB, MSB) darauf zurückführen. Die Kapazität gibt an, welche Stückzahlen pro Stunde in einer Fertigungslinie maximal gefertigt werden können. Sie wird in der Automobilindustrie klassischer Weise in Fahrzeuge pro Stunde angegeben. Dadurch lassen sich über die verschiedenen Arbeitszeitmodelle in den Standorten die Anzahl der Fahrzeuge pro Tag und Jahr definieren. In der Fahrzeugindustrie wird im Allgemeinen zwischen einer Skalierung von 15, 30, 45 und 60 Fahrzeugen pro Stunde unterschieden. Das entspricht einer ungefähren Jahresstückzahl von etwa 75.000 bis 300.000 Fahrzeugen. Die MQB-Plattform für den Golf der siebten Generation inklusive der Derivate wie zum Beispiel den Golf Sportsvan oder den Golf Variant ist beispielsweise in Wolfsburg mit zwei Linien, in Zwickau sowie für die lokale Produktion in Puebla (Mexico) und in Foshan (China) mit unterschiedlichen Kapazitäten eingerüstet. Aufgrund der regional verschiedenen Arbeitszeitmodelle (produktive Schichtzeiten und Arbeitstage pro Jahr) ergeben sich die jeweiligen Jahresstückzahlen. Jedes einzelne Produktionsmodul, wie zum Beispiel eine Schweißzelle im Karosserie-Aufbau, stellt die notwendige Kapazität aufgrund seiner Position im Fertigungsfluss und der zugrunde gelegten technischen Verfügbarkeit sicher. Die Grundphilosophie der Modularität des MPB findet sich auch bei der Skalierbarkeit auf Modulebene wieder. Als Planungsprämisse gilt, dass jedes Modul die notwendigen Infrastrukturvorhaltungen für eine Anpassung an die Kapazität beinhaltet, das heißt ein Karosseriebaumodul ist prinzipiell für 60 Fahrzeuge pro Stunde ausgelegt. Werden vorgehaltene Roboterplätze bei geringerem Kapazitätsbedarf nicht genutzt, können diese bei steigendem Bedarf eingerüstet werden. Der Materialmix ist ausschlaggebend für die Investitionen im Karosseriebau. Die Gewichtsreduzierung der Karosserie stellt einen der Schwerpunkte bei der Entwicklung von Fahrzeugen dar, um den Anforderungen an die Ressourcenverbräuche zu genügen und gleichzeitig die Crash- und Steifigkeitsanforderungen zu erfüllen. Dies führt zu einem Materialmix, der für jedes Einzelteil der Karosserie optimiert ist. Für Stahlkarossen werden sowohl kaltverformte Materialien mit unterschiedlichen Festigkeiten als auch warmumgeformte Stähle verwendet, die eine entsprechende Fügetechnik benötigen. Durch die stetige Weiterentwicklung bei der Stahlverarbeitung sind weitere Innovationen in der Fügetechnik notwendig, die bei der Auslegung der Module eine Rolle spielen. Der Materialmix wird ausgehend vom Sportwagen- und Premiumsegment zunehmend mehr Leichtbauelemente beinhalten. Materialkombination aus Stahl und Aluminium oder auch faserverstärkte Kunststoffe (GFK, CFK) sind Betrachtungsgegenstand bei Volkswagen. Ihr Einsatz hat einen signifikanten Einfluss auf die eingesetzte Technologie im Presswerk, im Karosseriebau und in der Lackiererei. Dieser Einfluss auf die Gestaltung der Module ist daher von besonders hoher Relevanz. Aktuell wird zwischen der Ausprägung „Stahl", „Stahl und Alu" sowie „unabhängig" unterschieden. Sobald Nicht-Metall-Werkstoffe, wie beispielsweise Faserverbundwerkstoffe, von Volkswagen für die Karosserie in der Großserie an Bedeutung gewinnen, sind sogar ganze Gewerke anzupassen, da in diesem Fall weder das Presswerk noch der Karosseriebau in ihrer klassischen Ausprägung Bestand haben. Es werden komplett neue Fertigungsmodule benötigt, die es ermöglichen, diese Materialien zu verkleben und zu formen. Ebenso ist die Lackiererei vollständig auf diesen neuen Werkstoff anzupassen. Im Gegensatz zur Kapazität und dem Mechanisierungsgrad kann dieser Einflussfaktor zu radikalen Änderungen an den einzelnen Modulvarianten oder zu komplett neuen Modulen führen. Der Mechanisierungsgrad gibt grundsätzlich das Verhältnis der mechanisierten Fertigungsschritte zur Gesamtanzahl der Einzelprozesse an. Während in Hochlohnstandorten insbesondere der Karosseriebau nahezu vollständig mechanisiert ist, wird bei einem niedrigeren Lohnniveau auf Lösungen mit einer geringeren Automatisierung zurückgegriffen. Neben den hohen Investitionen ist die verfügbare Qualifikation zur Beherrschung der Steuerungs- und Vernetzungskomplexität ein entscheidendes Kriterium für den Einsatz der Automatisierungstechnik. Die relevanten Module sind in der Grundkonfiguration für eine hohe und niedrige Automatisierung ausgelegt. In dem einen Fall werden mehr automatisierte Handhabungsgeräte eingerüstet, im anderen sind Mitarbeiterplätze mit entsprechenden Vorkehrungen zur Sicherung der Qualität, Arbeitssicherheit und Ergonomie installiert. Die Flexibilität beschreibt die Anzahl der Produktvarianten, die mit einem Modul gefertigt werden können. Dabei werden im Modularen Produktions-Baukasten Module unterschieden, die ein Produkt, zwei Produkte und sogar drei Produkte zuzüglich eines Derivates fertigen können. Darüber hinaus wird im Rahmen der Flexibilität unterschieden, ob mit diesen drei Produktvarianten jeweils auch ein Produktwechsel durchgeführt werden kann (Umstiegsflexibilität). Dies bestimmt beispielsweise die Anzahl von Vorrichtungen in Drehtischen zur Produktion von Seitenteilen der Karosserie. Die vorgehaltene Flexibilität ermöglicht es Volkswagen, auf Nachfrageschwankungen schnell zu reagieren und neue Produktvarianten auf einer Linie bei laufender Produktion einzufahren. Dieser Vorhalt an Flexibilität in den Modulen ist jedoch mit Aufwendungen verbunden, so dass bei der Planung einer Produktionslinie stets abzuwägen ist, welche Flexibilität notwendig ist. Dieser Zielkonflikt wird durch die Synergien des MPB zum Teil aufgehoben. Die Wirtschaftlichkeit für flexible Lösungen steigt und ermöglicht somit die Einrichtung effizienter, markenübergreifender

Multiproduktfabriken. So fertigt beispielsweise der Standort Foshan für den chinesischen Markt auf einer Produktionslinie den aktuellen Golf der siebten Generation und den Audi A3 mit verschiedenen MQB-Radständen und vollständig markenspezifischen Aufbauten.

Baukastenstruktur

Gemäß der Zielsetzung beinhaltet das Modularisierungsmodell eine vollständige Fabrik mit allen relevanten Bereichen und Gewerken der Fahrzeugproduktion. Somit bildet es neben der Technik auch die Logistik, IT, Gebäudestruktur und die Organisation ab. Die Baukastenstruktur muss alle Module mit allen Ausprägungen der Einflussfaktoren abbilden können. Eine Integration zusätzlicher Varianten muss jederzeit möglich sein. Ein konkretes Planungsobjekt ergibt sich aus der Gesamtheit der aus dieser Struktur ausgewählten Module. Der Auflösungsgrad der Ordnungslogik wurde so gewählt, dass jedes Modul eindeutig in den Ebenen zuzuordnen ist. Komponenten eines Moduls als kleinste Konstruktionseinheit sind nicht Teil des Baukastens. Abbildung 4-8 stellt den Zusammenhang des Top-Down Ansatzes in Form von Modulebenen dar. Fabrikmodule beschreiben eine gesamte Fabrik und stellen die Ebene 1 des MPB dar. Ein Fabrikmodul setzt sich aus einzelnen Bereichsmodulen zusammen. Bereichsmodule fassen jeweils die Module der Bereiche Technik, Struktur, IT, Logistik und Organisation zusammen. Mit Logistik ist hier die Inbound-Logistik zu verstehen. Die Module der Inhouse-Logistik werden im Bereich Technik mit aufgelistet. Gewerkemodule bilden die Ebene drei ab und sind nur für den Bereich der Technik vorgesehen. Die Module umfassen spezifische Anlagen der Gewerke Presswerk, Karosseriebau, Lackiererei, Montage und Pilothalle sowie Inhalte und Angaben, die Gewerke übergreifend wirken. Innerhalb der vertikalen Struktur befinden sich die ersten Module auf der Ebene der

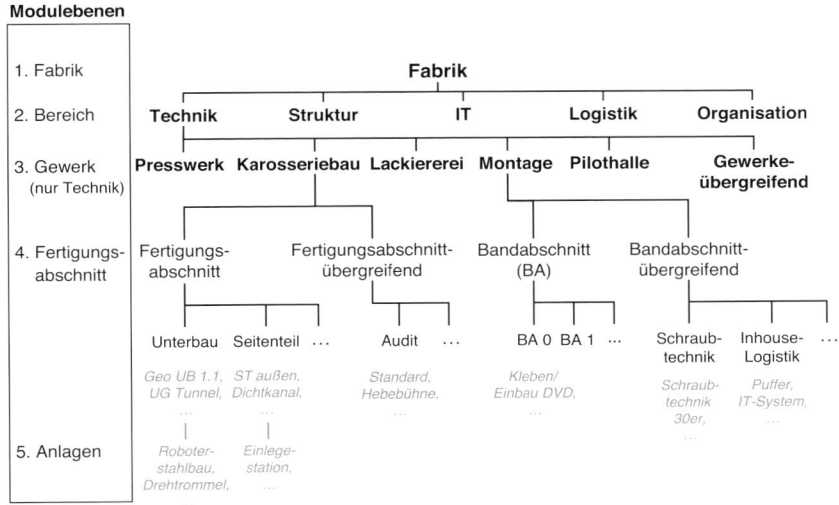

Abbildung 4-8:   Struktur des Modularen Produktions-Baukastens

Fertigungs- und Bandabschnitte der einzelnen Gewerke. Auf dieser Ebene lassen sich Investitionen und Kennzahlen für die Berechnung eines Fabrikmoduls aggregieren. Zum besseren Verständnis werden die Module bei Bedarf in Unterkategorien aufgeteilt. Die detailliertere Auflösung der Ebene 4 erfolgt durch Anlagenmodule und stellt den Kern der Ordnungslogik dar. In dieser Ebene sind alle Grundmodule für die Fertigungsprozesse mit den relevanten Variationsumfängen einsortiert.

Modulaufbau und Inhalte

Eine Abgrenzung von Modulen in diesem Anwendungskontext setzt ein gemeinsames Grundverständnis voraus. Module sind definierte Technikumfänge (zum Beispiel „innerhalb von Schutzzäunen" oder Takten), die innerhalb des MPB die unterste Ebene darstellen. Ein Modul ist ein eigenständiger Baustein mit einer eindeutig definierten Funktion, klaren Schnittstellen und Inhalten. Die Module bilden eine komplette Fahrzeugfertigung ab und können nach festgelegten Prämissen unterschiedlich ausgeprägt sein. Alle Module mit der gleichen Prozessfunktion sind austauschbar sowie werksspezifisch erweiterbar und widersprechen keinem gültigen Konzern- und Markenstandard. Zusätzlich enthält jedes Modul alle Elemente zur Realisierung des Wertschöpfungsprozesses und Attribute zur Beschreibung von Eigenschaften. Die planerische Verantwortlichkeit ist für jedes Modul eindeutig festgelegt. Module können demnach durch definierte Schnittstellen aneinandergereiht werden und sind durch ihre Integrationsfähigkeit innerhalb der Modulkette austauschbar. Somit ist die Verwendung bei Neuprojekten wie auch die nachträgliche Integration in bestehende Produktionsstrukturen möglich. Ein wichtiges Ziel bei der Entwicklung des Baukastens ist die Erhöhung der Planungseffizienz durch einen verminderten Konstruktionsaufwand sowie die Generierung von Skaleneffekten bei der Anlagenbeschaffung. Daher gilt für jedes Modul das Prinzip eines konstruktionsgleichen Grundmoduls und eines konzeptgleichen Variationsumfangs. Dieser ergibt sich zum Teil aus den Ausprägungen der Einflussfaktoren. So kann bei unterschiedlichen Kapazitäten ein Teil der Anlage konstruktionsgleich bleiben, während andere Umfänge neu hinzukommen. Eine weitere Variation wird den eigentlichen Produktgeometrien zugestanden. Sobald Greifer und Vorrichtungen beispielsweise das Seitenteil einer Karosserie aufnehmen, liegt ein produktspezifischer Umfang vor, welcher getrennt zu betrachten ist. Zum Umfang eines Moduls gehören neben der eigentlichen Anlagentechnik auch die Stellfläche, die zugehörige Logistikfläche sowie zum Beispiel Informationen zum Instandhaltungsprozess, Investitionen, Personalbedarf oder Energieverbrauch. Bei der Erstfüllung des MPB wurden die Produktionsmodule erfasst, indem aus den vorhandenen Lösungen Best Practices abgeleitet und mit Neuentwicklungen kombiniert wurden. Zunächst

Technik - Karosseriebau - Fertigungsabschnitt - Aufbau
Referenz: VW Golf A7

BEISPIEL

Aufbaulinie 1 -2

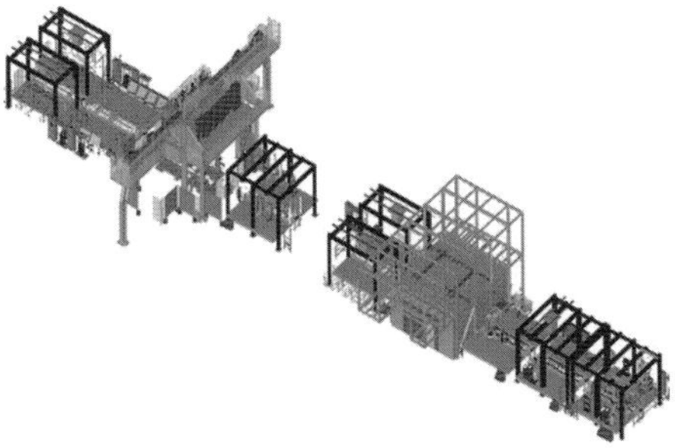

P-Invest [T€]

Investition 1	
Investition 2	
Investition 3	
Summe	

Kennzahlen

Kostenart 1	
Kostenart 2	
Fläche	
Zeitfaktoren	
Energieverbrauch	
Modul-Generation	

Beschreibung
Aufbaulinie 1+2

Stückzahl [jph]			
15	30	45	60

Materialmix	
St.	St.+ Al.
unabhängig	

Mechanisierung		
↑	↓	↑↓
unabhängig		

Produktflex.			
1	2	3	+1
unabhängig			

Spezifische Attribute

Modulstatus	1	2	3	4
Referenz	VW Golf A7			
Fahrweise	1	2	3	4	5
Status Pilothalle	1	2	3	
Kompetenzbedarf	Lasertechnik, Falzen, Inline-Prozessüberwachung			
Ergonomie	1	2	3	
Modulexperte	Max Mustermann			
Modulablage	Dateipfad			
Lessons Learned	Erfasst			

Abbildung 4-9: Modulblatt mit Zusatzinformationen

sind Module mit bestimmten Kapazitäten und hohen Mechanisie-
rungsgraden in den Modularen Produktions-Baukasten überführt
worden. Mit der weiteren Implementierung des MQB in den weltweiten Standorten im Verlauf der Fahrzeugprojekte werden aber weitere
Varianten ausgeplant und in den Baukasten integriert. Die Verantwortung der Neuplanung, der Pflege im Einsatz und auch der Weiterentwicklung obliegt den Experten aus der Produktionsplanung, die
als Modulverantwortliche für die Investitions- und Kostenoptimie-
rung sowie die Planungsqualität zuständig sind. Sie stellen auch den
Transfer von Prozessinnovationen in Folgegenerationen der Module
sicher. Ein Modul muss vor dem Serieneinsatz eine Freigabe erhalten, um die gewünschte Anlaufrobustheit zu gewährleisten. Jede
Neukonstruktion wird daher in einer Pilotanwendung geprüft. Alle
relevanten Informationen, wie Aufwand und Kosten aber auch beispielsweise Details zur Bewertung der Ergonomie fließen in die standardisierten Modulblätter ein (vgl. Abbildung 4-9), die im MPB-
Katalog zusammengefasst sowie IT-technisch erfasst und auswertbar
sind, um einen raschen Überblick zu erzielen. Zusammenfassend
zeigt Abbildung 4-10 das Konzept zur Modulauswahl am Beispiel
des Unterbauframers. Aus dem MPB wird jedes Modul anhand der
Ausprägung der Einflussgrößen identifiziert und dem Planungsobjekt
hinzugefügt. Bei entsprechender Füllung des MPB kann so für alle
hinterlegten Anwendungsfälle der gesamte Fertigungsfluss abgebildet
werden. Für jedes Fahrzeugprojekt an einem Standort wird somit in
Analogie zu den MQB-Modullisten aufgezeigt, welches Modul als
Basis verwendet wird. Die relevanten Informationen liegen mit dem
jeweiligen Moduldatenblatt vor. Mit farblichen Kennzeichnungen
lässt sich zudem visualisieren, welcher Variationsumfang (Pro-
duktanpassungen, Layout-Anpassungen) dem Basismodul zugrunde
liegt.

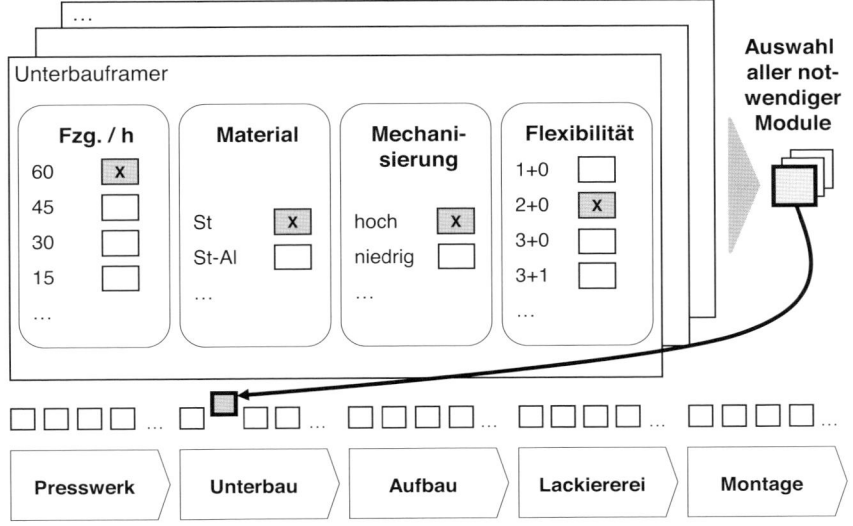

Abbildung 4-10: Modulauswahl

4.4 Anwendungsbeispiele Karosseriebau und Montage

In diesem Kapitel wird die Anwendung des Modularen Produktions-Baukastens beispielhaft anhand der Gewerke Karosseriebau und Montage beschrieben und der Nutzen daraus dargestellt. Es wird verdeutlicht, wie die Kernansätze des MPB, die Modularisierung und Standardisierung, in diesen Bereichen mittels einer durchgängigen Logik umgesetzt wurden. Der MPB ermöglicht so eine nie dagewesene Flexibilität. Der Anspruch, dass die Anlagen, Betriebsmittel und das Know-how für Betrieb und Instandhaltung über die Welt verteilt werden können, wurde für zahlreiche Standorte bereits realisiert.

Karosseriebau

Die Präzision der fertigen Karosserie wird durch die genaue und stabile Fixierung der einzelnen Karosseriebaugruppen zueinander bestimmt. Im Karosseriebau sind deshalb Anlagen erforderlich, die hier höchsten Ansprüchen genügen müssen. Abbildung 4-11 zeigt den Aufbau einer Karosseriebaufertigung. An Beispielen aus den Fertigungsabschnitten Unterbau und Aufbau wird der Modulare Produktions-Baukasten im Karosseriebau erläutert. Im Unterbau werden verschiedene Bauteile zur Bodengruppe eines Fahrzeugs verschweißt. Innerhalb des Abschnitts Aufbau wird dann die Bodengruppe zunächst mit den Seitenteilen innen, dann mit den Seitenteilen außen und anschließend mit den Dachkomponenten zur fertigen Karosserie verschweißt. Die Grundlage für diese Module im MPB bieten die Framingstationen, die vor Jahren eingeführt und bis heute zu einem standardisierten Baukasten von Flexibilisierungssystemen, Spannrahmen, Dachglocken und der Produktionstechnik weiterentwickelt wurde. Aufbauend auf der durchgängigen Logik, hat Volkswagen für jeden dieser Abschnitte die Betriebsmittel auf die zu verarbeitenden Baugruppen optimal angepasst. Die Framer für jeden Fertigungsabschnitt bestehen immer aus produktunabhängigen Grundmodulen und fahrzeugspezifischen Konstruktionsmodulen. Zudem kann Volkswagen auf die standortspezifischen Anforderungen an Stückzahl und Flexibilität reagieren. Die Anlagen können beispielsweise um Module für höhere Stückzahlen ergänzt werden, so dass auf steigende Nachfrage reagiert wird. Die Flexibilität einer Anlage ist beispielsweise erforderlich bei unterschiedlichen Fahrzeugmodellen aber auch bei Modellwechseln. Bisher war eine schnelle Austauschbarkeit bei Umrüstung auf eine weitere Modellvariante oder eine neue Fahrzeuggeneration oder weitere Fahrzeugtypen nicht gewährleistet. Einen Überblick über die Module der Framingstation für den Unterbau gibt Abbildung 4-11. Zentral angeordnet ist der Spannrahmen für die zu verschweißenden Bodenbleche als wesentlicher Baustein der Framingstation. Er besteht aus dem standardisierten Grundrahmen und

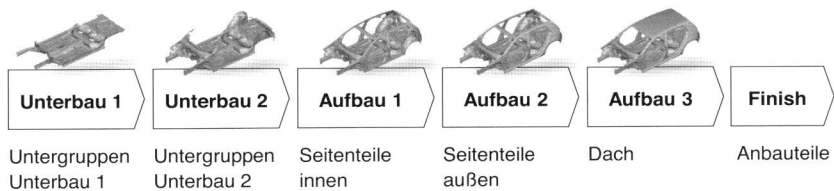

Unterbau 1	Unterbau 2	Aufbau 1	Aufbau 2	Aufbau 3	Finish
Untergruppen Unterbau 1	Untergruppen Unterbau 2	Seitenteile innen	Seitenteile außen	Dach	Anbauteile

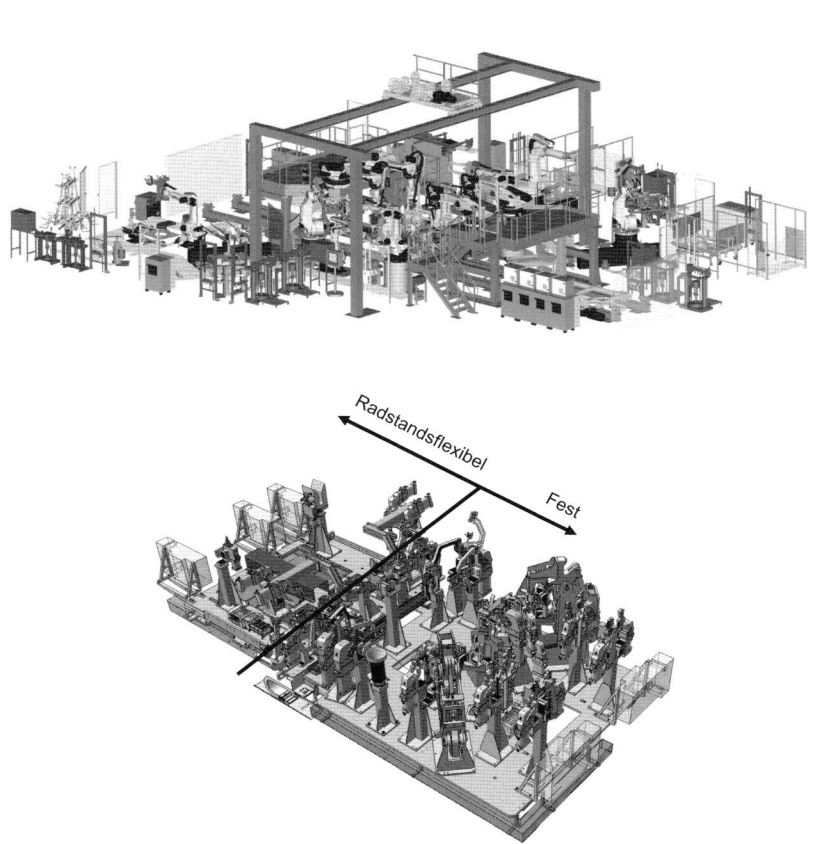

Abbildung 4-11: Unterbau-Framingstation und Spannrahmen

den fahrzeugspezifischen Modulen für Vorderwagen und Hinterwagen. Die innovative und kostenoptimierte Verschiebetechnik auf dem Grundrahmen erlaubt es, die Vorder- und Hinterwagenmodule in den Fügebereich zu schieben oder daraus wieder zu entfernen. Somit können Fahrzeuge wie Golf, Tiguan oder Passat auf derselben Anlage produziert werden, obwohl sie sich in Radstand oder hinterem Überhang unterscheiden. Für die Flexibilität im Bereich Unterbau ist beispielsweise für eine stündliche Ausbringung von 30 Fahrzeugen und einem einzelnen Fahrzeugtyp ein Grundrahmen mit vier Robotern erforderlich. Durch die Vorhaltung von Erweiterungsflächen im Grundlayout wird eine Ausweitung auf höhere Fahrzeugstückzahlen und weitere Fahrzeugtypen ermöglicht. Wesentliches Element der Stationen für die Seitenteile ist der sogenannte Konzernframer, wie er in Abbildung 4-12 dargestellt ist. Dieses in Portalform gestaltete MPB-Modul ist standardisiert und wird als Grundmodul in allen Werken weltweit verwendet, die MQB-Fahrzeuge produzieren. Der Konzernframer stellt damit das Backbone einer Karosseriebau-Anlage dar und ermöglicht eine flexible Fertigung von vier Fahrzeugmodellen. Weitere Module sind die Spannrahmen zur Aufnahme der Seitenteile, Spannrahmenfixierungen, Roboter und die Fördertechnik. Am Beispiel des Spannrahmens ist erkennbar, wie Module in sich noch weitergehend modularisiert werden können. Die Prinzipdarstellung zeigt, dass der Spannrahmen im Wesentlichen aus drei Modulen besteht: dem standardisierten und für alle Fahrzeugtypen geeigneten Außenrahmen sowie jeweils einem Innenmodul für Hinterwagen und Vorderwagen. Die Innenmodule enthalten die fahrzeugspezifischen Komponenten, wie die Zangen zur Aufnahme der Blechteile. Werden an einer Framingstation beispielsweise die Varianten Golf und Golf Variant gefertigt, so sind nur die Hinterwagenmodule des Spannrahmens unterschiedlich, weil sich beide Fahrzeuge

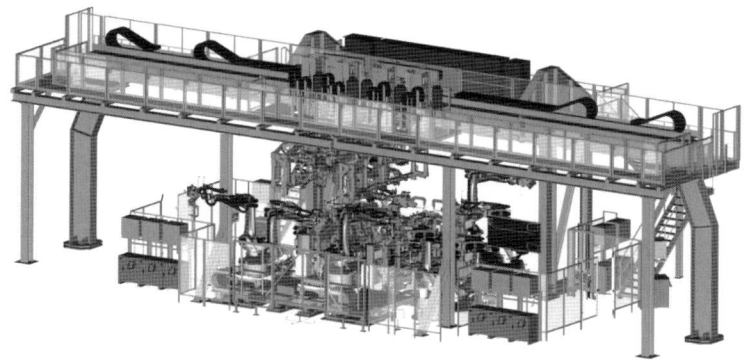

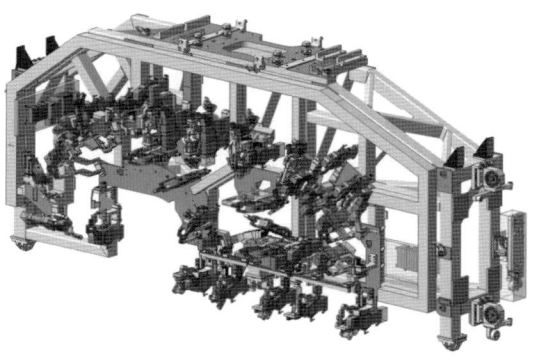

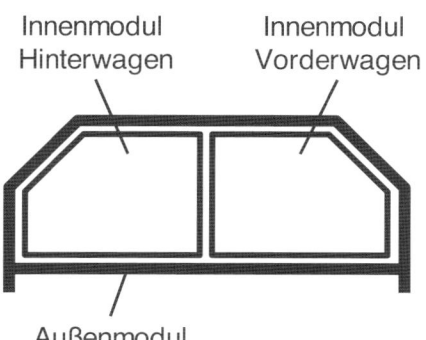

Abbildung 4-12: Konzernframer und Spannrahmen

im Vorderwagen nicht unterscheiden. In der Anlage werden für die zwei Fahrzeugtypen zwei Spannrahmenvarianten verwendet, die durch das Spannrahmenwechselsystem rasch auszutauschen sind, um eine schnelle Umrüstung zu gewährleisten. Der Nachteil lag bisher in der fehlenden Flexibilität bei Modellwechseln. Eine schnelle Austauschbarkeit bei Umrüstung der Fahrzeugproduktion auf eine weitere Modellvariante war nicht gewährleistet. Der Konzernframer und die weiteren Module der Anlage ermöglichen hingegen eine hohe Flexibilität für schnelle Produktwechsel auf einer Aufbaulinie. Durch die Modularisierung auf verschiedenen Ebenen innerhalb der Anlage entsteht ein sehr hoher Anteil standardisierter Komponenten. Und durch die markenübergreifend standardisierten Aufnahmepunkte der Fahrzeuge können die Spannrahmen in jeder Fertigungslinie an unterschiedlichen Standorten eingesetzt werden. Dadurch lassen sich Planungs- und Konstruktionskosten senken und Skaleneffekte beim Einkauf realisieren. Die erzielte Investitionsreduzierung lag bei mehr als 10 %. Zudem ist durch den Einsatz des modularen Spannrahmens in Verbindung mit dem Portal eine Reduzierung der Anlagenherstellungszeit erzielt worden. Die Dachglocke ist neben dem Wechselsystem der wesentliche Teil einer weiteren Framing-Station im Fertigungsabschnitt Aufbau. Einen Überblick über diesen Fertigungsabschnitt zeigt Abbildung 4-13. Die Dachglocke fixiert das Dach und positioniert es exakt zu der restlichen Karosse während des Laserlöt-Prozesses mit dem das Dach fugenlos mit der Karosse verbunden wird. Dieses Verfahren bedarf einer hohen Präzision bei der Positionierung des Dachs zum Fahrzeug. In nahezu jeder Fahrzeugklasse werden entsprechend der Kundenanforderungen Dächer mit Volldach sowie Schiebe- oder Panoramaglasdach angeboten. Für die verschiedenen Varianten je Fahrzeug sind unterschiedliche Dachglocken erforderlich, die taktgebunden für das jeweilige Modell ausgetauscht

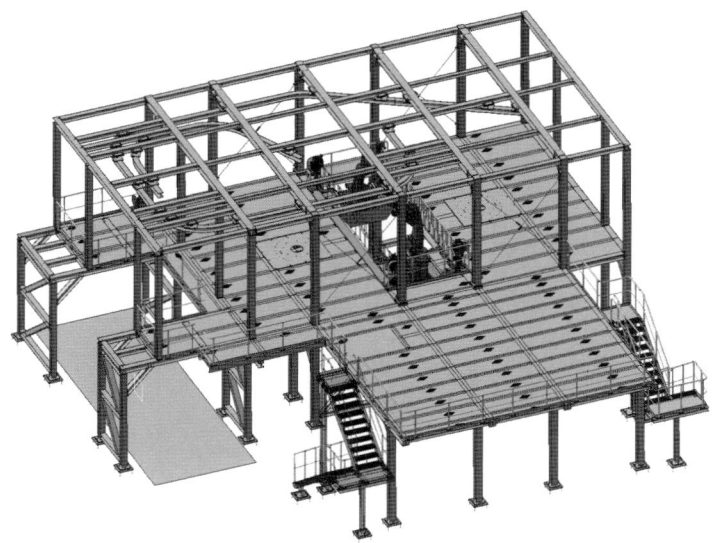

Abbildung 4-13: Framingstation für Dach

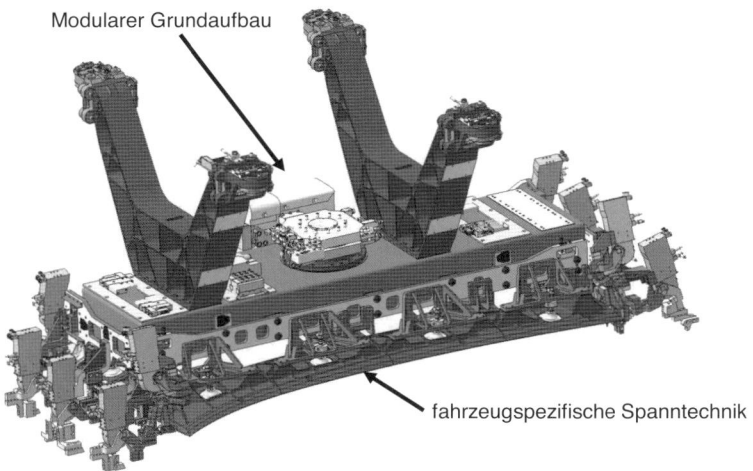

Abbildung 4-14: Modulare Leichtbau-Dachglocke

werden müssen. Einhergehend mit Werkstoffänderungen und konstruktiven Maßnahmen an der Dachglocke wurde sie modularisiert (vgl. Abbildung 4-14). In der Framingstation wird ein standardisiertes Aufnahmesystem verwendet, während die Dachaufnahmekomponenten fahrzeug- und dachspezifisch sind. Ein Grundkasten bildet das Grundmodul, während je nach Fahrzeughöhe die ebenfalls modular ausgeführten Befestigungsarme, an denen die Dachglocke hängt, in unterschiedlichen Längen eingesetzt werden. Je nach Fahrzeuglänge wiederum sind die Aufnahmeelemente der Spanntechnik für das Dach unterschiedlich lang ausgeführt. Für den gesamten Karosseriebau konnte mit dem MPB ein standardisiertes System der Aufnahmepunkte und Aufnahmetechnik erzielt werden. Die Modularisierung innerhalb der Anlagen und auch innerhalb der Module erreicht einen hohen Standardisierungsgrad. Eine durchgängige Logik und optimal angepasste Lösungen für die einzelnen Baugruppen waren kein Widerspruch. Aufgrund standardisierter Funktionsmaße ergaben sich Vorteile durch eine kürzere Abstimmung und einen schnelleren Hochlauf.

Modularer Fahrwerkrahmen

Der Fahrwerkrahmen wird als mitlaufende Vorrichtung für den Aufbau des Fahrwerks, von Motor und Getriebe, der Abgasanalage und des Tanks genutzt. Nach diesen Montageschritten dient er bei der „Hochzeit" mit der Karosserie als Positionierungsbasis. Die Präzision bei diesem Fügevorgang ist von großer Bedeutung für die Verbauqualität von Karosserie- und Komponenten. In der Vergangenheit war der Fahrwerkrahmen fahrzeug- und standortspezifisch konstruiert und bestand im Wesentlichen aus einem Bauteil. Beispielsweise unterschieden sich die Rahmen für VW Golf, VW Tiguan und VW Passat und selbst für VW Golf mit Frontantrieb und Allrad. Mit Einführung des MQB und dem Anspruch, wesentlich mehr Fahrzeugvarianten produzieren zu wollen, wäre die Beherrschung der Komplexität mit dem damaligen Betriebsmittelkonzept nur mit hohem Aufwand möglich gewesen. Gleichzeitig bot der MQB aufgrund der Modularisierung und Standardisierung am Produkt die Chance, den Fahrwerkrahmen als konzernweit nutzbares, modulares Betriebsmittel zu entwickeln. Es entstand ein Betriebsmittel, das eine hohe Flexibilität aufweist. Die Fabrikflexibilität wird durch den standardisierten Grundrahmen bewirkt, der keine Abhängigkeit vom Produktdesign aufweist. Die Produktflexibilität im Hinblick auf die zu verbauenden Teile wird durch die Entwicklung der Module sichergestellt, die als Schnittstelle zum Produkt dienen und deshalb produktdesign- und produktvarianzabhängige Eigenschaften aufweisen (vgl. Abbildung 4-15). Für die Montage der einzelnen Bauteile werden ein Vorderwagenmodul sowie Module für den Tunnel und den Hinterwagen auf den Grundrahmen gesetzt. Neben der Modularisierung des gesamten Betriebsmittels konnte durch die Vereinheitlichung der Aufnahmepunkte für die einzelnen Komponenten die Flexibilität innerhalb einer Anlage deutlich erhöht werden. Beispielsweise können mit nur einem Vorderwagenmodul sechzig unterschiedliche Triebwerke montiert werden, sowohl reine Verbrennungsmotoren als auch Gasantrieb, Plug-in-Hybrid-Varianten (PHEV: Plug-in Hybrid Vehicle) und die Batterie-Elektrofahrzeugvarianten (BEV: Battery Electric Vehicle). Eine weitere Besonderheit am modularen Fahrwerkrahmen besteht darin, dass die Module innerhalb eines Taktes rasch ausgewechselt werden und somit verschiedene Fahrzeugtypen über eine Linie laufen können. Mit dem modularen Fahrwerkrahmen ist es gelungen, die Konzernstandardisierung für Produkt, Prozess und Betriebsmittel konsequent umzusetzen. Das ermöglicht weitreichende Vorteile und Einspareffekte für alle Marken und Standorte, die eine

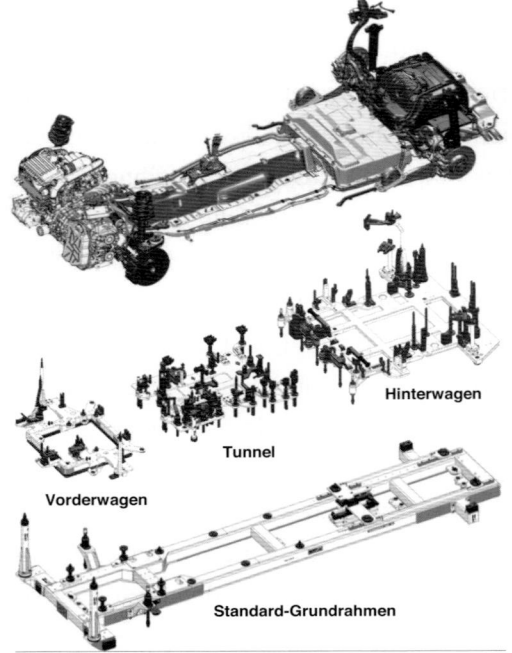

MQB Bauteile (Golf Plug-In-Hybrid)

Die Wechselmodule sind mit den zu verbauenden Produktteilen detailliert abgestimmt und erprobt.

Hinterwagen

Tunnel

Vorderwagen

Der Standard-Grundrahmen ist produktneutral und für alle Standorte im Wesentlichen identisch.

Standard-Grundrahmen

Abbildung 4-15: Modularer Fahrwerkrahmen

Fertigung von MQB-Fahrzeugen betreiben. Die hohe Umstiegs- und Typenflexibilität zeigt sich derzeit an sechzehn Standorten mit einundzwanzig Montagelinien. Durch die Integration der alternativen Antriebe Gas, Plug-in-Hybrid und Batterie-Elektrofahrzeuge ist eine zukunftssichere Auslegung gewährleistet. In der Entwicklungsphase wurden und werden Reduzierungen des Planungsaufwands und durch die zentrale konzernweite Beschaffung über Systemlieferanten signifikante Einsparungen realisiert. Der frühzeitige und parallele Erprobungsstart für Produkt, Prozess und Betriebsmittel und das einmalige Freifahren bewirkten, dass die Folgestandorte eine weitere Erhöhung der Anlaufqualität und eine Reduzierung der Anlaufkosten erzielten.

Cockpit-Manipulator

Der Cockpit-Manipulator wird für die Montage der Instrumententafel eingesetzt. Das „Armaturenbrett" ist sperrig, schwer und komplex in der Montage. Es wird zu einem sehr frühen Zeitpunkt montiert und beinhaltet verschiedene Instrumente, Kabelbäume, Navigations- und Lüftungssystem. Ungleichmäßige Spaltmaße im Interieur würden vom Kunden als störend und als Qualitätsdefizit wahrgenommen. Der fließende Übergang zu den Türverkleidungen muss daher durch eine sehr genaue Montage sichergestellt werden. Die Manipulatoren unterstützen die Aufnahme, die korrekte Positionierung, das Ausrichten und Verschrauben im jeweiligen Fahrzeug. Bisher waren die Cockpit-Manipulatoren fahrzeugspezifisch, verursacht durch die verschiedenen Cockpit-Aufnahmekonzepte je Fahrzeug und Marke. Die unterschiedlichen Konstruktionen je Fahrzeug konnten nicht in eine Station integriert werden. Je nach Standort liegt der Cockpit-Manipulator in verschiedenen Automatisierungsgraden vor. Vor allem die unterschiedliche Handhabung sorgte für geringe Flexibilität beim Einbau durch verschiedene Mitarbeiter an Mehrmarkenstandorten wie Pune, Bratislava und Kaluga. Ein Ziel der letzten Jahre war daher die weitgehende Standardisierung innerhalb vergleichbarer Fahrzeugtypen. Zur Vereinheitlichung und Modularisierung der Manipulatoren war es notwendig, zunächst das Einbaukonzept zu standardisieren. Durch die Vereinbarung verbindlicher Standards für den Prozess „Einbau" konnte ein Cockpit-Manipulator mit unterschiedlichen Kipp- und Einfahrebenen entwickelt werden. Basis hierfür liefert die Standardisierung der Anschlags- und Befestigungswinkel an der Karosserie der MQB-Plattform. Ebenso wurden die Prozesse zur Vormontage harmonisiert, so dass mit dem Einbau des Cockpits keine weiteren Montageschritte notwendig sind. Abbildung 4-16 zeigt die unterschiedlichen Cockpithalter für verschiedene Marken und

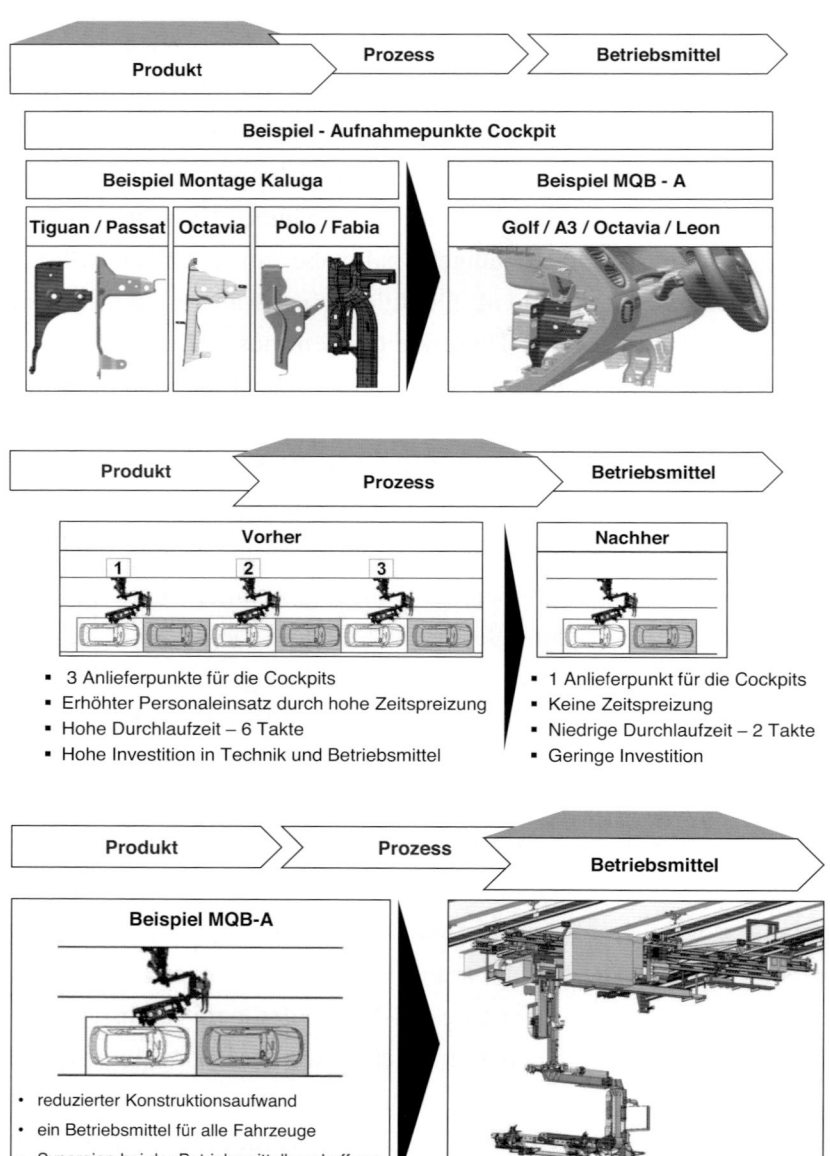

Abbildung 4-16: Cockpit-Manipulator

Modelle aus der Vergangenheit am Beispiel des Standorts Kaluga sowie das Cockpit-Modul im Modularen Produktions-Baukasten mit dem aktuell vereinheitlichten Halter für die Modelle VW Golf, Audi A3, Skoda Octavia und Seat Leon. Unter Berücksichtigung der optimierten Produktvoraussetzungen konnte auch der Montageprozess gestrafft und wirtschaftlicher gestaltet werden. Beispielsweise wurde die Anzahl der Anlieferpunkte von drei auf eins und die Taktanzahl von sechs auf zwei reduziert. Die Durchlaufzeit wurde dementsprechend verringert und die Zeitspreizung auf null zurückgeführt. Gleichzeitig konnte der standardisierte Cockpit-Manipulator eingeführt werden, so dass eine Durchgängigkeit von Produkt über Prozess zu den Betriebsmitteln ermöglicht wurde. Damit wird der einheitliche Verbau an verschiedenen Fahrzeugen je Fertigungslinie in unterschiedlichen Standorten weltweit mit nur einer Vorrichtung realisiert. Für den Cockpit-Manipulator konnte der Konstruktionsaufwand um etwa 20 % gesenkt werden. Zusätzlich wurden die Investitionen durch die Bündelung der Manipulatoren im Einkauf um mehr als 10 % gesenkt.

Frontend-Manipulator

Der Frontend-Manipulator wird in der Montage, nach der „Hochzeit", für den Anbau des Frontends an das Fahrzeug genutzt, wie Abbildung 4-17 zeigt. Das Frontend beinhaltet neben Kühlern, Schläuchen, Stoßfängern und Einparksensoren auch den Querträger und Verkabelung. Das in der Vormontage erstellte Frontmodul wird mit Hilfe des Manipulators in das jeweilige Fahrzeug verbaut. Neben der Aufnahme an der Karosserie sind vor allem die Spaltmaße zu den anderen Bauteilen von großer optischer und Qualitätsrelevanz. Frontend-Manipulatoren sind Präzisionswerkzeuge, die für jeden zu bauenden Fahrzeugtyp mit seinen individuellen Aufnahmen konstruiert und

Abbildung 4-17: Frontend-Manipulator

gefertigt wurden. Mit steigender Anzahl an Fahrzeugtypen entstand eine Vielzahl von Aufnahmekonzepten und unterschiedlichen Frontend-Manipulatoren. Unterschiedliche Lösungen an verschiedenen Standorten erhöhten die Komplexität und schränkten die Flexibilität bei schnellen Produktwechseln ein. Die Standardisierungen der letzten Jahre ermöglichten die Mehrfachverwendung des bestehenden Frontend-Manipulators für unterschiedliche Fahrzeugtypen. Der modularisierte Frontend-Manipulator kommt beispielsweise im Golf Variant sowie Golf und Passat in den Werken Wolfsburg, Zwickau und Emden zum Einsatz. Für die neuen Tiguan und Touran ist der Einsatz bereits in Planung. Zusätzlich musste in der Produktion eine Vereinheitlichung der unterschiedlichen Bandoberkonstruktionen und Linienquerschnitte in den Fertigungsabschnitten realisiert werden. Der Frontend-Manipulator ist ein wesentliches Modul des MPB und wird in allen Standorten, in denen der MPB bereits eingeführt wurde, eingesetzt. Lediglich der Automatisierungsgrad des Frontend-

Manipulators kann von Standort zu Standort abweichen. Hierdurch ließ sich der Konstruktionsaufwand, der Abstimmungsaufwand bei Planung und Realisierung, die Instandhaltung, die Schulungszeiten von Mitarbeitern sowie die Investitionen durch einen gebündelten Einkauf senken. Die Nutzung des einheitlichen Frontend-Manipulators ermöglicht eine Aufwandsreduktion um etwa 15 % sowie gegebenenfalls die Reduktion des Flächenbedarfes und der Taktverluste. Zusammenfassend ist festzustellen, dass die Anwendungsbeispiele des Modularen Produktions-Baukastens deutlich zeigen, welche Potenziale Volkswagen durch die modulare Produktionsstruktur generiert. Bevor diese Potenziale jedoch im Unternehmen umgesetzt werden konnten, musste der Modulare Produktions-Baukasten in die bestehenden Prozesse und Strukturen implementiert werden. Das Vorgehen zur Implementierung und Steuerung des Modularen Produktions-Baukastens bei Volkswagen wird daher im Folgenden beschrieben.

4.5 Implementierung und Steuerung des Modularen Produktions-Baukastens

Der Verlauf der Implementierung richtet sich nach der mach18-Strategie bei Volkswagen. Bis zum Jahr 2018 wird ein Umsetzungsgrad des MPB von 100 % in der Marke Volkswagen angestrebt. Dieser Umsetzungsgrad bezieht sich auf alle MQB-Fahrzeugprojekte. Um dieses Ziel zu erreichen wird eine schrittweise Implementierung des Modularen Produktions-Baukastens vorgenommen. Die Konzeptionierung und Pilotierung des MPB erfolgt im Rahmen einer Projektorganisation, welche sich an den Anforderungen und Erfolgsfaktoren für Modularisierungsvorhaben (vgl. Kapitel 3.3 und 3.4) orientiert. Danach übernimmt eine eigens dafür installierte Linienorganisation die Koordination und Verwaltung des MPB. Die Linienorganisation

besteht aus einer koordinierenden Geschäftsstelle, definierten Frei-
gabegremien, in den Fachbereichen verankerten Modulexperten, Arbeitspaketverantwortlichen aus den Zentralbereichen sowie Handlungsfeldverantwortlichen in den Werken. Zunächst werden die Organisation sowie die Aufgabenpakete des MPB-Projektes dargestellt
und anschließend die Linienorganisation des MPB erläutert. Hier
wird insbesondere auf die Rollen der involvierten organisatorischen
Einheiten und Gremien eingegangen. Die Implementierung und Steuerung des MPB fußen auf einer Integration des MPB-Ansatzes in
bestehende Fahrzeugprozesse sowie auf der klaren Definition der
Prozesse zur Koordination und Verwaltung des MPB. Dazu dienen
der Prozess zur Freigabe und Änderung von MPB-Modulen sowie die
Beschreibung, wie die MPB-Inhalte im Produktentstehungs- und
Modellpflegeprozess genutzt werden.

Projektorganisation

Der zumeist breitgefächerte Eingriff in die Organisation, welcher aus
Modularisierungsvorhaben resultiert, spiegelt sich in der Projektorganisation sowie dem Vorgehen im Projekt wider. Die Implementierung erfolgt im Rahmen einer umfassenden Projektorganisation, die
insbesondere der strategischen Bedeutung des Projektes sowie der
Anzahl der beteiligten Bereiche und Werke Rechnung trägt. Der
Aufgabenumfang umfasst neben der inhaltlichen Bearbeitung der
Modularisierung insbesondere die Kommunikation und Abstimmung
über den gesamten Projektprozess. Nur so kann sichergestellt werden,
dass die MPB-Inhalte den Anforderungen der Nutzer entsprechen und
ihre Umsetzung durch die Fachbereiche und Werke forciert wird. Die
Projektorganisation gliedert sich in eine Projektleitung, definierte
Teilprojekte mit ihren jeweiligen Teilprojektleitern, die Handlungsfeldverantwortlichen in den Werken sowie einen Steuerkreis. Die

Arbeitspaketverantwortlichen sind dabei im Rahmen des Steuerkreises und als Promotoren tätig. Darüber hinaus wurde ein Pate für das Projekt festgelegt. Die Projektleitung übernimmt die Moderation zwischen den Organisationselementen sowie die Steuerung und Kontrolle des Projektfortschritts. Dies geschieht in enger Zusammenarbeit mit den Leitern der Teilprojekte und wird in regelmäßigen Treffen der Projektleitung mit den Teilprojektleitern überwacht. Die Teilprojektleiter koordinieren die inhaltliche Arbeit in ihren jeweiligen Aufgabengebieten. Als Teilprojektleiter sind Experten der Aufgabenschwerpunkte, beispielsweise aus den Gewerken Karosseriebau und Montage benannt. Diesen Experten sind Projektteams zugeordnet, welche die Ziele des MPB für die beteiligten Fachbereiche umsetzen. Ein Schwerpunkt der Arbeit ist hier die Abgrenzung und Beschreibung konkreter Module. Ferner erfolgen im Rahmen des dafür definierten Teilprojektes die Entwicklung und das Nachhalten von Methoden zur Modularisierung. In enger Abstimmung zwischen Fach- und Führungsthemen strukturieren ein organisatorischer Projektleiter und ein Fachprojektleiter den Gesamtfortschritt des MPB-Projektes. Umsetzungsaktivitäten in den Werken werden durch die Handlungsfeldverantwortlichen der Werke bearbeitet. Diese werden durch die Gesamtprojektleitung koordiniert und stimmen sich bei den Umsetzungsarbeiten engmaschig mit dem Gesamtprojekt ab. Der jeweilige Umsetzungsstatus des Projektes wird einem Steuerkreis berichtet, der Vorstandsfunktionen umfasst. Zusätzlich unterstützt wird das Projekt durch einen Projektpaten aus dem oberen Management sowie Promotoren aus den Fachbereichen und Werken. Der Projektpate vertritt die Belange des Projektes im Management. Er hält engen Kontakt zu den Projektleitern in strategischen Fragen, informiert hier über relevante Themen, unterstützt bei Konflikten und bei der Entscheidungsfindung. Die Promotoren sorgen für eine zusätzliche Verankerung des

Projektes in den Fachbereichen. Sie fördern den fachlichen Austausch und sind ein weiterer Informationskanal in die Fachbereiche. Sie dienen somit als Sensor für die Belange der Fachbereiche und tragen mit Sorge für eine positive Wahrnehmung des Projektes in den Bereichen. Besonderer Wert wurde von Beginn an auf eine offene Kommunikation und einen intensiven Dialog mit den Verantwortlichen und Beteiligten gelegt, um so die Sensibilisierung und den Rückhalt für eine erfolgreiche Implementierung des MPB zu schaffen. Dies wurde durch eine standortübergreifende Vernetzung von zentralen Bereichen und Werken sichergestellt und mit verschiedenen Maßnahmen unterstützt. So wurden beispielsweise zu Beginn des Projektes Interviews mit verschiedenen Interessengruppen innerhalb des Unternehmens durchgeführt, um deren Erwartungshaltung an den MPB abzuklären. Das vorhandene Standardisierungs-Know-how der Bereiche wurde in Workshops mit den Fachbereichen gesammelt und in die Projektumsetzung einbezogen. Durch fortwährende Mitarbeiterinformationen in Abteilungs- und Bereichsrunden sowie spezielle Schulungsveranstaltungen wurde der MPB auch über die beteiligten Bereiche in der Organisation bekannt gemacht. Hierzu trägt auch der MPB-Pfad in der Produktion bei. Dieser Rundgang durch die Gewerke, der die Betriebsmittel des MPB in ihrem Produktionsumfeld zeigt, ermöglicht Führungskräften und Mitarbeitern ein praxisorientiertes Erleben des Modularen Produktions-Baukastens. Ausgehend von der konzeptionellen Erarbeitung des Modul-Katalogs erfolgt als Basis der Implementierung die Digitalisierung des MPB. Diese dient der Operationalisierung des Katalogs im Sinne einer pragmatischen und zielgerichteten Anwendbarkeit. Das Anwendersystem ermöglicht den Nutzern somit die auf die Kriterien des jeweiligen Standortes bezogene Konfiguration einer Fabrik. Für die Implementierung des MPB ist darüber hinaus die Definition und Umsetzung eines Freigabe- und Änderungsprozesses für die Aufnahme und Publikation von Modulideen nötig. Auch im Produktentstehungs- sowie Modellpflegeprozess ist der MPB zu verankern. Der Freigabe- und Änderungsprozess beschreibt, wie eine Modulidee in den MPB-Katalog gelangt und verankert das Modul projektübergreifend. Der Prozess definiert die Schnittstellen zu Werken, Zentralbereichen und dem Management sowie klare Verantwortlichkeiten für die einzelnen Prozessschritte. Durch den Fahrzeugprozess hingegen werden Module aus dem MPB-Katalog im Werk projektspezifisch eingesetzt. Die Verankerung des MPB Fahrzeugprozesses fußt auf einer Analyse des Produktentstehungs- und Modellpflegeprozesses, um die Schnittstellen zu identifizieren, zu denen Handlungsbedarf zur Durchsetzung und Aufrechterhaltung des MPB besteht. Für die identifizierten Schnittstellen wird dann festgelegt, welche Informationen seitens des MPB im Prozess vorliegen müssen, sowie welche konkreten Schritte zur Einhaltung des MPB durchzuführen sind. Mittels dieser definierten Standards und Meilensteine kann die Verbindlichkeit des MPB in den Fahrzeugprojekten und somit in den Werken gewährleistet werden. Ausgehend von der konzeptionellen Fundierung erfolgt der Roll-out in den Werken durch die Priorisierung einzelner Fahrzeugprojekte. Durch diese Pilot-Implementierung des MPB ist es möglich Erfahrungen in die konzeptionelle Weiterentwicklung und iterative Verbesserung des MPB zurück zu spiegeln. In einem ersten Schritt wurde ein eng abgesteckter Pilotierungsumfang des MPB in Volumenfahrzeugprojekten in Europa ausgewählt. Durch dieses Vorgehen können zum einen schnelle Erfolge in Fahrzeugprojekten erzielt werden, in denen Betriebsmittel aufgrund des hohen Mechanisierungsgrads ein entscheidender Kostenfaktor sind. Zum anderen ermöglicht die anfängliche Fokussierung der Implementierung auf europäische Werke kurze Rückkopplungsschleifen zur iterativen Verbesserung des MPB. In der Pilotierung ist der zeitliche Verlauf zukünftiger und geplanter Fahrzeugprojekte zu beleuchten und zu berücksichtigen. Hierfür werden Fahrzeugprojekte in unterschiedlichen Phasen des Produktentstehungsprozesses ausgewählt. Dieses Vorgehen ermöglicht eine Parallelisierung der Überprüfung der MPB-Prozesse in den verschiedenen Phasen der Produktentstehung und eine Weitergabe der Lessons Learned aus unterschiedlichen Projektphasen. Die pilotierten Fahrzeugprojekte besitzen in aufeinanderfolgenden Jahren ihren Start-of-Production. Somit befinden sie sich in unterschiedlichen Nutzungsphasen des MPB im Produktentstehungsprozess. Während des Pilotierungsprozesses stehen die Fahrzeugprojekte in engem Kontakt zum MPB-Projektmanagement, um so eine detaillierte Auswertung der Einhaltung respektive Abweichung der eingesetzten Fertigungsmodule zu garantieren. Mit der Verfolgung des Umsetzungsgrades in den Werken wird ermittelt, ob die festgelegten Standards in der Praxis der Fahrzeugprojekte eingehalten werden. Das Controlling des Projektfortschritts umfasst neben der Verfolgung des Umsetzungsgrades des MPB in den Werken weitere aussagekräftige Kennzahlen, die in einem Steuerungs-Cockpit zusammengefasst sind.

Linienorganisation

Der Umsetzungsgrad des Modularen Produktions-Baukastens wird auch in der sich dem Projekt anschließenden Linienorganisation im Rahmen einer Regelberichterstattung verfolgt. Die Regelberichterstattung unterstützt dabei die Nachverfolgung und Einhaltung von definierten Key Performance Indicators (KPI), an denen sich der Erfolg des MPB messen lässt. Die Bemessung anhand der KPIs erfolgt dabei quantitativ und qualitativ. Quantitative Kennzahlen sind beispielsweise Aufwendungen für Planungs- und Konstruktionsaktivitäten, Investitionsaufwendungen sowie Instandhaltungskosten. Die qualitativen KPIs umfassen unter anderem Schulungs- und Erfahrungsstände. Auf Basis dieser KPIs werden Durchbruchsziele sowie kritische Punkte mit entsprechenden Terminen, Entscheidungen und aktuelle Aktivitäten in regelmäßigen Informationsschleifen in der Linienorganisation berichtet. Die Form und das zeitliche Intervall der Berichterstattung unterscheiden sich dabei je nach Interessensgruppe. Die Interessensgruppen der Regelberichterstattung sind einerseits die disziplinarischen Verantwortlichen, andererseits die fachlich-relevanten Anspruchsgruppen. Zu den fachlich relevanten Anspruchsgruppen gehören unter anderem die MPB-Beauftragten, die Modulexperten, die Arbeitspaketverantwortlichen aus den Zentralbereichen und die Handlungsfeldverantwortlichen aus den Werken. Zur nachhaltigen Festigung der Ergebnisse und Verankerung des MPB gilt es, die Projektorganisation in eine permanente Organisation, mit definierten Durchgriffsrechten, zu überführen. Hierfür ist die Implementierung einer dreigliedrigen Organisation des MPB bestehend aus einer zentralen Geschäftsstelle sowie Verantwortlichen aus den Zentralbereichen und Werken die präferierte Option. Die Organisation des Modularen Produktions-Baukastens ist nachfolgend zusammenfassend dargestellt. Die Geschäftsstelle befasst sich mit der konzeptionellen Ausgestaltung und Aktualisierung des MPB als Standardkatalog. In den Zentralbereichen fungieren für die Koordination des MPB sowohl MPB-Beauftragte und Arbeitspaketverantwortliche als auch Modulexperten. Die Werke stellen neben MPB-Beauftragten Handlungsfeldverantwortliche zur weiteren Unterstützung zur Verfügung. Nachfolgend werden die unterschiedlichen Teilnehmer der Linienorganisation näher vorgestellt. Die Geschäftsstelle verantwortet die konkrete Ausgestaltung und Anpassung des Modularen Produktions-Baukastens. Dazu gehören die Definition, Aufnahme, Aktualisierung und Löschung von MPB-Modulen. Demzufolge hat die MPB-

Geschäftsstelle die Koordination der Weiterentwicklung von MPB-Inhalten/-Modulen in Zusammenarbeit mit den Werken und der Fachbereiche voranzutreiben. Dazu zählt auch die Koordination der Umsetzung von MPB-Aktivitäten in Fahrzeugprojekten im gesamten Fahrzeuglebenszyklus. Als Prozesseigner für den Änderungs- und Freigabeprozess sowie für den Fahrzeugprozess ist die MPB-Geschäftsstelle verantwortlich für die Aktualisierung und Pflege der Prozesse sowie die Regelberichterstattung zur Umsetzung des MPB und die Kommunikation und Schulung von MPB-Inhalten. Die Fachbereiche stellen MPB-Beauftragte in den Zentralbereichen sowie in den Werken zur Verfügung. Die MPB-Beauftragten haben die aktive Kommunikation und Information von MPB-relevanten Inhalten in Zentralbereiche und Werke zur Aufgabe. Die MPB-Beauftragten stehen dabei im regelmäßigen Austausch mit der Geschäftsstelle, Modulexperten und Handlungsfeldverantwortlichen und motivieren zusätzlich Mitarbeiter und Führungskräfte die Nutzung des MPB voranzutreiben. Sie vernetzen sich mit den relevanten Unternehmensbereichen, beispielsweise Ideenmanagement, Energiemanagement, und wirken aktiv bei der Weiterentwicklung des MPB mit. Die konkrete Arbeit an den Modulen erfolgt in den einzelnen Zentralbereichen durch die Modulexperten. Diese sind in erster Linie für die Ausarbeitung neuer und die Optimierung vorhandener Module zuständig. Sie sind Fachexperten, die sicherstellen, dass technische Weiterentwicklungen und Entscheidungen ihres Zuständigkeitsbereichs in den MPB eingearbeitet werden. Darüber hinaus sind sie, wenn die Ausgestaltung des Produktes kostenerhöhende Veränderungen von MPB-Modulen erfordern würde, Ansprechpartner für die Fahrzeugentwicklung. Damit werden kostentreibende Produktentscheidungen schneller als bisher sichtbar. Auf diese Weise ist der MPB auch ein Hilfsmittel für die Produktionsplanung, ihre Kostenoptimierungsverantwortung auch in Richtung Produktentwicklung besser als bisher wahrnehmen zu können. Die Arbeitspaketverantwortlichen aus den Zentralbereichen vertreten die entsprechenden Bereiche sowie Gewerke im Unternehmen. Als Führungskräfte verantworten sie die Nutzung des MPB in ihrem jeweiligen Zuständigkeitsbereich. Die Arbeitspaketverantwortlichen sind zusätzlich Vertreter des Modulsteuerkreises und haben das Ziel die Nutzung des MPB aktiv zu befördern. Die Handlungsfeldverantwortlichen nehmen in den Werken, in denen der MPB durch die Fahrzeugprojekte zum Einsatz kommt, gleichzeitig ihre Funktion auf. Sie fokussieren auf die Implementierung des MPB im jeweiligen Werk und überwachen die Einhaltung des MPB während der Serienproduktion. Die mögliche Weiterentwicklung oder der Anpassungsbedarf der Module wird von ihnen aufgenommen und mit der MPB-Geschäftsstelle abgestimmt. Diese überführt die Ideen und Lessons Learned in den Änderungs- und Freigabeprozess und stellt sicher, dass der MPB von den Erfahrungen und Ideen der Werke profitiert. Als zentrales Abstimmungsorgan über Anpassungen und Erweiterungen des MPB existiert ein regelmäßiger Modulsteuerkreis, der zur Steuerung der MPB-Standards, der Genehmigung von neuen Modulen sowie neuen Modulversionen dient. Außerdem erfolgt durch den Modulsteuerkreis ein Monitoring des Umsetzungsgrades des MPB sowie weiterer relevanter Kennzahlen. Der Modulsteuerkreis trifft auch die Festlegung der Modulumsetzung für ausgewählte MQB-Projekte. Ferner dient der Modulsteuerkreis als Schiedsstelle bei Abstimmungsproblemen zwischen den Bereichen.

Prozess zur Freigabe und Änderung von Modulen

Der Prozess zur Freigabe und Änderung der Module beschreibt die Vorgehensweise zur Aktualisierung von Modulen sowie die Aufnahme neuer Module in den Katalog. Wesentliche Beteiligte dieses Prozesses sind die Modulexperten aus den zentralen Fachbereichen und den Werken sowie die koordinierende Geschäftsstelle. Neue oder überarbeitete Module werden durch die Modulexperten aus Werken, zentralen Planungsbereichen aber auch aus weiteren Bereichen wie beispielsweise dem Innovationsmanagement eingebracht. Die Einsteuerung der Modulideen erfolgt dabei immer über die Geschäftsstelle. Diese bereitet dann die fachliche Bewertung vor. Dazu erfolgt neben der technischen Prüfung eine Evaluierung, ob das neue Modul den Anforderungen und der Konformität des Modularen Produktions-Baukastens entspricht. Im Anschluss daran wird das Modul nach erfolgreicher Prüfung durch den ideengebenden Fachbereich an den fachverantwortlichen Ausschuss übergeben. Dieser Ausschuss besteht aus Experten aus jedem Fachbereich. In diesem Gremium wird das Modul unter technischen Gesichtspunkten diskutiert und gegebenenfalls mit dem Innovationsprozess von Volkswagen abgeglichen. Dabei ist auch nachzuweisen, dass die Wirtschaftlichkeit des neuen Moduls oder der neuen Modulversion gewährleistet ist. Nach Freigabe des Moduls in diesem Ausschuss wird es an den Modulsteuerkreis übergeben. Ideen zur Aktualisierung der Module entstehen zum einen durch die Einarbeitung verabschiedeter Lessons Learned der Fachabteilungen und zum anderen durch die technische Weiterentwicklung der Module. Weitere Ideen zur Modulversionierung und -ablösung können auch bei der Aktualisierung der Modulinformationen entstehen. Die Anlage und Publikation einer Modulidee wird durch ein IT-System unterstützt.

Integration des MPB in den Produktlebenszyklus

Der Fahrzeugprozess beschreibt, wie die notwendigen Module in ein Fahrzeugprojekt eingesteuert werden und darauf aufbauend in die

Werke gelangen. Des Weiteren definiert der Prozess, wie Betriebsmittel bei Produktänderungen und Modellpflege MPB-konform gehalten werden. Der Fahrzeugprozess erstreckt sich damit über den
gesamten Produktlebenszyklus. Eine differenzierte Betrachtung des
Modularen Produktions-Baukastens erfolgt auf Basis einer Untersuchung seiner Nutzung entlang des Produktlebenszyklusses von Pro-
jektmission (PM) über den Start-of-Production (SOP) bis zu End-of-
Production (EOP). Es ergeben sich sechs zentrale Nutzungsfelder des
MPB entlang des Planungs- und Serienprozesses für Fahrzeuge. Diese sind die Planung in der frühen Phase mit der Bewertung von
Standortalternativen, die Planung und Realisierung von Skaleneffekten in den Werken, die Anlauferprobung in den Werken sowie das
Lessons Learned mit dem Feedback und der Sammlung von Erfahrungswissen für zukünftige Modellreihen. Außerdem werden die
Instandhaltung sowie das Änderungsmanagement während der Serienphase explizit berücksichtigt. Die Einführung des Modularen Produktions-Baukastens findet bereits in der frühen Phase des Produkt-
entwicklungsprozesses statt. Die frühe Phase umfasst die Definition
der Vorgaben zum Fahrzeugprojekt. In der frühen Phase unterstützt
der MPB die Werks- und Produktplanung bei der Standortbewertung.
Vorrangiges Ziel der Produktion in der frühen Phase ist es, die möglichen Produktionsstandorte für ein spezifisches Fahrzeugprojekt zu
bewerten und zur Entscheidung zu bringen. Hierbei sind die Produktprämissen sowie die technische Konzeptbeschreibung mit den Pro-
duktions- und Standortprämissen abzugleichen, um anforderungsgerechte und bedarfsorientierte Produkt-Standort-Zuweisungen abzuleiten. Durch die Vorgaben des MPB konkretisieren sich die Produkti-
ons- und Standortprämissen ergänzend zu den Werksprämissen. So
können beispielsweise die Produktionsinvestitionen aus dem MPB
ermittelt werden. Durch standardisiert konfigurierbare Fabrikmodule

zeigt der MPB somit bereits in der frühen Planungsphase detailliert die Rahmenbedingungen und Restriktionen der Produktion eines Fahrzeugmodells auf. Somit hilft der MPB die richtige Entscheidung bezüglich der Produkt-Standort-Zuweisung zu treffen. Durch die Wiederverwendung von Planungs- und Konstruktionsumfängen sowie der Festlegung von Planungsstandards, welche lediglich eine Anpassungskonstruktion erfordern, reduziert sich der Planungsaufwand nachhaltig. Dieses Rückgreifen auf Standards und Erfahrungswissen sichert zudem die Planungsqualität ab. Investitionsrechnungen können auf bestehenden Planungen aufsetzen und sind nicht vollständig neu zu entwickeln. Im Ergebnis erzeugt der MPB eine erhöhte Planungssicherheit und hilft dadurch eine belastbare Entscheidungsgrundlage zu schaffen. Darüber hinaus sind in der frühen Phase Planungsänderungen durch den MPB mit einem niedrigeren Aufwand verbunden, da auf alternative Fabrikmodule und bestehende Planungen für diese Module zurückgegriffen werden kann. Der zweite wesentliche Hebel des MPB in der frühen Phase ist der simultane Abgleich zwischen Produkt und Produktionsprozess. Auf diese Weise befähigt der MPB die Entwicklung in einem definierten Rahmen zu agieren und über die Möglichkeit des Prozesses sowie der Anlage jederzeit im Bilde zu sein. Durch den Abgleich kann die Entwicklung ihr Produkt und die entsprechende Bauteile so auslegen, dass eine maximale Wiederverwendung der bestehenden Anlage möglich ist. Analog der frühen Planungsphase, ermöglicht die Nutzung des MPB nach Beendigung der Konzeptentwicklung eine Reduzierung des Planungsaufwands und eine Steigerung der Planungsflexibilität bei gleichzeitiger Erhöhung der Planungssicherheit. Dies wird durch den Rückgriff auf die MPB-Module und das mit ihnen verbundene Erfahrungswissen sichergestellt. Insbesondere lässt sich der MPB in dieser Phase zur Planung und Realisierung von Skaleneffekten bei der Betriebsmittelinvestition nutzen. Durch die Nutzung standardisierter Fabrikmodule werden im Standortverbund Bündelungseffekte in der Beschaffung ermöglicht. Durch den geringeren Neu- und Anpassungsentwicklungsaufwand verringert sich außerdem das Auftragsengineering und somit die Durchlaufzeit der Anlagenbereitstellung. Gerade technische Spezifikationen und Lastenhefte können auf Basis der MPB-Module wiederverwendet werden. Auch der Anlagenlieferant wird damit in die Lage versetzt, auf bestehende Konstruktionen zurückzugreifen und so seine Auftragsabwicklung zu beschleunigen und seine Komplexitätskosten zu reduzieren. In der Anlaufphase trägt der MPB insbesondere zu einer Verkürzung der Anlaufzeiten sowie Steigerung der Anlaufrobustheit bei. Alle Module im MPB-Katalog sind bereits anlauferprobt. Konkret bedeutet dies, dass Schwachstellen und Risiken einzelner Module des MPB bereits in vorherigen Anläufen identifiziert, analysiert und als Lessons Learned dokumentiert wurden. Im Ergebnis ermöglicht dies dem Nutzer des MPB durch die systematische Nutzung von Erfahrungen den Anlaufprozess in kürzerer Zeit zu durchlaufen. Es lassen sich dadurch Risiken aus vergangenen Anläufen entweder proaktiv vermeiden oder aber durch entsprechende Steuerungs- und Kontrollmechanismen detailliert identifizieren und überwachen. Insgesamt wird so ein schnelleres Erreichen der Kammlinie nach dem Start-of-Production, eine Reduktion der Fehlerrate sowie der nötigen Schulungsaufwendungen ermöglicht. Die Anlaufkosten können insbesondere durch die Minimierung der Prüfumfänge und die Reduktion von Mehr- und Nacharbeit signifikant verringert werden. Schon während des Anlaufprozesses bedarf es der Rückspiegelung der Erkenntnisse aus der Nutzung des MPB im Produktentstehungsprozess. Durch diese Rückspiegelung und gegebenenfalls der iterativen Adaption der Standards können Lessons Learned abgeleitet werden. Hierzu sind Anpassungen, Probleme und Fehler, die im Anlauf und dem Betrieb der Fertigungsanlagen im Werk auftreten, zu sammeln und aufzubereiten. Im Rahmen von Review-Meetings werden diese Lessons Learned für weitere Anläufe nutzungsorientiert aufbereitet. Im Ergebnis liegt eine einheitliche Erfahrungsdokumentation als Ergänzung des MPB vor. Die Erfahrungsdokumentation ist im Standortverbund weltweit verfügbar. Dadurch sind die Mitarbeiter für etwaige Problemstellungen sensibilisiert und Lessons Learned als Fallbeispiel für einheitliche Qualifizierungsmaßnahmen aufbereitet. Die Feedbackrunden sichern die schnelle und transparente Verfügbarkeit von Informationen, die Minimierung des Schulungsaufwands, die Zeitverkürzung der Fehlerabstellung sowie eine reduzierte Fehlerrate ab. Darüber hinaus bietet der MPB in der Phase der Serienproduktion positive Effekte für Betrieb und Instandhaltung. Im Serienbetrieb wirkt sich die Vereinheitlichung der Betriebsmittel vor allem positiv auf die Beschaffung und Bevorratung von Ersatzteilen sowie die Verfügbarkeit der Anlagen durch eine optimierte Instandhaltung aus. Zunächst lassen sich Ersatzteile mit entsprechenden Bündelungsvorteilen zu verbesserten Konditionen beschaffen, wodurch eine Absenkung der Instandhaltungskosten erreicht wird. Darüber hinaus reduziert sich mit der Vereinheitlichung der Betriebsmittel die Komplexität der Instandhaltungslogistik. Ersatzteile können aufgrund des höheren Umschlags zentral oder in regionalen Hubs bevorratet werden. Somit lässt sich die Overall Equipment Effectiveness durch verkürzte Inbetriebnahmezeiten steigern. Zudem kann bei der Fehlerbehebung auch auf die Erfahrung und das Wissen der anderen Werke im Standortverbund zurückgegriffen werden, was wiederum die Fehlerabstellung beschleunigt und zusätzlich die Qualifikation der Mitarbeiter in der Instandhaltung erhöht. Sämtliche Effekte des MPB im Rahmen der Instandhaltung senken damit die Total Cost of Ownership der Anlagen. Durch Aktivitäten in der Modellpflege sowie bei Facelifts treten Änderungen seitens des Produkts auf, die in bestimmten Fällen auch Anpassungen an den Betriebsmitteln nach sich ziehen können. Auch Prozessinnovationen können eine Anpassung, Erweiterung oder Änderungen der MPB-Standards bedingen. Änderungen mit direkter Beeinflussung der Betriebsmittel lösen eine Rückkopplungsschleife zum MPB aus. Die Rückkopplungsschleife dient dabei der Integration der Erfahrungen und Entwicklungen der Serienproduktion in die Ausgestaltung des MPB. Eine Untersuchung der erforderlichen Betriebsmittelanpassungen wird im Rahmen des Änderungsmanagement abgebildet. Die Betriebsmittelanpassungen werden dazu mit den vorhandenen MPB-Standards verglichen. Um nicht notwendige Änderungen an Anlagen zu vermeiden und den Standard zu wahren, werden die Gründe für die Anpassung sowie die entsprechenden Gegebenheiten im Werk detailliert geprüft. Ist die Notwendigkeit für die Änderung bestätigt, wird im Anschluss betrachtet, ob die Änderung den bestehenden Standard ersetzen oder ergänzen soll. Diese Überprüfung wird in enger Abstimmung zwischen dem jeweiligen Werk, den MPB-Verantwortlichen sowie den entsprechen Modulexperten durchgeführt und gegebenenfalls in den Freigabe- und Änderungsprozess für Module überführt. Die Implementierung des Modularen Produktions-Baukastens in den Fahrzeugprozessen vollzieht sich nicht gleichzeitig über alle Werke, sondern erfolgt als sukzessive Diffusion des MPB im Rahmen von Fahrzeugprojekten. Neben den Implementierungsaktivitäten, wird der Modulare Produktions-Baukasten kontinuierlich in seinem Umfang weiterentwickelt. Die Weiterentwicklung folgt dabei der Logik der Modularen Fabrikarchitektur. Auf die Ausarbeitung der Module im Planungsbereich Anlagen erfolgt eine Definition der den Anlagenmodulen zugrunde liegenden Prozesse. Für jedes Produktionsmodul werden in diesem Arbeitsschritt die von der Anlage durchgeführten Prozessschritte entsprechend einer festgelegten Systematik dargestellt. Für eine Schweißzelle im Karosserie-Bau wird beispielsweise somit beschrieben, in welcher Abfolge bestimmte Fertigungsverfahren (Punktschweißen, Bolzenschweißen) zum Einsatz kommen. Die Prozesse zielen damit vor allem auf einen Einsatz in der frühen Phase des Produktentstehungsprozess ab, da durch sie insbesondere Unvereinbarkeiten des Produktes mit den konfigurierten Fertigungsprozessen aufgezeigt werden können. Somit wird durch die Weiterentwicklung der Inhalte des MPB das Anwendungsfeld des Baukastens weiter ausgebaut und sein Nutzen noch weiter gesteigert.

5 Zusammenfassung und Ausblick

Um die Zukunftsfähigkeit der Produktion weiter auszubauen, gilt es, den Zielkonflikt zwischen Effizienz und Flexibilität aufzulösen und eine nachhaltige Produktivitätssteigerung zu ermöglichen. Das Ziel besteht in der Erreichung einer effizienten und flexiblen modularen Produktion, die sich auf die individuellen Anforderungen der globalen Absatzmärkte ressourcenschonend adaptieren lässt und Marktschwankungen effizient abfängt. Auf der Produktebene wurde diese Herausforderung der Individualisierung nach außen und Standardisierung nach innen durch die Einführung von Plattformen bereits erfolgreich gemeistert. Die Übertragung des Gedankens, Module durch einheitliche Schnittstellen zu individualisierbaren Gesamtstrukturen zusammenzuführen, wird ebenfalls in der Produktion angewendet und es werden folgende Wirkungen angestrebt.

Investitionskosten senken und Anlaufkurven verkürzen

Die Ausweitung der Idee der Modularisierung auf die Produktion folgt dem Ziel, Lernkurveneffekte jenseits von Stückzahlen zu realisieren, also auch kleinste Stückzahlen zu wettbewerbsfähigen Kosten zu erzeugen. Um dies zu erreichen, musste die Konzentration auf die Produktivität um die Aspekte der Flexibilität und Wandlungsfähigkeit ergänzt werden, Das Augenmerk in der Automobilindustrie richtete sich damit verstärkt auf die Verkürzung der Anlaufkurven bei steigender Anzahl neuer Produkte und Derivate. Hinzu kommt der alles bestimmende Faktor der gleichbleibenden Qualität und zwar an jedem Standort im globalen Produktionsnetzwerk. Die Vielzahl an Modellen und variierenden Stückzahlen erfordert eine Veränderung der Betriebsmittel und Vorrichtungen, um das notwendige Investitionsvolumen zu reduzieren. Bei den Investitionen steht vor allem die Mehrfachnutzung der Anlagen- und Betriebsmittel im Vordergrund aufgrund gleichbleibender Herstellungsverfahren und Montagefolgen durch die Standardisierung und Modularisierung am Produkt und Prozess. Zusätzlich steht eine gestiegene Flexibilität bei der Produktvarianz und Menge im Mittelpunkt. Im Automobilbau können produktunabhängiger konstruierte Anlagen und Betriebsmittel zu einem hohen Prozentsatz weiter- oder wiederverwendet werden. Zudem können auch Anlagen und Betriebsmittel für produktdesignindividuelle Bauteile weiterverwendet werden. Die Ergebnisverbesserung bei den Fabrikkosten zielt auf die Optimierung des Materialaufwandes, des Personalaufwandes sowie der Aufwendungen für Logistik, Qualität, Instandhaltung, Wartung, Ersatzteile und Energiebedarfe ab. Während in der Vergangenheit viele Produktionssteuerungskonzepte auf der Bündelung von Aufträgen bei gegebenen Auftragswechselzeiten basierten, erreichen neue Konzepte Minimalkombinationen durch Umsetzung des Fluss-Prinzips, der Losgröße eins und des Null-Bestände-Konzeptes. Dies hat zur Folge, dass sich Umlaufbestände, Kapitalbindungskosten sowie der Flächenbedarf reduzieren.

Nonkonformitätskosten senken

Konformitätskosten beinhalten sämtliche Kosten für Maßnahmen, die das Erreichen der Qualitätsziele absichern (Lieferantenqualifizierungsprogramme, präventive Qualitätsmaßnahmen, Prüfplanung) und unterstehen ständigen Optimierungsaktivitäten. Nonkonformitätskosten hingegen subsumieren Kosten, die durch extern und intern festgestellte Fehler induziert werden (Ausschuss, Nacharbeit, Haftung bei unmittelbaren Mangelschäden). Zu den Nonkonformitätskosten zählen auch indirekte Effekte infolge von Qualitätsproblemen, durch die eine Beschädigung des Unternehmensimages und der Verlust von Marktanteilen hervorgerufen werden können. Problemanalysen und Produktrückrufe zählen ebenfalls zu den Kosten der Nonkonformität.

Die Aufstellung der Automobilindustrie erfordert eine Vernetzung der global verteilten Standorte und ihrer Zulieferketten. Solche vernetzten Systeme führen zu Rückkopplungsschleifen und dadurch zu einer Erhöhung der Nonkonformitätskosten. Die wertschöpfungsorientierte Qualitätskostengliederung, die zwischen Konformitäts- und Nonkonformitätskosten differenziert, zielt auf hundertprozentige Fehlerfreiheit. Ermöglicht wird dieses Ziel durch den Einsatz von präventiven Qualitätssicherungsmaßnahmen. Modulare Produktionsstrukturen unterstützen diese Maßnahmen. In Fallstudien konnten Reduktionen der Nonkonformitätskosten von 50 % erreicht werden.

Fehlerfortpflanzung vermeiden

Ohne IT-Verknüpfung ist eine industrielle Produktion undenkbar. Dies gilt sowohl für Maschinen als auch für die Prozesse. Zu Recht wurde vermutet, dass eine höhere IT-Integration zu höherer Produktivität führt. Die Beherrschung der Integration wird aber immer schwieriger. Hier greift ebenfalls die Modularisierung auf Betriebsmittel-, Segment-, Fabrik- und Vernetzungsebene. Zur Umsetzung eines präventiven Qualitätsmanagements im Rahmen der Modularisierung werden Daten aus allen Bereichen der Wertschöpfungskette benötigt. Module werden mit Lösungen zur Erfassung (Sensoren) und Speicherung (RFID-Tags) von unterschiedlichsten Parametern ausgestattet. So können während der gesamten Betriebsphase kontinuierlich Daten erhoben werden, die über herkömmliche Fehlercodes hinaus auch Leistungsdaten beinhalten. Neben den direkt in den Modulen integrierten Sensoren werden unterschiedliche Arten von Sensoren entlang der gesamten Wertschöpfungskette genutzt, um den Durchlauf eines Produkts möglichst vollumfänglich quantitativ zu erfassen. Sie interagieren bereits im Herstellungsprozess mit Produktionsmitteln, liefern Steuerungsinformationen für die kundenspezifische Fertigung und protokollieren die Prozessparameter. Sie steuern logistische Einheiten durch den gesamten Produktionsprozess. Neben der Transparenz zur Vermeidung der Fehlerfortpflanzung gilt es, Produktionsmodule für die jeweiligen Fertigungs- oder Bandabschnitte robuster zu gestalten. Dies erfordert auch eine frühzeitige Einbindung der Produktion in die Produktentwicklung, um parallel Maschinen, Anlagen und Betriebsmittel für die veränderten Produkte zu entwickeln. Hierzu ist ein rollierender Abgleich im Vorseriencenter zu etablieren. Damit lassen sich Risiken der Fehlerfortpflanzung aus vergangenen Anläufen vermeiden oder zielorientiert überwachen, die Anlaufzeiten verkürzen und die Robustheit des Anlaufes steigern. Weiterhin ist ein durchgängiges Änderungsmanagement zentral für alle Module zu etablieren, um Änderungen zeitgleich in den Werken umzusetzen. Voraussetzung ist, dass alle Module anlauferprobt sind.

Ergonomische Standards einhalten

Die Module in der Produktion werden nach neuesten ergonomischen Erkenntnissen ausgelegt. So ist konsequent daran zu arbeiten, ein Arbeitsumfeld an den Standorten zu schaffen, in dem jeder Mitarbeiter, unabhängig von Alter, seine Aufgaben erfüllen kann. Dabei gehen die Verbesserungen in der Ergonomie Hand in Hand mit der Verbesserung der Produktivität. So können mit Manipulatoren beispielsweise in der Bremsscheibenfertigung bis zu zwanzig Kilogramm schwere Bremsscheiben nahezu lastfrei geprüft und ergonomisch verbaut werden. Ebenso können schwere Teppiche mit Hilfe von Manipulatoren in den Innenraum gelegt und müssen nicht mehr getragen werden. Auch im Presswerk werden Manipulatoren eingesetzt, um mit Hilfe von Vakuumhebern das Stapeln der Dächer durch die Mitarbeiter ergonomisch zu erleichtern. So lassen sich die Arbeitsbedingungen an den Menschen anpassen, um ein ausgewogenes

Maß an Beanspruchung zu erhalten. Weiterhin lässt sich mit der Ausbildung an einem Manipulator und dessen Einsatz für verschiedene Montagearbeiten die Qualifikation der Mitarbeiter mehrfach nutzen. Ebenso ist es notwendig, eine einfache Bedienbarkeit für die Maschinen, Anlagen und Betriebsmittel sicherzustellen. Die Grundlage hierfür liegt zum einen an ausreichenden Schulungen für die Mitarbeiter und zum anderen gilt es, einen einheitlichen Aufbau für die Bedienung je Modul zu entwickeln. So wurden identische Bedienelemente in der gleichen Position über alle Manipulatoren entwickelt. Dabei konnte eine optimale und einheitliche ergonomische Bedienung über alle Manipulatoren entlang der verschiedenen Produktlinien und über alle Standorte etabliert werden. Die rollierende Abfrage von Veränderungsbedarfen bei Mitarbeitern unterstützt eine ständige Verbesserung und sorgt für eine höhere Motivation.

Instandhaltungsaufwendungen reduzieren

Module unterliegen einem geplanten Wartungsrhythmus. Reparaturmöglichkeiten, der Austausch von Verschleißteilen sowie das Hochfahren der Module nach der Instandhaltung wurden optimiert. Das Instandhaltungsteam kann an den Modulen trainiert und mit Diagnosetools ausgerüstet werden. Die Kombinierbarkeit der Module ermöglicht den Austausch ganzer Module und deren Instandhaltung außerhalb des laufenden Produktionsprozesses. Durch die Module lassen sich Schulungen für Mitarbeiter, Vorhalt von verschiedenen Ersatzteilen sowie höhere Aufwände für spezifische Lösungen reduzieren. Zusätzlich fließen die Instandhaltungserkenntnisse je Werk in dem Modulkatalog ein. Die gewonnen Erfahrungen ermöglichen es Instandhaltern in anderen Werken aus Fehlern schneller zu lernen. Die weitgehende Standardisierung von Modulen erhöht das horizontale und vertikale Zusammenwirken der Instandhaltung und damit dem gesamten Fertigungsnetzwerk. Die Kombination von Modulen ist über genormte Schnittstellen zu sichern. Auf Basis dieser Schnittstellenstandards lassen sich ungewünschte Modulkombinationen einfacher ausschließen. Die Kosten für Ersatzteilbedarf, Schulung sowie Instandhaltung lassen sich mit der Modularisierung um bis zu 35 % senken. Im Serienbetrieb wirkt sich die Vereinheitlichung der Betriebsmittel vor allem positiv auf die Beschaffung und Bevorratung von Ersatzteilen sowie die Verfügbarkeit der Anlagen aus. Auch lassen sich Ersatzteile mit Bündelungsvorteilen zu verbesserten Konditionen beschaffen. Mit der Vereinheitlichung der Betriebsmittel reduziert sich auch die Komplexität der Instandhaltungslogistik.

Flexibilität steigern

Flexibilität ist die Fähigkeit der modularen Produktion, sich innerhalb definierter Grenzen an veränderte Rahmenbedingungen anzupassen. In der Praxis wird darauf abgezielt, eine kurzfristige Adaption der Produktion an sich ändernden Kundenwünschen zu ermöglichen. Mit Hilfe der modularen Produktionsstrukturen gilt es, die Limitationen der bestehenden und leistungsoptimierten Produktion zugunsten eines erweiterten Handlungsspielraums zu überwinden. Neben der Mengen und zeitlichen Flexibilität gilt es, diese um die Produktartenflexibilität zu erweitern. Mit den modularen Produktionsstrukturen können neben schwankenden Stückzahlen und kurzfristigen Kundenänderungen an Fahrzeugen auch verschiedene Derivate auf einer Produktionslinie kostengünstig erstellt werden. Mit einheitlichen Maschinen, Anlagen und Betriebsmitteln können dank standardisierter Aufnahmen und Programmierungen verschiedene Derivate abgebildet werden. Damit lassen sich beispielsweise für verschiedene Fahrzeuge unterschiedliche Instrumententafeln mit einem einzigen Manipulator im Takt verbauen.

Wandlungsfähigkeit sicherstellen

Wandelungsfähigkeit bedeutet in der Automobilproduktion, den Handlungsspielraum der direkten Wertschöpfungsbereiche sowohl auf technologischer als auch auf organisatorischer Ebene zu erweitern. Auf technologischer Ebene kann dies durch den Einsatz hoch automatisierter Anlagentechnik erfolgen. Fortschritte in der Softwareentwicklung und dem Schnittstellenmanagement zwischen Software und Hardware ermöglichen eine schnellere Programmierung und ein vereinfachtes Einlernen der Roboter auf neue Bauteilgeometrien und Eigenschaften. Auf organisatorischer Ebene eröffnen sich Gestaltungsmöglichkeiten für adaptive Logistikkonzepte, Qualifizierungsoffensiven, oder Partnerschaften zwischen Entwicklung und Produktion zur simultanen Ausgestaltung von Produkt- und Prozesseigenschaften. Dies ermöglicht nicht nur eine Flexibilität in Bezug auf Art und Menge der Produkte, sondern eine Skalierung hinsichtlich des Automatisierungsgrades sowie die Umsetzung von Mehrmarken- und Multiproduktfabriken. Die Wandlungsfähigkeit der Module manifestiert sich sowohl in der Hardware als auch in der Software. Die Hardware muss zu einem großen Prozentsatz für Folgemodelle nutzbar gemacht werden. Dies reduziert nicht nur die Höhe des Abschreibungsbedarfs, sondern vereinfacht auch den Planungsprozess und verkürzt vor allem die Planungs- und Lieferzeiten bei neuen Betriebsmitteln. Etwa 25 % der Planungskosten und eine Halbierung der Lieferzeiten sind möglich. Die Aufwärtskompatibilität der Software, mindestens über eine Produktgeneration hinweg, ermöglicht Leistungssteigerungen und auch Funktionserweiterungen. Bei Automobilen ist es beispielsweise üblich, dass auf einer Plattform Fahrzeuge mit verschiedenen Radständen entstehen. Auf dieser Basis lassen sich verschiedene Produkte auf einer Linie mit sich verändertem Stückzahlmix über den Produktlebenszyklus hinaus sowie mit unterschiedlichem Automatisierungsgrad realisieren. Die Grundlage zur Umsetzung liegt in der Standardisierung sowie der modulorientierten Gestaltung von Varianten in der Entwicklung. So lassen sich im Karosseriebau durch identische Fügetechniken und Fügefolgen bei einem Produktwechsel erhebliche Kosten sparen. Damit ist die Basis für die Skalierbarkeit von Modulen und ganzen Fertigungsstrukturen geschaffen, um verschiedene An- und Auslaufszenarien über unterschiedliche Produkte mit ähnlicher Fertigungstechnologie in unterschiedlichen Ländern zu realisieren.

Design-for-Manufacturing umsetzen

Die Modularisierung der Produktion hat auch Auswirkungen auf die Forschung und Entwicklung. Die Standards der Produktionsprozesse dienen dabei als Vorgabe für die Entwicklung, die im Bedarfsfall die Ausprägungen des Produktes verändern muss, um die Anforderung der Produktionsprozesse zu erfüllen. Auf diese Weise kann eine hohe Wiederverwendbarkeit im Bearbeitungssystem erreicht werden. Um dies zu ermöglichen, sind Standards für Module zu definieren. Diese gilt es im Rahmen der Entwicklung neuer Fahrzeuge sowie der Produktion frühzeitig zu spezifizieren und umzusetzen. So ist aufzuzeigen, welche Folgeaufwendungen bei einer Fertigungstechnologieveränderung entstehen. Mit Hilfe der Moduldokumentation können die Produktveränderungen und deren Auswirkungen auf Investitionen und Kosten schnell und mit hoher Qualität bereits in der Konzeptphase eines Fahrzeuges ermittelt werden. Die Transparenz in der frühen Phase der Entwicklung über Investitionen ermöglicht dabei eine kostenorientierte Diskussion. Durch die Standardisierung lassen sich Varianten frühzeitig auf ein Minimum reduzieren und durch Duplizierung auf andere Produkte Kosten und Investitionen einsparen. Auch ist zu berücksichtigen, dass die Integration neuer Technologien auf Standards basieren und die Kompatibilität zu den bestehenden Baukästen und Modulen ermöglicht sein muss.

Prozessinnovationen und Risikobegrenzung ausbalancieren

Produktveränderungen ziehen häufig auch Anpassungen an den Betriebsmitteln nach sich. Auch Prozessinnovationen können eine Anpassung, Erweiterung oder Änderungen von Standardprozessen bedingen. Änderungen mit direkter Beeinflussung der Betriebsmittel lösen eine Rückkopplungsschleife zu den definierten Modulen aus. Diese Anpassungen dienen dabei der Integration der Erfahrungen. So sind im Karosseriebau neue Fügeverfahren und Fügefolgen im Vorseriencenter gemeinsam mit der Entwicklung zu testen, bevor die Freigabe in die Produktion erfolgt. Die Implementierung von Produktionsmodulen in den Fahrzeugherstellungsprozess vollzieht sich nicht gleichzeitig über alle Werke, sondern erfolgt als sukzessive Diffusion je Fahrzeugprojekt. Um die Risiken zu begrenzen gilt es, durch die Rückspiegelung und gegebenenfalls durch die iterative Adaption der Standards, Lessons Learned abzuleiten. Hierzu sind Anpassungen, Probleme und Fehler, die im Anlauf und dem Serienbetrieb der Fertigungsanlagen im Werk auftreten, zu sammeln und aufzubereiten. Im Ergebnis liegen eine einheitliche Erfahrungsdokumentation vor, aus der sich Anpassungen oder sogar neue Module ergeben, welche im Standortverbund über den Modulkatalog weltweit verfügbar sind. Der Wissensaustausch sichert die schnelle und transparente Verfügbarkeit von Informationen, die Minimierung des Schulungsaufwands, die Zeitverkürzung der Fehlerabstellung sowie eine reduzierte Fehlerrate ab. Prozessinnovationen und Änderungen sind schrittweise und auf Basis robuster Prozesse sowie erfolgreicher Pilotanwendungen in den Modulkatalog zu integrieren, um die Risiken zu begrenzen.

Engpassbereinigung und Fixkostenreduzierung anstreben

Der Markt wird von den Käufern bestimmt und die Absatzentwicklung ist schwer vorhersehbar. Wie lässt sich die Produktion dennoch am Markt ausrichten? Um die marktorientierte Produktionsausrichtung sicher zu stellen und alle Aufträge zum vereinbarten Liefertermin ausgeführt zu haben, ist es hilfreich, den Engpass der Fertigung zu kennen. So lässt sich die gesamte Produktion an diesem Engpass ausrichten. Die Modularisierung der Produktion ermöglicht aufgrund der Wandlungsfähigkeit eine schnellere Beseitigung von Engpässen zum Beispiel durch Nutzung der nächsten Kapazitätsstufe. Die Fixkostenproblematik wird durch die Fähigkeit der Module, verschiedene Produkte herzustellen, gemindert, da zusätzliche Investitionen für Derivate gesenkt werden. Dieser Effekt erlaubt wiederum die Ausschöpfung von Marktpotenzialen in Nischen zu wettbewerbsfähigen Herstellungskosten. Eine weitere Erleichterung durch die Modularisierung stellt sich im Management der Erneuerung des gesamten Anlagevermögens ein. Eine Steuerung der Erneuerung unter dem Gesichtspunkt der Verfügbarkeit von Investitionsmitteln wird erleichtert. Auch lassen sich Ersatz-, Rationalisierungs- und Erweiterungsinvestitionen gezielter und mit größerer Feindosierung steuern. Das Fixkostenmanagement zielt damit nicht nur auf kurzfristige, sondern auch auf nachhaltige und selbsttragende Erfolge ab. Eine Absenkung des Break-Even-Punktes je Werk ist die Folge.

Vernetzung der Produktion sicherstellen

Wenn man die Vernetzung der Modularen Produktionsstrukturen mit dem Produktionssystem aus dem Blickwinkel Industrie 4.0 betrachtet, ergibt sich eine völlig neue Produktionslogik. Die Produkte sind eindeutig identifizierbar, jederzeit lokalisierbar und kennen ihre Historie, den Status quo sowie alternative Wege zum Zielzustand. Die

Produktionsmodule sind vertikal mit betriebswirtschaftlichen Prozessen in Fabriken und Unternehmen vernetzt und horizontal in Echtzeit mit steuerbaren firmenübergreifenden Wertschöpfungsnetzwerken verknüpft. Gleichzeitig ermöglichen und fordern modulorientierte Produktionssysteme ein durchgängiges Engineering, das sowohl die Produktion als auch das produzierte Produkt über den gesamten Lebenszyklus umfasst. Das zukünftige autonome, selbststeuernde und wissensbasierte Produktionssystem ist geschäftsbereichs-, abteilungs- und standortübergreifend weltweit vernetzt. Mit dem Modularen Produktions-Baukasten (MPB) und der Weiterentwicklung hin zu einem ganzheitlich modulorientierten Produktionssystem werden die Voraussetzungen für die Industrie 4.0 geschaffen. Im Produktentstehungsprozess sind die Planung in der frühen Phase mit der Bewertung von Standortalternativen, die Planung und Realisierung von Skaleneffekten in den Werken, die Anlauferprobung sowie die Lessons Learned für künftige Fahrzeuge und Standorte mit dem MPB verankert. In der Serienphase liegen die Vernetzungsfelder vor allem in der Instandhaltung sowie im Änderungsmanagement. Neben der Herstellung und Lieferung von Maschinen, Anlagen und Betriebsmitteln bildet das Release-Management der Steuerungssoftware einen Schwerpunkt. Die Herausforderung besteht in der intelligenten Handhabung von Software-Releases über einen historisch gewachsenen Maschinen-, Anlagen- und Betriebsmittelpark. So müssen verschiedene Softwaremodule entlang der Gewerke Presswerk, Karosseriebau, Lackiererei und Montage mit unterschiedlichem Alter koordiniert werden. Auf dieser Basis lassen sich die laufenden Kosten für den Betrieb der Werke reduzieren sowie die Steuerung im Produktionsnetzwerk vereinfachen.

LITERATURVERZEICHNIS

Anderson, D. M. (2006): Design for Manufacturability & Concurrent Engineering, 2006.

BMW AG (2006): Produktionssystem BMW – Flexibilität und Wandlungsfähigkeit.URL: http://www.logistik-heute.de/sites/default/files/logistik-heute/fachforen/08_bauer.pdf [04.06.2012].

Bundesministerium für Bildung und Forschung (2012): Flexible Produktionssysteme für die kundenindividuelle Produktion. URL: http://www.bmbf.de/de/289.php [13.09.2012].

Daimler AG (2010): Kurzinformation zur Modulstrategie, Stuttgart, 2010.

Ford Motor Company (2008): Ford Production System – FPS Manufacturing Engineers Workshop [25.06.2012].

Fritz, M.; Kamp, M.; Seiwert, M. (2010): Hyundai mischt die Autobranche auf – Der koreanische Autobauer drängt an die Spitze. URL: http://www.zeit.de/wirtschaft/unternehmen/2010-10/hyundai-weltmarkt-aufholjagd/seite-2 [26.06.2012].

Fujimoto, T. (1999): The evolution of a manufacturing system at Toyota, New York 1999.

GM (2009): Global Manufacturing System. URL: http://www.mansfieldtransition center.com/web_documents/gms_tri-fold.pdf [26.06.2012].

J.D. Power (2012): Fahrzeug Verkaufszahlen Top 10 OEMs 1994-2012 – Global Automotive Sales Forecast, J.D. Power 2012.

Ohno, T. (2005): Das Toyota-Produktionssystem, Frankfurt/Main [u.a.] (Campus), 2005.

Piëch, F. K. (2011): Automobilstrategien des 21. Jahrhunderts, in: Festschrift für M. Winterkorn, Chemnitz 2011, S. 22-30.

Schuh, G.; van Brussel, H.; Boer, C.; Valckenaers, P.; Sacco, M.; Bergholz, M.; Harre, J. (2003): A Model-Based Approach to Design Modular Plant Architectures – Proceedings of the 36th CIRP International Seminar on Manufacturing Systems, Saarbrücken, 03.06.-05.06.2003. URL: http://www.ropardo.ro/fileadmin/prezentari_pdf/MPA.pdf [04.06.2012].

Taylor, F. W. (1911): The Principles of Scientific Management, New York (Harper), 1911.

Volkswagen AG (2012): Weltweit gleiche Fertigung, Volkswagen Portal, 27.06.2012.

Waltl, H.:(2013): Selbstoptimierung der Einarbeit von Karosseriewerkzeugen durch werkzeugintegrierte Aktorik, Dissertation, Chemnitz 2013

Wildemann, H. (1996): Lean Management - Methoden, Vorgehensweisen und Wirkungsanalysen, München (TCW), 3. Aufl., 1996

Wildemann, H. (1998): Die modulare Fabrik – Kundennahe Produktion durch Fertigungssegmentierung, München (TCW), 5. Aufl., 1998

Wildemann, H. (2002): Das Just-In-Time-Konzept - Produktion und Zulieferung auf Abruf, München (TCW), 5. Aufl., 2002.

Wildemann, H. (2010a): Logistik – Prozessmanagement, München (TCW), 5. Aufl., 2010.

Wildemann, H. (2010b): Produktionssysteme mit Zukunft am Standort Deutschland, München (TCW), 2010.

Winterkorn, M. (2012): Effizient, innovativ und emotional – Individuelle Mobilität ‚Made by Volkswagen‘, in: Wildemann, H.: Wachstum durch Ressourceneffizienz – Kunden–Mitarbeiter – Lieferanten, Tagungsband 19. Münchner Management Kolloquium, München (TCW), 2012, S. 143-147.

Womack, J. P.; Roos, D.; Jones, D. T. (1992): Die zweite Revolution in der Autoindustrie - Konsequenzen aus der weltweiten Studie aus dem Massachusetts Institute of Technology, Frankfurt/Main, (Campus), 1992.

ABBILDUNGSVERZEICHNIS

ABKÜRZUNGSVERZEICHNIS

BEV	Battery Electric Vehicle
BRIC	Brasilien, Russland, Indien, China
CFK	Kohlenfaserverstärkter Kunststoff
EBIT	Earnings Before Interest and Taxes
EDV	Elektronische Datenverwaltung
GFK	Glasfaserverstärkter Kunststoff
GEMA	Global Engine Manufacturing Alliance
HPS	Hyundai Produktionssystem
ISO	International Organization for Standardization
JIS	Just-in-Sequence
JIT	Just-in-Time
KPI	Key Performance Indicators
KVP	Kontinuierlicher Verbesserungsprozess
MDB	Modularer Dieselbaukasten
MIB	Modularer Infotainment Baukasten
MLB	Modularer Längsbaukasten
MoCar	Modulkonzeptfahrzeug der Daimler AG
MPA	Modular Plant Architecture
MPB	Modularer Produktions-Baukasten
MPS	Mercedes-Benz Produktionssystem
MPV	Multi Purpose Vehicle
MQB	Modularer Querbaukasten
OEM	Original Equipment Manufacturer
PEP	Produktentstehungsprozess
PHEV	Plug-in Hybrid Vehicle
PPS	Produktionsplanungssystem
SE	Simultaneous Engineering
SUV	Sport Utility Vehicle
TQM	Total Quality Management
TPS	Toyota Produktionssystem
VPS	Volkswagen Produktionssystem
WFG	Worldwide Facilities Group

STICHWORTVERZEICHNIS

L

Lean

   Management 21, 23, 263

   Production 15, 21, 22, 23, 78, 86

Lebenszyklus 7, 8, 180, 182, 188, 242, 244, 245, 257, 261

Leitlinien 5, 33, 34, 46, 47, 48, 55, 80, 90, 132, 137, 164, 166

Lernkurve 17, 59, 189, 251

Liefer

   -genauigkeit 63

   -zeit 36, 40, 41, 44, 63, 96, 109, 133, 134, 257

Logistikkonzepte 41, 42, 47, 54, 56, 257

Lokalisierung 130, 131, 204

Low-Cost

   -Fabrik 157

   -Standort 193, 212

M

Make-or-Buy 79, 171

Manipulator 231, 232, 233, 234, 235, 255, 256, 265

Markt

   -anforderungen 6

   -volatilität 60, 178

Massenfertigung 15, 67, 113

Material

   -bedarf 87, 184

   -flusssystem 34, 48, 49, 51, 53, 55, 56, 62, 71, 75, 133, 146

   -verfügbarkeit 55, 92

Mechanisierung 67, 68, 72, 163, 204, 211, 212, 214, 215, 220, 239

Mehrfach

   -nutzung 96, 199, 251

   -verwendung 234

Q

DIE AUTOREN

Dr. Ing. Hubert Waltl,
Mitglied des Markenvorstands Volkswagen Pkw,
Geschäftsbereich Produktion und Logistik

Hubert Waltl wurde 1958 geboren und begann seine berufliche Laufbahn 1976 als Schnittmacher bei Audi. Von 1994 an folgten verschiedene Leitungsfunktionen im Werkzeugbau und in der Produktionsplanung in Ingolstadt und Neckarsulm. Berufsbegleitend absolvierte Waltl ein Studium der Produktionstechnik an der Hochschule für Technik und Wirtschaft Dresden. 2002 wurde ihm die Verantwortung für die gesamten Werkzeugbauten von Audi übertragen, seit 2007 verantwortete Waltl zusätzlich die Konzernwerkzeugbauten sowie Karosserieplanung und Werkzeugbau der Marke Volkswagen Pkw. Mit Wirkung zum 1. Oktober 2009 wurde Hubert Waltl zum Vorstand für Produktion und Logistik der Marke Volkswagen Pkw. Am 8. Januar 2013 wurde ihm von der Fakultät für Maschinenbau an der TU Chemnitz die Doktorwürde (Dr. Ing.) verliehen.

Univ.-Prof. Dr. Dr. h. c. mult. Horst Wildemann,
Professor an der Technischen Universität München
und Geschäftsführender Gesellschafter der TCW Management
Consulting

Horst Wildemann studierte in Aachen und Köln Maschinenbau (Dipl.-Ing.) und Betriebswirtschaftslehre (Dipl.-Kfm.). Nach einer mehrjährigen praktischen Tätigkeit als Ingenieur in der Automobilindustrie promovierte er zum Dr. rer. pol., Auslandsaufenthalte am Internationalen Management Institut in Brüssel und an amerikanischen Universitäten schlossen sich an. Danach habilitierte er sich an der Universität zu Köln (Dr. habil.). Seit 1980 lehrt er als ordentlicher

Professor für Betriebswirtschaftslehre an den Universitäten Bayreuth, Passau und seit 1989 an der Technischen Universität München. Neben seiner Lehrtätigkeit steht Wildemann einem Beratungsinstitut für Unternehmensplanung und Logistik mit über 60 Mitarbeitern vor. In 40 Büchern und über 700 Aufsätzen, die in engem Kontakt mit der Praxis entstanden sind, hat er neue Wege für die wirtschaftliche Gestaltung eines Unternehmens mit Zukunft aufgezeigt. Ihm wurde die Staatsmedaille des Freistaates Bayern, das Bundesverdienstkreuz 1. Klasse der Bundesrepublik Deutschland und der Bayerische Verdienstorden verliehen. Er wurde in die Hall of Fame für Logistik aufgenommen. Ehrendoktorwürden erhielt er von den Universitäten Klagenfurt (Dr. rer. pol.), Passau (Dr. rer. pol.) und Cottbus (Dr.-Ing.).